# 日本海海戦の深層

別宮暖朗

筑摩書房

目次

# 日本海海戦の深層

# 第1章　近代戦艦の歴史

## 巡洋艦こそが海戦の勝敗を決定する

古来、海戦とは滅多に発生しない。とりわけ近世に入ってからはますます発生しにくくなった。

なぜ発生しないかといえば、敵艦隊が強いとみれば、自国の艦隊は逃げ隠れし、陸戦にかけるからだ。十九世紀に入ると、戦艦や巡洋艦などの軍艦の量・仕様などを公表するのが一般的となった。公表することにより抑止力を期待するわけである。その結果、互いに海軍力が劣勢か優勢か、あらかじめ知ることができる。

日本海海戦は、日露両国の間で戦われたが、ともに当時としては世界最高水準の兵器を駆使して戦った。つまり、日露戦争は対称的な戦争であり、第二次大戦以降に多く現れたイスラム教徒、または社会主義国家が関係する非対称の戦争とはまったく異なる。おそらく現代世界の発展途上国の海軍は、日本海海戦を戦った一世紀前の日露両国艦隊に勝利することができないだろう。

海戦の中心となるのは戦艦と巡洋艦である。明治の日本人はこのきわめて重要な二つの艦種の使用について、次のようなユニークな考え方をもっていた。「速力のある巡洋艦こそが、海戦において勝敗を決定することができる」というものである。

司馬遼太郎は日本海海戦についてこう書いている。

「海戦において勝敗を決定する戦艦は、日本側が『三笠』以下四隻しかもっていないのに対し、この艦隊〔バルチック艦隊〕は八隻そろえていた」（『坂の上の雲　七』、〔　〕内は引用者）

司馬は、「海戦は戦艦で決定される」と考えた。ところが明治の日本人は、「速力のある巡洋艦こそが、海戦において勝敗を決定することができる」として、それを実行し、幾多の海戦を勝ち抜いた。

司馬のような「海戦は戦艦で決定される」といった考え方は、当時のヨーロッパのジャーナリズムにおいて常識だった。ただ、こういった格言のようなドクトリンに従うと、戦争はだいたい必敗である。明治の日本人は、「巡洋艦は戦艦よりも速い」ことを重視した。

速度は、敵艦の射程距離から離れることを可能にする。すなわち速度は装甲である。速度は艦隊を的確に運用することにより、敵の旗艦に砲力を集中することを可能にする。すなわち速度は砲力である。これについてはあとで詳述するとして、戦艦や巡洋艦がどのように発生し、進化したのかを一瞥したい。

話は木造帆船時代にさかのぼる。

木造帆船で戦われた最後の海戦は、ギリシャ独立戦争における、英・仏・露連合艦隊とオスマン帝国艦隊の間で戦われたナバリノ海戦（一八二七年）で、英・仏・露が快勝した。ちなみに、日本海海戦に登場するロシア戦艦『ナワーリン』(1)は、この戦いの名前に由来する。

木造帆船時代、軍艦は戦列艦（Line of Battle Ship）とフリゲート（Frigate）に大きく区分されていた。戦列艦は複数甲板に大砲をおき、舷側《げんそく》（Broadside）に配置した。これに対し、フリゲートは上甲板に一列しかおかない。フリゲートは戦列艦より船形がほっそりしており、帆の形式もクリッパー型で高速である。目的は、通商破壊・通報・索敵であり、艦隊決戦に参加することは期待されなかった。

フリゲートの後身が巡洋艦（Cruiser）であり、その最大の目的は通商破壊（護衛）とされた。ロシア海軍が日露戦争において巡洋艦からなるウラジオ艦隊を通商破壊で使用したことは、いわば正統的な巡洋艦（またはフリゲート）の使用法である。

一方、戦艦という名前が現れたのはずっと遅く、鉄船（Ironclad）と汽船（Steamer）が出現してからである。蒸気機関により推進される船、すなわち汽船を発明したのはアメリカ人フルトンで、一八〇七年、ニューヨークのハドソン河に浮かべた。

鉄船の方は誰が発明したとも知れない。織田信長が木津川の戦い（一五七八）で用いた鉄甲船も鉄張りだといい、李舜臣の亀甲船も鉄板でおおわれていたという。そしてアメリカ人は、南北戦争（一八六一～六五）で北軍が用いた河川砲艦『モニター』が初めてであると主張する。たぶん鉄船（鉄張り船）は、あまりに簡単な着想で言うに値しないということだろう。

一九世紀半ばにおける対称的な戦争のクリミア戦争（一八五四～五六）でも、軍艦の大半は木造帆船だった。当時の世界の海軍力はロシアとイギリスが圧倒的優位にあり、フランスがそれに次いだ。

なぜ汽船が使われず木造帆船かといえば、軍人の保守性以外からは考えられない。当時、商業海運は鉄骨木皮の機帆船《きはんせん》がむしろ主流になっており、海軍軍人は汽船から補給物資を受け取りながら、木造帆船で大砲を構えていたのである。

海軍軍人は汽船を採用しない理由を「航続距離」とした。当時の蒸気機関はエネルギー効率が悪く、大量の石炭を費消するうえ、故障しやすかった。戦闘中に石炭切れとな

戦艦ウォリア

れば、帆がないと漂流するしかない。海軍軍人の石炭切れへの恐怖感は、日露戦争において、隠れた主題となった。

だがクリミア戦争中、フランスの木造鉄皮船が活躍すると、少なくとも舷側装甲は鉄張りとすべきだと議論された。この考え方に基づいた木造鉄皮艦が、イギリスの戦艦『ウォリア』である。推進は帆船と蒸気機関の両方、すなわち機帆船である。英語で戦艦（Battle Ship）という敬称が与えられたのは、この艦が初めてだ。だが、注意して欲しい。この艦の外見はフリゲートそのものである。

ウォリア型はその名前、戦艦という名前に圧倒されたのか、各国海軍とも追随して採用することとなり、同様の「戦艦」をつくった。ところがこの「戦艦」は、オーストリア海軍のテゲトフ提督の思いがけない戦闘方法、「衝角《しょうかく》戦術」により、あえなく惨敗してしまった。

リサ海戦——衝角戦術による勝利

一八六六年六月、普墺戦争が勃発すると、前月、プロイセンと秘密軍事同盟を締結していたイタリア王国（一八六一年二月成立、国王エマヌエレ二世）は早速、オーストリア領ロンバルディアに兵を進めたが、六月二四日、クストッツァで大敗を喫した。

だが、七月三日、オーストリアがケーニッヒグレーツ（サドワ）で、プロイセンに敗れると、陸で勝てないイタリアは、海で挑戦することを決したようである。イタリアのアドリア海における領土要求は、ダルマシア沿岸全部に及ぶ。ダルマシアに到着するにはアドリア海の制海権が必要である。

アドリア海の中央にはリサ島（現クロアチア領ビス島）があり、イタリア人はこの島をアドリア海のジブラルタルと呼んだ。イタリア艦隊司令官カルロ・ペルサノ（一八〇六～八三）は、七月一六日午後、朝野の声におされアンコナをたち、リサ島に向かった。

リサ島東部は平坦であるが、西部は絶壁に囲まれていた。そして西部にはウムと呼ばれる標高五八五メートルほどの山があり、絶好の観測所を提供していた。オーストリアは、この島に二八〇〇人ほどの守備隊と五五門の砲をおき、守備を固めていた。また海底電話線がスパラトまで通じていた。

イタリア艦隊は三隊に分かれ、艦砲で島の砲台を破壊し、上陸しようとした。しかし西部のビスを狙ったジョバンニ・バッカは、砲台の高さまで弾道が上がらず失敗した。東部に向かった木製フリゲート艦部隊と海兵隊を率いたバチスタ・アルビニも、上陸地点を発見できなかった。

この二隊とも、リサ港に目的地を変更し、ペルサノと合流した。一方、ペルサノはリサ湾内突入に成功した。七月一九日早朝から、リサ港に対する攻撃が開始された。イタリア海軍は相当数の砲弾を港湾施設に投げ込んだが、地上からの反攻も激しかった。当日はまた、アドリア海には珍しく荒天であり、ペルサノは上陸部隊をあげることを躊躇した。結局、ペルサノは上陸を翌日に延期した。これが致命的な失敗につながった。リサ港守備隊は、艦砲射撃で三分の二の砲が破壊されており、実際にはかなり被害をうけていた。

七月二〇日、ペルサノは早朝から上陸戦を決行することに決め、夜を徹して準備にあたらせた。しかし早朝四時、哨戒《しょうかい》任務についていた『エスプロラトーレ』は、北方より未知の艦隊が出現したとの至急報を知らせてきた。ペルサノはただちに上陸作戦の中断を決め、上陸用艦隊を南方に退去させた。

七月一九日早朝、ファザナ泊地《はくち》にいたオーストリア艦隊司令官ウィルヘルム・テゲトフ（一八二七〜七一）は、リサ島に対するイタリア艦隊急襲が真面目な攻撃であるとすぐ見て取り、艦隊の出撃をただちに命令した。全艦隊は、驚くなかれ午後一時までに音

| | 鉄張り戦列艦 | 木造戦列艦 | フリゲート艦 | 計 | 全砲門数 | 船員数 |
|---|---|---|---|---|---|---|
| イタリア艦隊 | 12 | 11 | 5 | 28 | 641 | 10886 |
| オーストリア艦隊 | 7 | 7 | 12 | 26 | 532 | 7871 |

イタリア艦隊とオーストリア艦隊の比較

もなく出発した。

そのときアドリア海は豪雨に襲われており、また夜通し嵐がつづいた。しかし午前四時の日の出とともに波は収まり、元の鏡面のような海に戻った。テゲトフはリサ島に到着するのを午前九時と予想し、八ノットで進んだ。

そして、『エスプロラトーレ』に発見されたころ、テゲトフは三梯団に分かれた艦隊を楔《くさび》形に変えるよう命令した。

このときのテゲトフの艦隊は明らかに劣勢だった。しかし、テゲトフには一つの確固たる信念があった。艦砲とは、たいがいなことでは当たらず、また当たっても被害はたいしたことはない、というものだった。つまり、勝敗は砲門や装甲で決まるのではなく、将兵の士気と、敵艦に激突し衝角によって船腹を突き刺す決心による、という信念である。

テゲトフの艦隊は、ドイツの名前をもつ司令官はともかく、水兵の多くはクロアチア人によって占められていた。クロアチア人はリサ島に侵攻するイタリア人を、郷土に対する侵略者として不倶戴天《ふぐたいてん》の敵とみなした。将校の多くはベネチア出身のイタリア人で、テゲトフはイタリア語で命令を出した。

先頭梯団は鉄張り戦列艦七隻のみで構成され、第二梯団は木造戦列艦『カイザー』を先頭に六隻の快速フリゲート艦、残余は第三梯団に組み込まれた。それぞれの距離は一〇〇〇メートルである。

テゲトフは一〇時半、イタリア艦隊と接近すると速度を一一ノット半にあげることを命令し、有名な命令を発した。「鉄艦は衝角をもって敵に突撃せよ」。

衝角とは船首の喫水線下につけられた角のようなものだが、帆船時代には、あまり多用されなかった。帆船は操艦が難しいうえ、船首から空中に伸びた斜檣《しゃしょう》(Bowsprit)があり、それが邪魔するからである。イタリアの主力艦はウォリア型で、斜檣があった。

衝角戦術とは、いわば汽船と鉄船時代の新戦術である。

ペルサノは上陸作戦の中断を命令したものの、手許の各艦を戦闘隊形に持ち込むのに時間を要した。

ペルサノのフォーメーションは、三艦または四艦の鉄張り戦列艦を一組として、三組の単縦陣《たんじゅうじん》をつくり、敵を包囲することだった。まずオーストリア艦隊の後方に円を描くように回り込み、手始めに弱いとみられるオーストリアの木造船を血祭りにあげることを目論んだ。

ところが、前日の陸上砲台との砲撃戦で鉄張りの『フォルミダビレ』と『テリビレ』

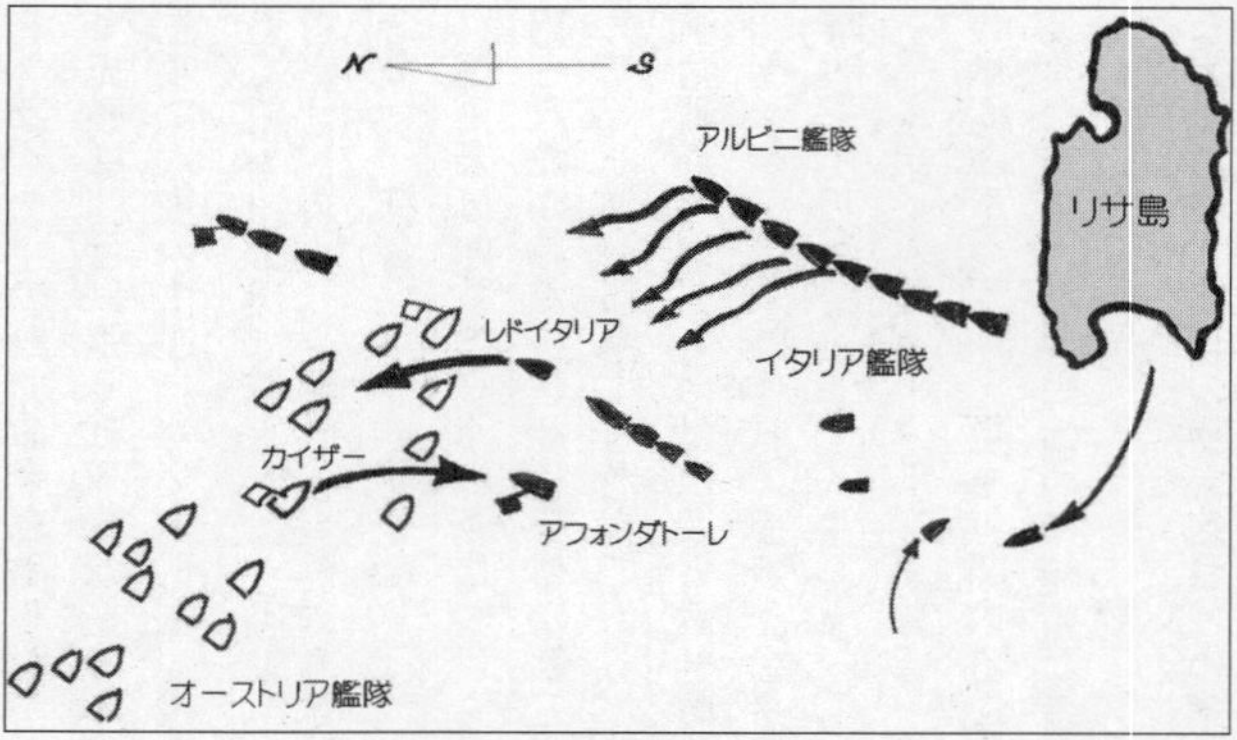


リサ海戦図

はかなり損傷が激しく、帰還を命令せざるを得なかった。イタリア艦隊は戦いの前から戦力が縮小した。

オーストリア艦隊を前にして、ペルサノは突然気が変わり、旗艦を『レドイタリア』から『アフォンダトーレ』に変更し乗り移った。それは、『アフォンダトーレ』を遊軍のように使用するためだった。しかし、この突然の旗艦変更を全艦隊に知らせる時間はなかった。

イタリア第一縦隊は優速を利して先行し、オーストリア第三梯団に向かった。すると、オーストリア第三梯団(2)はイタリア第一縦隊を引き付けながら、一六点の大回頭を行ない北方に逃走した。

イタリアの三個縦隊の間は二〇〇〇メートルと、やや間が長かった。テゲトフはこの欠陥を見落とさず、やや面舵《おもかじ》（四点、右に曲がりながら）をとりながら、第二縦隊の先頭艦『レドイタリア』に第一梯団を突撃させた。オーストリア第一梯団の七隻の鉄張り戦列艦は、四隻のイタリア鉄張り戦列艦に当たることになった。

海面は蒸気機関の排煙と硝煙とにより、黒い煙で早くも覆われた。テゲトフの旗艦『フェルディナンド＝マックス』は、突入してくる『レドイタリア』を無視しながら真進し、第二縦隊二番艦『パレストロ』の後尾に衝角をもって体当たりした。しかし、角度が浅く、沈めることはできなかった。『パレストロ』はスクリューが傷んだのか速度が落ち、至近距離からの砲撃にあい火災を生じた。

一方、オーストリア第一梯団の中央に入り込む形となった『レドイタリア』は集中砲火を浴びた。そして、消火のため停船を余儀なくされた瞬間、取舵《とりかじ》をとって回頭《かいとう》してきた『フェルディナンド＝マックス』の衝角が左舷に突き刺さった。このとき一一時半であり、『フェルディナンド＝マックス』の艦速は一一・五ノットといわれる。『レドイタリア』は三分もかからずして海中に没した。三八一人が艦と運命をともにした。オーストリア第二梯団の『カイザー』は『アフォンダトーレ』と一騎打ちの形となったが、『カイザー』が衝角で体当たりしても、『カイザー』の衝角が破壊されるほど『アフォンダトーレ』の船体は強固で、『カイザー』は砲撃の結果、上部構造はほぼ破壊されるに至った。しかし、中央部の戦闘は明らかにイタリアに不利であり、『アフォンダトーレ』も合戦を切り上げるしかなかった。

一二時近くなるとイタリア艦隊は単縦陣を維持しながら、西に去っていった。朝からの戦闘の連続のため、アンコナまでの石炭が不安となってきたためである。これにつれて、テゲトフも第一梯団と第二梯団がそれぞれ横一線になることを命じ、戦闘隊形を保ちながらリサ島に向かった。

一二時半には両艦隊とも射程距離から離れた。その後、火災を起こしていた『パレストロ』は午後二時過ぎ、火薬庫に火が回り轟沈した。乗組員二五〇人のうち、救助されたのは一九人だけという。このように、艦隊の量でも質でも劣るオーストリア海軍がイタリア海軍に圧勝し、リサ海戦は終了した。

この海戦の結果は、イタリアが二隻沈没、一隻大破で終了したことになる。大破した『アフォンダトーレ』は一カ月後、アンコナ港内で沈没した。ペルサノはすべての官位を剝奪され免職された。

テゲトフは八月、ウィーンに凱旋し英雄となった。そして「鉄の心をもつ提督に率いられた木の艦隊は、木の心をもつ提督の鉄の艦隊に勝利する」と謳われた。

しかしこの海戦は、普墺戦争の帰趨《きすう》に大きく影響しなかった。ケーニッヒグレーツで敗れたオーストリア陸軍は再起できず、ニコラスブルグで和を乞うことになった。そして陸海での大敗にもかかわらず、イタリアは、ビスマルクの裁定により広大なイタリア中心部――ロンバルディア・ベネト・フリウリの諸州を獲得した。

だが、リサ海戦におけるオーストリア海軍の勝利の仕方は印象深いものであり、テゲトフ・衝角戦術の名前は、各国海軍関係者を目に見えない糸で呪縛した。

そして、衝角そのものも残った。第一次大戦を実際に戦った英独のドレッドノート級戦艦も衝角をもっていた。衝角の存在は、凌波性《りょうはせい》や旋回性を劣らせ、艦速をも遅くする。衝角を最も早く全廃したのはフランス海軍と帝国海軍であり、一九〇七年、日露戦争直後に竣工《しゅんこう》した初めての国産大型艦、巡洋戦艦筑波の船首から衝角は綺麗に消滅している。

一方、ウォリア型戦艦が役に立たないことははっきりした。艦砲でいくら砲撃しても命中せず、また命中しても、オーク材の横板すら射洞《しゃどう》できなかった。オーストリア艦はイタリア「戦艦」に正面を向けて突撃しており、この角度では当時の二五キロ程度の丸い弾丸では、まず戦列艦の舷側を射洞できない。

リサ海戦におけるイタリア海軍の敗北は、「機帆船」「砲力」といった技術の敗北でもあった。しかし衝角戦術が、今後の海戦において決定的になると断言することも難しかった。新たに生み出された解決策は、敵が衝角をもって突進する前に、砲弾で致命傷を与えることだった。

それならば、大口径砲を搭載すればよいこととなる。次の時代を特徴づけたのは、巨大砲の搭載だった。一〇センチの鉄板に二〇センチのチーク材を裏打ちした当時の「装

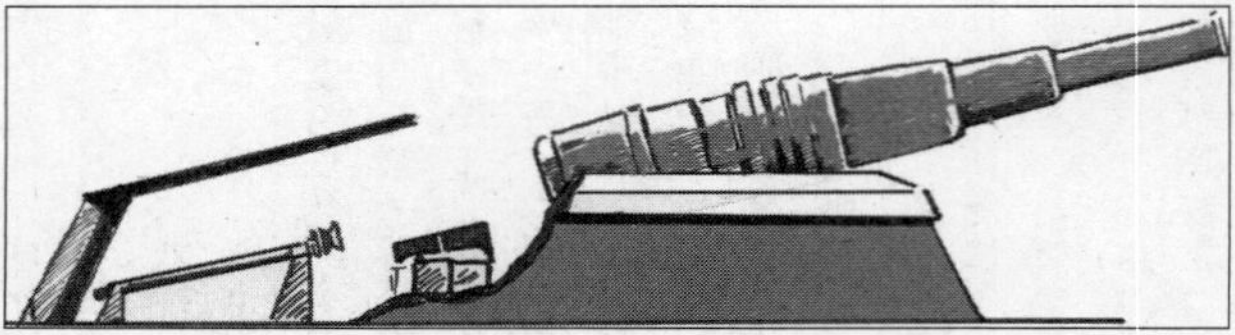

バーベットの上におかれたベンボウ主砲

甲」を打ち抜くには、一二インチ（三〇センチ）以上の大口径が必要だと計算された。

大口径砲は上甲板におくしかないが、旋回させねばならないので当然である。ところが巨大砲を上甲板におき、砲塔またはバーベット[3]・揚弾機《ようだんき》などを備えると、喫水線以上に相当の重量負担となる。一六インチ（四〇センチ）砲は、砲身だけで一〇〇トンを超える。

この時期の船体設計者の思考は、大砲を据えたあと、重心をいかに喫水線の下に設定するかに集中された。

イギリスは砲塔式を採用し、高舷側の『キャプテン』を完成させたが、三回目の試験航海中（一八七〇年）、ビスケー湾で転覆事故を起こした。トップヘビーのためだった。その後、イギリス海軍は、転覆を防ぐためには低舷側艦しかないと結論づけた。艦の復原力に頼るのではなく、傾斜を少なくさせるという考え方で、造船工学からは退歩である。

一方、フランスは、砲塔重量を軽減するためバーベットの上に可動の大砲をおくことを考えた。しかし、普仏戦争（一八七〇

〜七二）では出撃すらできず、失敗と認定された。

イタリアが、この時代の戦艦の特徴をなす低舷側・大口径砲搭載の艦の先鞭をつけた。イタリアはリサ海戦の当事者であっただけに、衝角戦法を打ち破るのに熱心だった。一八七〇年代と八〇年代は、イタリアの造船技術が世界の海軍界をリードした。

イタリア艦の特徴は、乾舷《かんげん》を狭くし、そこに帯状の装甲をつけ、上甲板に砲塔式の大口径砲を搭載したことである。この種の戦艦の建造を一八六〇年代末期に開始した。これらの艦は、その後の大口径砲搭載艦の原型をなすものとなった。

頂点に立つのは戦艦『ドゥイリオ』で、一八インチ砲を搭載した。これは戦艦『大和』の主砲とほぼ同一である。当時はニッケル合金鉄の発明以前で、砲身は鋳鉄《ちゅうてつ》をくりぬいたものを、鉄帯で緊縛《きんばく》した。ところが鋳鉄では、時間がたつと、鉄帯と鉄帯の間がわずかに垂れ下がってしまう欠陥が生じる。このため、実用にならなかったものと推定される。

以降、この種の艦は一括してイタリア型砲艦（モニター）と呼ばれるようになった。日清戦争における清の『鎮遠《ちんえん》』『定遠《ていえん》』は、ドイツのフルカン造船所で建造されたものの、その代表例である。この時期のイギリスの戦艦『デバステーション』なども、低舷側で一二インチ砲四門だけを搭載し、中口径砲は搭載していない。すなわちイタリア型砲艦の小型版である。

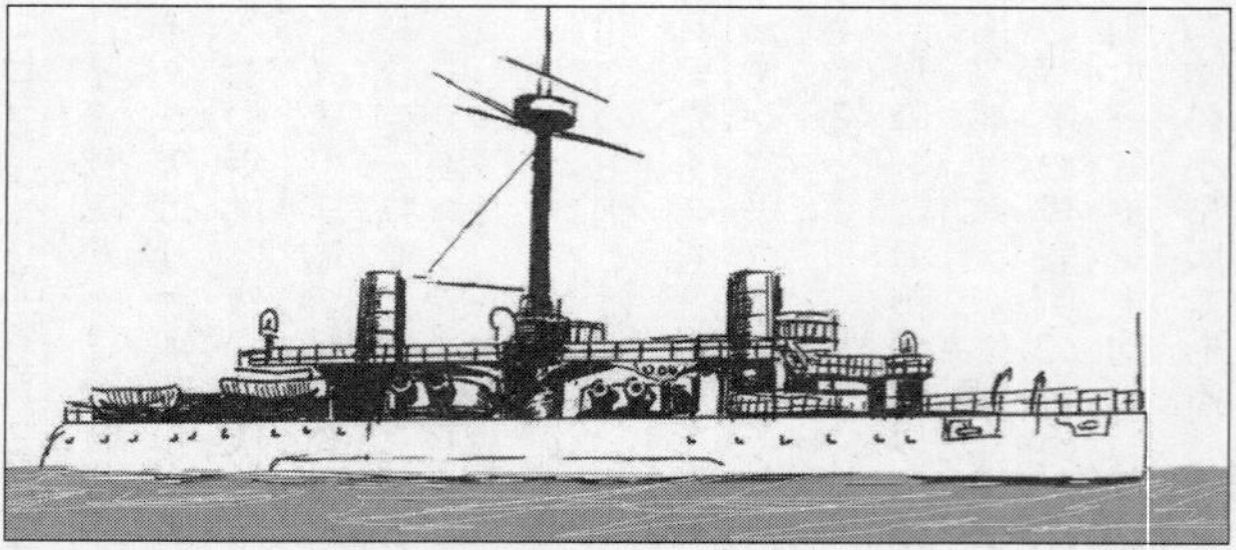

戦艦ドゥイリオ

人類は、リサ海戦(一八六六)から日清戦争の黄海海戦(一八九四)までの二九年間、有力な海戦を経験しなかった。アメリカ南北戦争(一八六一~六五)や太平洋の戦争(4)(一八七九~八四)で海戦は発生したが、「艦隊決戦」とはほど遠く、重要視されることがなかった。

### 六インチ速射砲の出現

イタリア型砲艦のコンセプトを破ったのは、日清戦争の日本の巡洋艦だった。このときの日本の巡洋艦は四・七インチや六インチ、すなわち中口径速射砲を装備していた。日本の速射砲は一分間に八発発射できた。ところが清国戦艦に搭載された大口径砲は一時間に三発ほどしか発射できなかった。肉薄され中口径砲を乱射されれば、発射速度の遅い大口径砲を搭載するイタリア型砲艦は、装塡準備中に上部構造を破壊されてしまう。

また、大口径砲の砲身は一五口径程度と短く、有効射程距離は二〇〇〇メートル以下だった。砲撃の目的は、近接してくる敵艦の上部構造を破壊し、威嚇することにすぎなかった。射程距離を長くするには、弾丸の初速を上げねばならず、初速を上げるには、ガス圧を上げねばならない。このためには、弾丸をより長い間、砲身に閉じ込める必要があり、長砲身とならざるを得ない。(5)

中口径砲は長砲身（四〇口径前後）が普通で、有効射程距離は三〇〇〇メートル以上あった。そして、三〇〇〇メートルだと弾道は水平であり、また弾着時間は六秒以下である。

この距離であれば、中口径砲の旋回手《せんかいしゅ》・俯仰手《ふぎょうしゅ》は「独立打ち方」を行ない、自らの弾丸の弾着を発射のつど確認できる。このため目標に命中させれば、それにもとづき微修正できる。つまり、ホースで水をかけるような射撃が可能である。大口径砲にはこの有利さがない。

やがて榴弾《りゅうだん》が発明され、炸薬《さくやく》を信管で破裂させて、中口径砲弾でも上部構造にかなりの打撃を与えることも可能となった。それでも戦艦デザイナーは、中口径砲の有利さをなかなか認識できなかった。

ところが一八八〇年代に入ると、魚雷の発明により水雷艇を撃退することが急務とされた。水雷艇を撃退するには、多数の中口径砲が必要である。はじめ中口径砲の装薬《そうやく》は棉袋（Bag-Load）に入れていた。そののち、袋は金属薬莢に替えられていった。閉鎖機も改善され、装薬も白金フィラメントで電気着火されるようになった。六インチ速射砲の弾丸は三〇キロ程度だから、一人でもつことができる。その結果、六インチ砲は、もし砲手の手順がよければ、五～六秒に一発撃つことも物理的には可能となった。

大口径砲には、この有利さが一向にもたらされなかった。発射速度は、揚弾機のエレベーター（クレーン）の速度や砲手の手順に支配された。そして水圧式のランマー[6]は水平に固定されており、砲塔を艦の中心線に戻し、砲身も水平の位置まで戻し、それから弾丸を砲身に押し込めねばならなかった。この作業は簡単ではなく、八インチ以上の口径をもつ砲の発射速度は、一五分から三〇分に一発だった。

さらに、大口径砲が六インチ砲の砲戦、すなわち二〇〇〇〇メートル以上の砲戦に参加するには、まず砲身を長くして、射程距離を伸ばさねばならない。砲身を長くすれば重くなる。非常に重量のある大口径砲と同一甲板に、中口径砲を多数搭載することはトップヘビーにつながり、船体設計が難しい。一八八〇年代の軍艦の革命的変化は、戦艦ではなく巡洋艦において顕著だった。

一八八〇年代前半に建造された巡洋艦の多くは、実は速力一八ノットが精一杯だった。当時、巡洋艦は戦艦に対しても速度が大きく上回っていたわけではない。ところがエン

砲手4人がいっさい道具をもたず、装填・発射できることを示そうとしたアームストロング社の速射砲販売パンフレットに記載されたイラスト。

ジンやボイラーの改善により、巡洋艦は速度の向上（一八ノット→二一ノット）が果たせるようになった。そして、前述のように六インチ砲の速射性は飛躍的に向上した。

多数の六インチ砲をもつ巡洋艦は、大口径砲数門しかもたない戦艦に、よく対抗しうるのではないかと、これらの二つの事実は想像させた。巡洋艦はある範囲に飛び込めば、戦艦より砲戦を有利に運ぶことができると、多くの海軍軍人は結論づけた。

どこの国の艦政《かんせい》当局も、戦艦がもつにせよ、巡洋艦がもつにせよ、大口径砲は長距離であれば命中させることが難しい、と信じていた。当時射撃を管制するという考え方がなかった。斉射《せいしゃ》(7)弾着を確認したあと、敵艦は動いてしまい実効性がないとされていた。

巡洋艦は、八インチ以上の大口径主砲を装備したとしても、それは仕留め役として期待されたにすぎなかった。

その結果、七〇〇〇トン以上の（装甲）巡洋艦で

6インチ巡洋艦ディアナ。黄海海戦でサイゴンに逃げ、そこで抑留された。この船には主砲がなかった。

も、主砲をおかないことが流行した。つまり止めを刺すだけの目的であれば、無理に大口径砲を装備する必要はない。当時の多くの装甲巡洋艦は、舷側にだけ六インチ砲を多数装備し、大口径砲は申し訳程度にしか装備されなかった。

このような巡洋艦が、一八九〇年代を通して主流だった。フランスのフォルニエー提督はこの艦種を六インチ巡洋艦と名付け、万能艦だと主張した。つまり、戦艦を仕留める役目を果たすと同時に通商破壊の役目（当然護衛も）も果たすと論じた。

ロシアでは、日清戦争の黄海海戦をみて、マカロフ[8]が六インチ巡洋艦無敵論を提唱した。そのために、ロシア巡洋艦は六インチ砲のみ装備するものが多かった。すなわち、『ポガツィリ』『オレーグ』『オーロラ』『ディアナ』『アスコルド』『バヤーン』（ただし『オレーグ』と『バヤーン』は八インチ二門をもつ）など、日露戦争で活躍したロシアの新型七〇

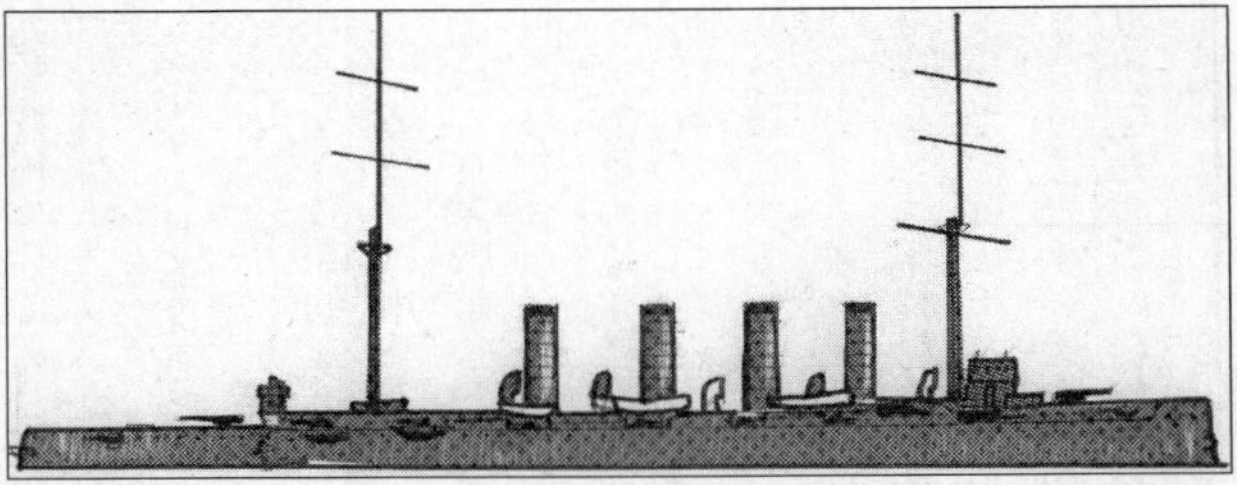

装甲巡洋艦ワリヤーグ。ロシアの装甲巡洋艦はこのようにどれも砲塔式大口径主砲をもっていなかった。

〇〇トンクラス巡洋艦には主砲がなかった。

それ以前に建造された、ウラジオ艦隊に所属した『グロンボイ』『ロシア』『リューリック』など一万トンクラスの装甲巡洋艦も、舷側に八インチ砲をもつだけで、砲塔式の主砲をもたなかった。この結果、日露戦争における砲戦は、五〇〇〇メートルを超える距離で、かつ高速航行中に多く発生し、ロシアの巡洋艦はほとんど参加することができず、参加したとしても日本の装甲巡洋艦の大口径主砲にアウトレインジ[9]された。

[10]六インチ速射砲は、長距離砲戦になるとディファクターに左右されるうえ、「独立打ち方」だと、遠くにある目標に照準を合わせることはほぼ不可能である。また八インチと六インチでは、砲弾の威力に相当の格差がある。すなわち砲塔におかれた八インチ砲の砲弾重量は一〇〇キロに近いが、六インチ速射砲は三〇キロにすぎない。

司馬遼太郎の『坂の上の雲』の艦船の叙述の多くは、

海軍技術少佐であった福井静夫によっている。そして、福井は次のように書いている。

「マカロフのごとき名戦術家の卓見が建艦政策上に如実に現われているのが分かる。（中略）日露開戦時における露国軍艦は（中略）なかなか立派なものであったが、ただわれに比して、艦隊を編成する各艦が艦型、性能ともに統一されたものでなかったことが、致命的な遜色をしめす原因となった」（『福井静夫著作集』第六巻）

マカロフは用兵家としての意見を造艦に反映させたのだが、その六インチ巡洋艦無敵論は、日露戦争を念頭におくと一世代古いものではなかろうか。マカロフは航海術を専門にしており、砲術や水雷戦術について卓見を述べているようにみえない。加えて、ロシア海軍の巡洋艦の艦型・性能は一応、統一されていた。ただ統一の内容が、万能艦思想にもとづいた六インチ巡洋艦だったことに問題があった。マカロフの魚雷改悪については後述する。

一方、六インチ速射砲をもって日清戦争の黄海海戦に勝利した帝国海軍は、かえってフォルニエー提督の万能艦思想に染まることがなかった。この時代、日本と同じ方針をとったのは、チリ、アルゼンチン、ブラジルの南米諸国だけだった。この三国は戦艦をあまりもたず、その代用として装甲巡洋艦に期待したが、日本のように、独創的な砲術思想をもっていたわけではない。

当時においても、日本の建艦政策はユニークなものがあった。なぜならば、「通商破

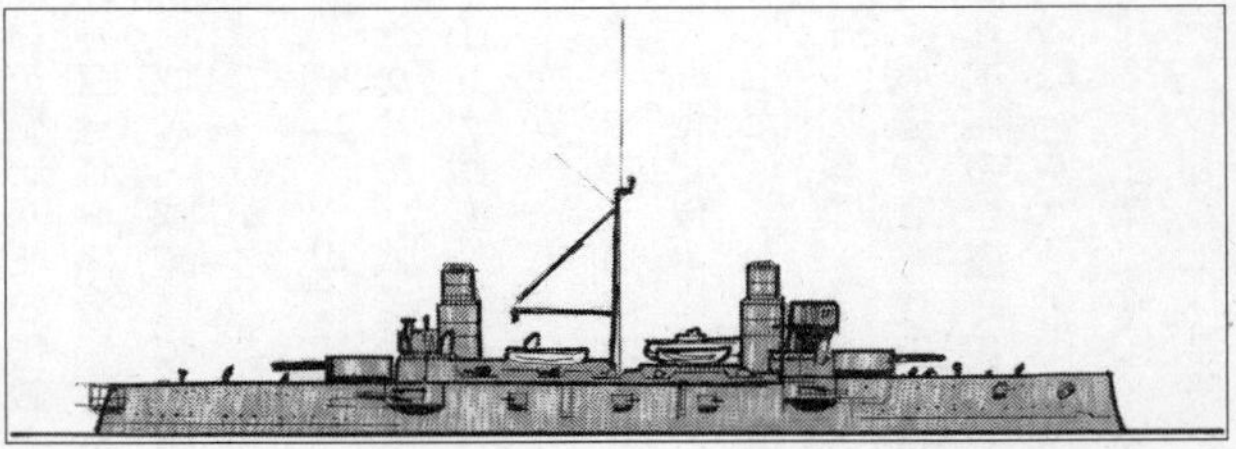

アルゼンチンから購入の8インチ砲を備えた装甲巡洋艦日進

壊」に興味を示さず、常に艦隊決戦に役立つ巡洋艦を追い求めたからだ。日露戦争に参加した日本の装甲巡洋艦八隻は、アルゼンチンから購入の『春日』を除き、すべて前後連装砲塔に八インチ砲四門を装備した。巡洋艦とは高価なものであって、日本の装甲巡洋艦の価格は、戦艦をやや下回るにすぎなかった。乗組員数もほとんど変わらない。

日本の建艦政策は六・六艦隊として日清戦争中から開始され、すでにロシアをターゲットとしていた。このため、同じクラスのロシア艦をわずかに上回ることが目標とされた。これに対しロシアの建艦政策は、あらゆる国を目標とした総花《そうばな》主義に陥った。

**巨大戦艦『イタリア』の衝撃**

大口径砲をおく旋回砲塔、そして中口径砲搭載を初めて戦艦で両立させたのは、イタリア人艦船デザイナーにして海軍大臣、ベネデット・ブリンである。ブリンは一八八〇年代前半の段階で、戦艦『イタリア』を設計するにさいし、六インチ砲一八門の搭載を主張した。ただ、このときの六インチ砲は速射砲ではない。だが、主砲一七インチが巨大すぎて、四・七インチ砲四門に落とされた。

彼は、戦艦に装甲の必要はないとも主張した。すなわち、大口径砲によって敵艦を撃滅できるから、ある程度の速度があり、砲戦のイニシアチブを確保できればよいとした。戦艦『イタリア』は一万五〇〇〇排水量トンと、当時としては巨艦であり、各国海軍を驚かせた。戦艦『イタリア』の建造はあらゆる艦政当局を刺激し、六インチ砲や四・七インチ砲を舷側にいかに搭載できるかが、その後の戦艦設計の重要なポイントとなった。だが、一八八〇年代半ばに出現した六インチ速射砲や、新しい揚弾機による主砲塔を考えれば、戦艦『イタリア』が斬新だったのはわずか五年ほどにしかすぎない。つまり一九世紀後半における機械技術の進歩は、数年刻みで革命的な変化を艦船デザインに及ぼした。しかも戦艦『イタリア』は装甲を無視しており、戦艦の先祖というよりフリゲートの後継、または巡洋戦艦の先駆けとみなすべきだろう。

戦艦の戦艦たる所以《ゆえん》は、「砲力」「装甲」「速度」の三要素にある。ところが六インチ速射砲の全盛時代は、主砲ではなく「副砲」が課題となった。「装甲」が問題とされたのは一八八〇年代後半からである。一八九〇年代に入ると、強化鋼板が実用に供された。するとエ業先進国イギリスが再び世界の戦艦建造をリードするようになった。ただし、いくつもの試行錯誤を要した。

イギリスが一八八〇年代前半に竣工した戦艦の「主砲」は大口径だったが、低速で、装甲も一部にしか施されなかった。まだハーベイ鋼(11)やクルップ鋼が開発されず、鍛鉄と鋳鉄を組み合わせた複合鋼板の装甲でしかなく、その重量のため、重心位置の設計が難しかった。

## 近代戦艦の祖『マジェスティック』の登場

イギリスで一八八〇年代に設計され、一八九〇年代初頭に順次完成していったコリングウッド級は、バーベットにおかれた短砲身の大口径砲、低舷側に特徴があり、イタリア型砲艦の小型版にすぎない。

低舷側のために凌波性がなく、地中海や黄海であれば問題はないが、果たして大西洋や北海で、砲口に海水が入らなかったか疑問が残る。この時代のイギリス海軍は二国標準主義を掲げたが、その具体的対象はフランスとロシアであり、主戦場は地中海と予想された。このため、後代のイギリス艦に比べ、凌波性はあまり問題とならなかった。

しかも、コリングウッド級に中口径砲は装備されておらず、イタリア設計艦より仕様は劣る。二〇年前のイギリス独自設計によるイタリア型砲艦の嚆矢『デバステーション』とコンセプトは同一である。

この時代のイギリス建艦政策を、小型戦艦によって数を揃える方針だったと説明されることも多いが、当を得ていると思えない。イギリス戦艦の設計コンセプトは単純に貧弱だった。

一八八〇年代半ばに入ると、中口径砲は水雷艇撃退のため必須とされ、イギリス海軍はアドミラル級と呼ばれる『ナイル』と『トラファルガー』を一八九〇年から一八九一年にかけて竣工させた。これらの艦は初めて四・七インチ砲六門を装備した。

大体においてコリングウッド級の後継にすぎず、主砲バーベット上の配置は同じである。違いは、四・七インチ砲をバーベットがおかれた上甲板と同じ高さに装備したことである。しかし低舷側であることは変わらず、喫水線から二・五メートル上が上甲板にすぎなかった。主砲砲身は三〇口径と短く、どの程度の距離で砲撃戦を行なおうとしたのか、不明といわざるを得ない。おそらく二〇〇〇メートル以内に接近せねば、主砲による砲撃は不可能だったろう。アドミラル級が二隻しかつくられなかったことは、設計コンセプトが貧弱であったことを示し、いわば最後のイタリア型砲艦といえなくもない。

これを改良したのが、『ロイヤル＝ソブリン』（一八九〇年竣工）である。『ロイヤル＝ソブリン』は六インチ砲一〇門を副砲として、上甲板と最上甲板に装備した。この点で圧倒的にすぐれ、同時代のいかなる「戦艦」にも勝利できただろう。ただ高舷側というのには、まだ無理があり、本格的高舷側戦艦までの過渡的存在である。

その一三・五インチ主砲はバーベットにおかれ、近代砲術が考慮されていなかった。

一時間に三発程度の射撃を念頭においたものにすぎない。これでは、六インチ速射砲を多数装備する高速巡洋艦と大洋上で戦えば、おそらく勝利できなかっただろう。

一八九〇年代に入ると、六インチ巡洋艦全盛の時代を迎えることになった。イギリスもこの動きに追随し、多くの主砲のない六インチ巡洋艦をつくった。この事実は、イギ

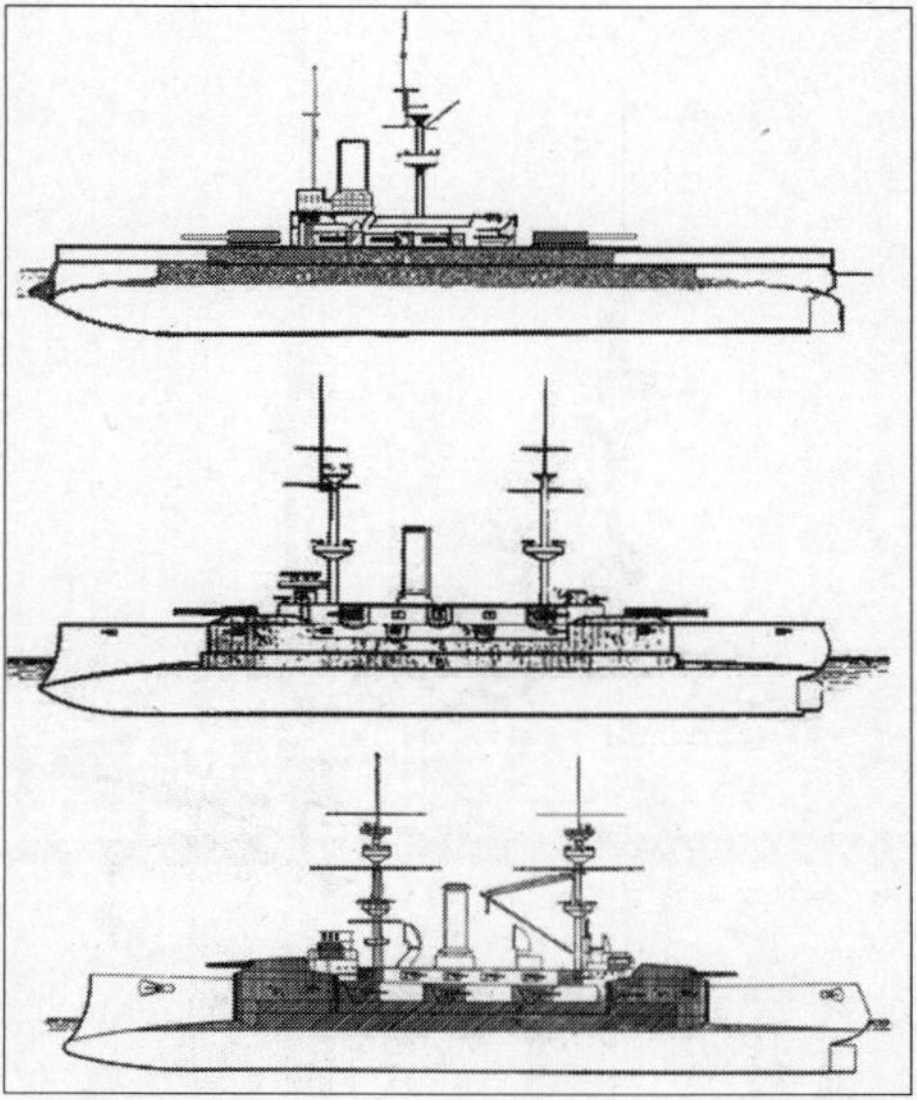

イギリス戦艦（上よりアドミラル級・ロイヤル＝ソブリン級・マジェスティック級）

イギリス戦艦マジェスティック

リス海軍も、主砲による長距離射撃は困難だと認識していたことを示している。

だが『ロイヤル＝ソブリン』の時代と重なるように、その欠陥を修正し、近代戦艦の始祖と呼びうる『マジェスティック』（一八九五年竣工）を突然出現させた。

マジェスティック級は姉妹艦九隻と、イギリス海軍で最も多くつくられた傑作戦艦である。主砲は一二インチで、以前のイタリア型砲艦と比較すれば見劣りするが、四〇口径と砲身が長く、当時の弾丸・装薬でも、射程距離が二万メートル近いものだった。この一二インチ砲が、イギリス海軍において初めて近代的砲術に対応したものである。

それまでの巨大口径砲が「コケ威《おど》し」に近いもので実用的ではないことが、ようやく認識されたといえる。

この時期にまた、艦砲に関連し、多くの技術的改良がなされた。主砲の炸薬・装薬が改善され、黒色火薬から棉火薬が主流となった。発射速度も一時間数発にすぎなかったものから、揚弾機やランマーの改善により、二〜三分に一発までに改善された。主砲は連装砲塔におかれるようになり、両門斉射の必要性から、近代砲術の発展が促されるようになった。

当時の最新技術を圧倒的にとり入れたマジェスティック級こそが、イギリス海軍の先進性を証明した。それでも、主砲が役に立つとは思われていなかったふしがある。すなわち、マジェスティック級の主要攻撃力は六インチ速射砲とみなされており、それも五〇〇〇メートル以内の中距離射撃しか考慮されていなかった。砲術の発展が長距離射撃を可能にすると砲術畑将校は力説したが、どこの国の艦政当局も（おそらく日本のみを除いて）それを信じることができなかったようだ。

『マジェスティック』の形式は各国の追随するところとなり、類似の能力をもつ艦はロシア、フランス、アメリカ、ドイツ、イタリア、オーストリアで数多くつくられた。米西戦争のサンチャゴ・デ・キューバ海戦で活躍した『オレゴン』も、同じコンセプトでつくられた。

戦艦『三笠』は、このマジェスティック級をベース・シップ（元になる艦）にして建造されたと主張されることが多い。ところが日本の建艦政策からみると、そう簡単な話ではない。日本のプリドレッドノート(12)の建艦政策は一八九〇年にさかのぼる。日露戦争で使用された日本の主要艦艇の設計は、意外と古くから始まっているのだ。

日清戦争の四年前の一八九〇年にして、海相仁礼景範《にれかげのり》（一八三二～一九〇〇）は、六・六艦隊(13)の第一弾、戦艦『富士』『八島《やしま》』の建造を含む予算を第一議会に諮っている（議会はこの年、初めて開催された）。

だが民党の反対により、この予算案は廃案とされた。建艦政策を左右したのは、一八九一年の第二議会における建艦論争である。このとき、建艦予算の拡充に反対する民党に対し、海相樺山資紀《かばやますけのり》(14)は次のように叫んだ。「君たちがあくまで反対するなら、議会に大砲を撃ち込んででも本案を通してみせる」。

それでも民党は否決し、七九四万円に上る海軍の正面装備予算の全額が否認された。維新後二六年にして、このような民主的な議会討論が行なわれたことを誇るべきだろう。そして、明治天皇が民党代表らを呼び、内廷費を削減し、さらに公務員給与一割を建艦費にあてることを提案し、決着をみた。

このようにして、戦艦『富士』『八島』はイギリスに発注された。このとき、日英同盟（成立一九〇二年）がなかったことにも注意せねばならない。日清戦争の三景艦のうち、二隻はフランス製である。日本は『富士』『八島』から、発注先をイギリスに切り替えた。

戦艦の設計を担当したのはイギリス人で、造船所もイギリスにあった。しかし、設計コンセプトは発注者が決定せねばならず、さもなければ設計のしようがない。すでに述べたように一八九〇年代前半は、まだイタリア型砲艦全盛の時代であり、イギリスもそれから脱却できないでいた。

イギリスは『ロイヤル＝ソブリン』が竣工したばかりである。『ロイヤル＝ソブリン』は、『富士』『八島』の特徴をなす高舷側・砲塔式・上甲板六インチ砲設置・重装甲を採用していたわけではない。日本の艦政当局は、太平洋の荒波を計算に入れながら、速度を重視し航続距離を犠牲にして、縦に連なる煙突配置により常設の石炭庫を狭いもので満足するなど、日本の必要とする船体設計を実現させた。

日本の戦艦は不思議なことに、イタリア型砲艦の時代を経験しなかった。同様に五〇〇〇トン超の巡洋艦についても、六インチ巡洋艦をつくったことがない。イギリスが、『富士』『八島』の設計コンセプトを剽窃《ひょうせつ》して、マジェスティック級を設計した可能性も否定しきれない。

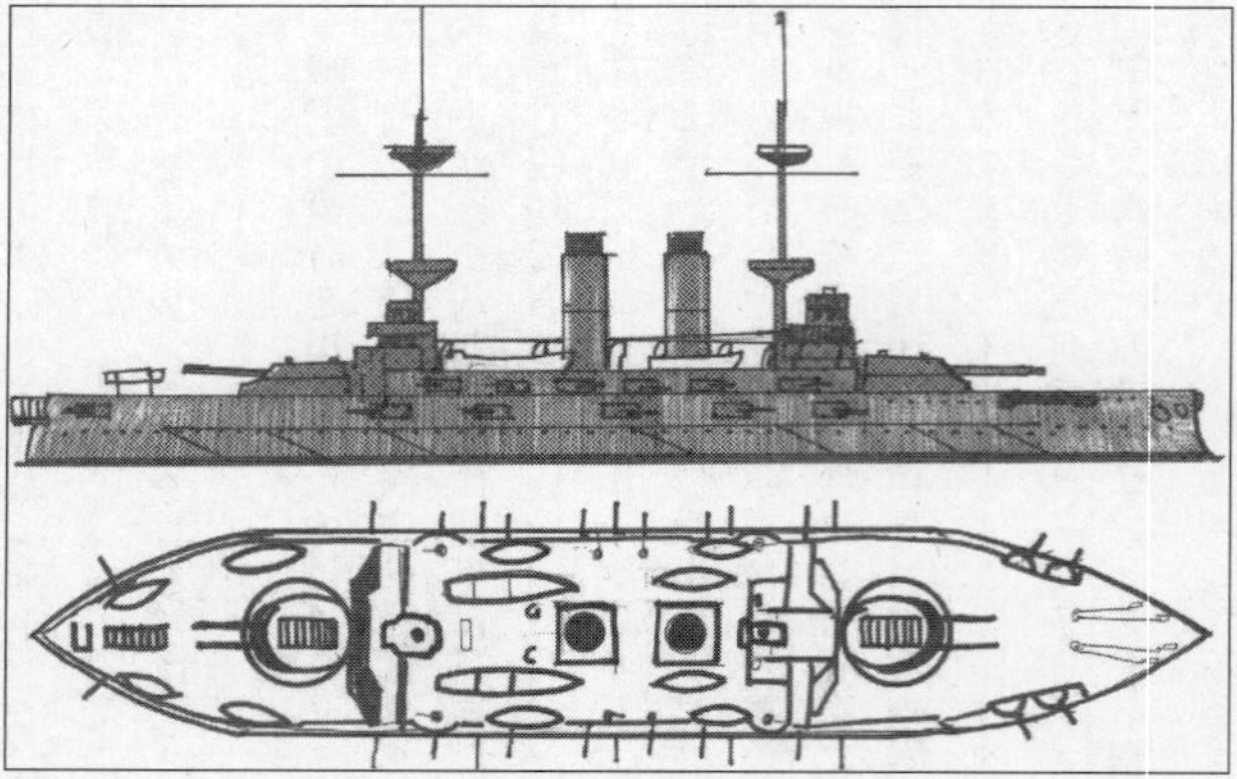

戦艦三笠

とりわけ、砲塔内構造はこのとき急速な革新をとげていた時期ではあったが、明治二〇年代の日本人が、砲塔式主砲に勝負の切り札を発見していたのは先見の明があったというべきだろう。とにかく『富士』『八島』の段階で、マジェスティック級に匹敵するベストミックスを達成していた。明治の日本人は驚嘆すべき先見性を発揮し、世界最高水準の戦艦を設計したのだ。

その設計コンセプトは六隻の戦艦の最終『三笠』まで引き継がれるのである。『富士』『八島』の竣工時点でも、大多数の海軍国は、このような形式が将来の主流になると思っていなかった。すなわち米艦の副砲装備は八インチであり、速射性に疑問があった。また完全な高舷側ではない。ドイツ艦は一二インチ主砲でなく一一インチであり、六・七インチの速射可能な副砲を一四門装備した。これは、主砲が「役立たず」とみて副砲を重視したドイツ合理性の現れだが、主砲が砲戦の主役となると危険な措置となる。イタリア艦やオーストリア艦は速度と装甲において劣っていた。

それでは、日本海海戦のロシア戦艦の主力となったボロジノ級はどうだろうか？　それより以前に、ロシア海軍はペレスウェート級四隻（『ペレスウェート』『ポベーダ』『レトウィザン』『オスラビア』、ロシア艦政当局はアメリカで製造された『レトウィザン』をペレスウェート級に含めないが、同一設計であり、含めることにする）のうち三隻を、旅順艦隊に配属していた。ボロジノ級やペレスウェート級の特徴は、タンブル・ホーム[15]という独特の船形にある。

さらに前述のマカロフ理論に従って、ペレスウェート級では六インチ砲を重視し、両舷四個の連装砲塔に格納した。反面、主砲は一〇インチでやや劣る。また装甲が弱く、タンブル・ホームから上の舷側部分について、ほとんど装甲されていなかった。

ロシア艦政当局は、ボロジノ級を建造するにあたり、この問題を一挙に解決しようとした。すなわち主砲を一二インチとし、四五口径六インチ砲を両舷六個の連装砲塔に格納し、かつ装甲強化を行なおうとした。そのため上部構造への荷重負担は厳しく、タンブル・ホームを維持せねばならなかった。

ボロジノ級一番艦は、旅順艦隊の『ツェザレウィッチ』[16]である。この艦は一九〇一年

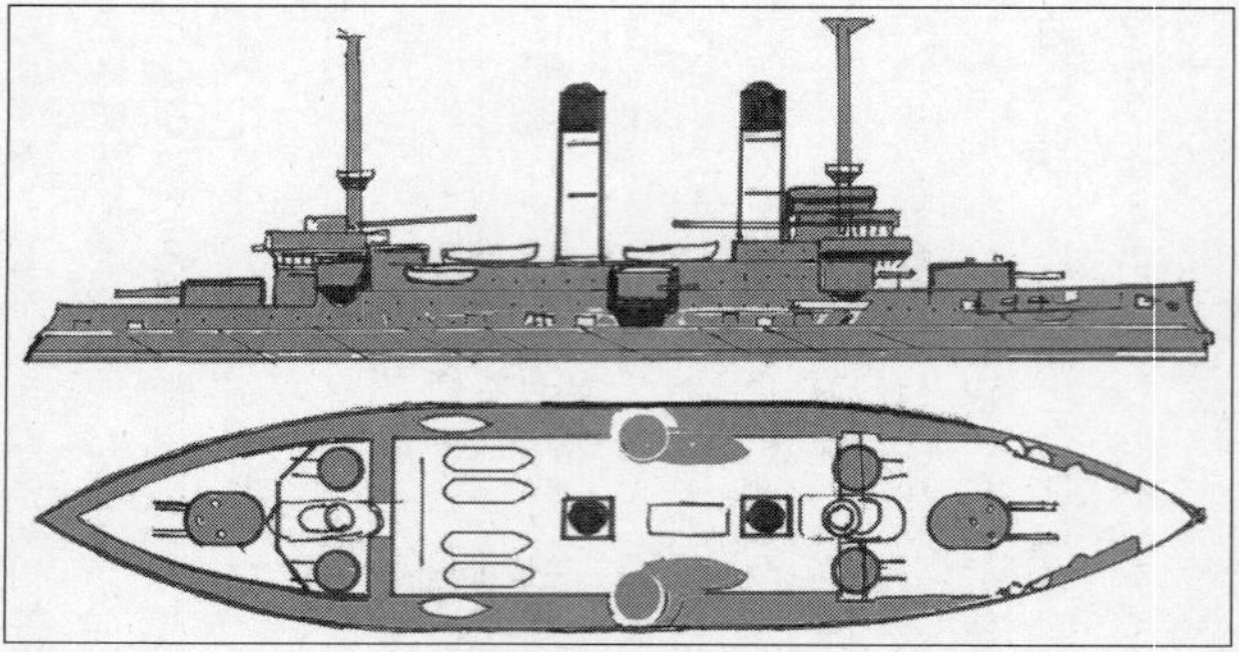

ボロジノ級戦艦

にフランスのツーロンで建造された。同じ設計図によってペテルブルグで建造されたのが、『ボロジノ』（一九〇一年）『アレクサンダー三世』（一九〇一年）『スワロフ』（一九〇二年）『アリヨール』（一九〇二年）の四隻で、いずれも日本海海戦に参加した。

これのほかに『スラバ』が一九〇四年に竣工したが、間に合わなかった。ロシア艦政当局は、フランスで建造した『ツェザレウィッチ』をボロジノ級に含めないが、同一設計であるので含めることにする。

フランス人がタンブル・ホームのアイデアを発想した。当時のフランスは建艦競争の意欲を喪失しており、また議会の反対により、「一年に戦艦一隻建造」という奇妙な原則に従っていた。公表では、フランス海軍は世界第二位の合計排水量トンを誇るとなっているが、実態とほど遠い。日露戦争直前にプリドレッドノートは一〇隻しかもたず、ロシア海軍からは相当に劣後していた。その事実を隠蔽するため、クリミア戦争のときの木造鉄皮艦を現役として登録するなどの操作をしていた。フランス海軍と造船技術はすでに二流となっていた。

フランス人は重心を下げるためにタンブル・ホームを採用したのだが、大洋における海戦では重大な欠陥がある。すなわち砲戦の結果、海水が入ると、船体復原性が急速に悪化する。

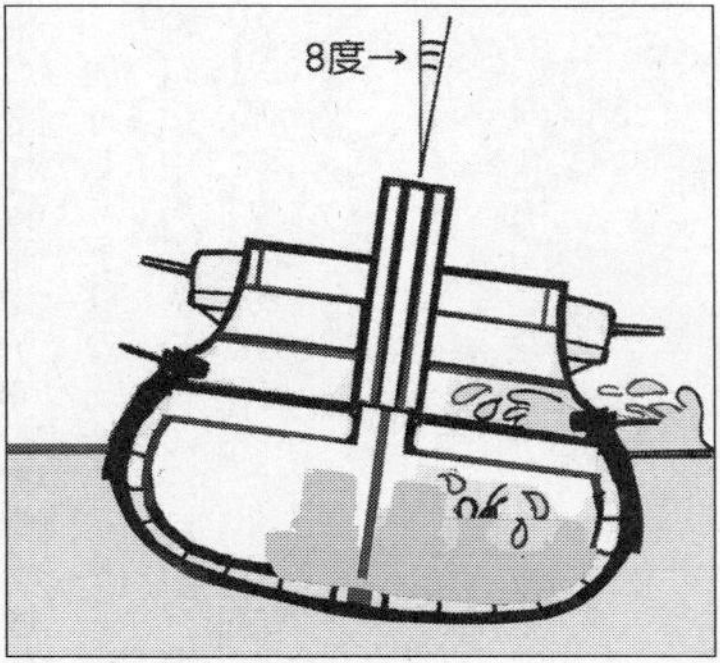

タンブル・ホーム

さらに戦闘中、なんらかの原因で艦が傾斜した場合、八度を超えると砲甲板が海面にかぶり、そのまま転覆する可能性がある。とりわけ長途の航海のため資材を積み込むので、喫水が下がると重心が上がってしまい、ますます危険なことになる。これらの問題は、日本海海戦におけるロシア戦艦の転覆や沈没の悲劇に重大な原因となった。

タンブル・ホームとは、近代的艦船の常識の高舷側形式と、イタリア式砲艦に代表される低舷側方式との、過渡期の形式とみなすこともできる。ロシア人はイギリスへの反発かフランスへの憧れか、技術革新の方向を見誤ったのであった。

加えて、予算の関係で、トン数を一万三〇〇〇トンに落としたことも関係している。さらに中央隔壁を残したため、海水が左右均等に滞留しない。これらの欠陥はロシア艦政当局に気づかれていたようだが、元にある設計コンセプトが問題だと、是正は不可能である。

# 第2章　日清戦争の黄海海戦

## 速射砲重視の日本海軍

日清戦争の黄海海戦（一八九四）は、普墺戦争における伊墺間のリサ海戦（一八六六）以降、初めての主力艦を含む艦隊同士の海戦である。

清国は、この海戦に一二隻を集中した（ただし『平遠』『広丙』は水雷艇を伴い、延着）。対する日本も（『赤城』と『西京丸』は通報艦としての参加だが、途中から実戦に加わった）、同数の一二隻を海戦に参加させた。

表のうえからは清国有利に見えるが、実態はそうではない。速度についていえば、日本は四時間半の戦闘期間中、一〇ノットを維持したが、清は七ノットでしかない。砲力について、『定遠』や『鎮遠』は一二インチ（三〇センチ）の大口径主砲を装備していたが、短砲身であり、有効射程距離は三〇〇〇メートル程度にすぎなかった。中口径速射砲では日本が圧倒しており、清国は『広丙《こうえい》』しか速射砲を装備していなかった。

日本は連合艦隊司令長官の伊東祐亨《ゆうこう》(1)が率いる本隊と、坪井航三(2)の率いる遊撃隊(『吉野』『高千穂』『秋津洲』『浪速』)とに分けた。遊撃隊は一四ノットの高速で運動した。当時としては異例の速さである。

遊撃隊先頭の『吉野』は四・七インチ速射砲四門をもつ。第二次大戦まで維持された軽巡洋艦の原型をなしており、この戦いで大いに活躍した。

### 艦の速度によって艦隊を分ける

坪井航三のあだ名は単縦陣(Line Ahead)であり、この陣形を十年来主張してきたという。テゲトフ提督が、リサ海戦で、横陣(Line Abreast)を用いて勝利した実戦例があるのだから、相当に勇気のある主張である。ただ、テゲトフの横陣は衝角戦術を前提としたものである。

当時の各国海軍は、砲戦を前提とするなら単縦陣がベストであると、演習や図上演習の結果、理解はしていた。実際のところ、かなり実戦に近い艦隊演習を、いろいろな陣形で試してみても単縦陣は常に勝利した。ただ、これはシミュレーションにすぎず、国運がかかった実戦でやることは別の話である。

[清国海軍]

| | 排水量トン | 砲力(センチ) | 速力(ノット) |
|---|---|---|---|
| 定遠 | 7335 | 30×4 | 14.5 |
| 鎮遠 | 7335 | 30×4 | 14.5 |
| 来遠 | 2900 | 21×2 | 15.5 |
| 経遠 | 2900 | 21×2 | 15.5 |
| 靖遠 | 2300 | 21×3 | 18 |
| 致遠 | 2300 | 21×3 | 18 |
| 平遠 | 2100 | 26×1 | 11 |
| 済遠 | 2300 | 21×2 | 15 |
| 超勇 | 1350 | 10×2 | 15 |
| 揚威 | 1350 | 10×2 | 15 |
| 広甲 | 1296 | 15×2 | 15 |
| 広丙 | 1000 | 12×3 | 17 |

[日本海軍]

| | 排水量トン | 砲力(センチ) | 速力(ノット) |
|---|---|---|---|
| 松島 | 4278 | 32×1 | 16 |
| 厳島 | 4278 | 32×1 | 16 |
| 橋立 | 4278 | 32×1 | 16 |
| 扶桑 | 3777 | 24×4 | 13 |
| 千代田 | 2440 | 12×10 | 19 |
| 吉野 | 4216 | 15×4 | 23 |
| 浪速 | 3709 | 26×2 | 18 |
| 高千穂 | 3709 | 26×2 | 18 |
| 秋津洲 | 3709 | 26×2 | 18 |
| 比叡 | 2284 | 17×2 | 13 |
| 赤城 | 623 | 12×4 | 10 |
| 西京丸 | 4100 | 12×1 | 15 |

一方、清国の北洋出師《すいし》提督丁汝昌《ていじょしょう》（?〜一八九五）は横陣を当然としていた。主力艦である定遠級、来遠級、『平遠』はいずれも主砲が前方発射できるように設計されており、敵の舷側に大口径砲を向けながら衝角で体当たりするという戦術は北洋艦隊にとり前提であった。

『定遠』と『鎮遠』は実戦経験をもたないドイツでつくられた。当時、ドイツは、造船先進国イタリア・イギリス・アメリカとは大きく水を開けられていた。砲塔や機関部を装甲で囲ったが、舷側については考慮されていない。大口径砲を前方射撃に用いる考え方は、衝角攻撃を目論んだものだが、側面から攻撃をうけた場合、高速の敵と出合った場合などは検討されていない。つまり実戦経験をもたない同士が、架空戦記をもち合ってつくったような戦艦である。

建艦思想はユニークだが、それを運用する戦術思想に創造性を欠いていた。北洋軍閥を率いる李鴻章《りこうしょう》は、ドイツ陸軍砲兵少佐ハイネッケンを雇ったが、海軍戦術についての知識は不十分であるうえ、陸軍と海軍では砲術のあり方がまったく異なる。ハイネッケンは『高陞《こうしょう》』号に乗船しており、イギリス人船長を脅迫し、降伏を拒絶した人物である（143頁参照）。清兵一〇〇〇人を犠牲にしながら、自身は蔚島《うるとう》まで泳ぎ着き、命拾いに成功した。

前述のように、日本側は主力艦隊を遊撃隊と本隊とに分け、両方ともに単縦陣とし、相互に協力して戦おうとした。分離した理由は本隊の低速のためである。しかしながら、高速部隊を本隊から独立させて、別個の指揮のもとに運用するという考え方は、きわめて斬新であり、以降の海軍戦術で主流をなす方法となった。

艦の速度によって艦隊を分ける方法は、日露戦争においても踏襲され、装甲巡洋艦は上村彦之丞《かみむらひこのじよう》指揮の第二戦隊のもとに集められた。米西戦争では、アメリカ海軍も本隊と遊撃隊に分けたが、おのおの戦艦と巡洋艦をもっており、日本の戦術思想とは異なる。日露戦争におけるロシア艦隊も、日本のやり方を真似している。

第一次大戦では、イギリスとドイツが巡洋戦艦を集めて独立させ、別個の指揮のもとに運用し、高速翼とした。そして、第一次大戦における艦隊決戦は、その互いの高速翼＝巡洋戦艦隊同士の砲戦で終了することになった。これはなぜかといえば、双方が高速翼をもち、同じことを考えたためである。すなわち高速翼を先行させ、敵の部分を戦艦隊に誘導しようとした。

**単縦陣対横陣の黄海海戦**

旅順《りよじゆん》を根拠地とした清の北洋艦隊が黄海の大弧山《たいこざん》沖に出没しているという噂で、伊東祐亨は一八九四年九月一六日、大同江河口のチョッペキ岬から遊撃隊『吉野』以下を夕刻先発させ、次に本隊『松島』以下の合計一二隻を出発させた。樺山資紀軍令部長も

「督戦《とくせん》」と称して徴用艦『西京丸』に乗り組んで出発した。

このとき、清の北洋艦隊は陸兵輸送の護衛にあたっており、鴨緑江河口《おうりよっこう》まで来ていたが、南方から連合艦隊が進行中との連絡をうけ、迎撃にうってでることを決心した。

戦闘は、九月一七日午後〇時五〇分、『定遠』が『吉野』に第一弾を放ち開始された。このときの距離は五八〇〇メートルといわれる。ただし砲戦がたけなわとなったのは、三〇〇〇メートルに入ってからである。日清戦争の黄海海戦では、清国北洋艦隊が低速のうえ常に横陣を維持したため、日本の連合艦隊が十字砲火を浴びせるという事態が出来《しゅったい》した。

会敵《かいてき》すると、本隊は高速を利して敵の側面をつき、遊撃隊はさらなる高速を利して回頭して逆方向に進み、背後から砲撃を加えた。

初めに遊撃隊と本隊は、北洋艦隊右翼の二隻、『揚威《ようい》』と『忠勇』に射撃を集中した。この二隻は砲戦開始後、三〇分にして沈没した。低速のため遅れをとった『比叡』(桜井規矩之左右《きくのすけ》)は本隊に合流せんと、『定遠』と『来遠』の間を近道した。この行為が独断専行か否か、はっきりしないが、あとで豪胆な行為として賞賛された。

この段階、すなわち日本側が第一合戦と呼ぶ砲戦の直後に、北洋艦隊の戦列は乱れてしまった。そして椿事《ちんじ》が起きた。『済遠《さいえん》』が戦場から遁走《とんそう》し、旅順に戻ってしまったのだ。海戦に臆したというしかないが、一九世紀と二〇世紀の海戦において唯一の軍艦敵

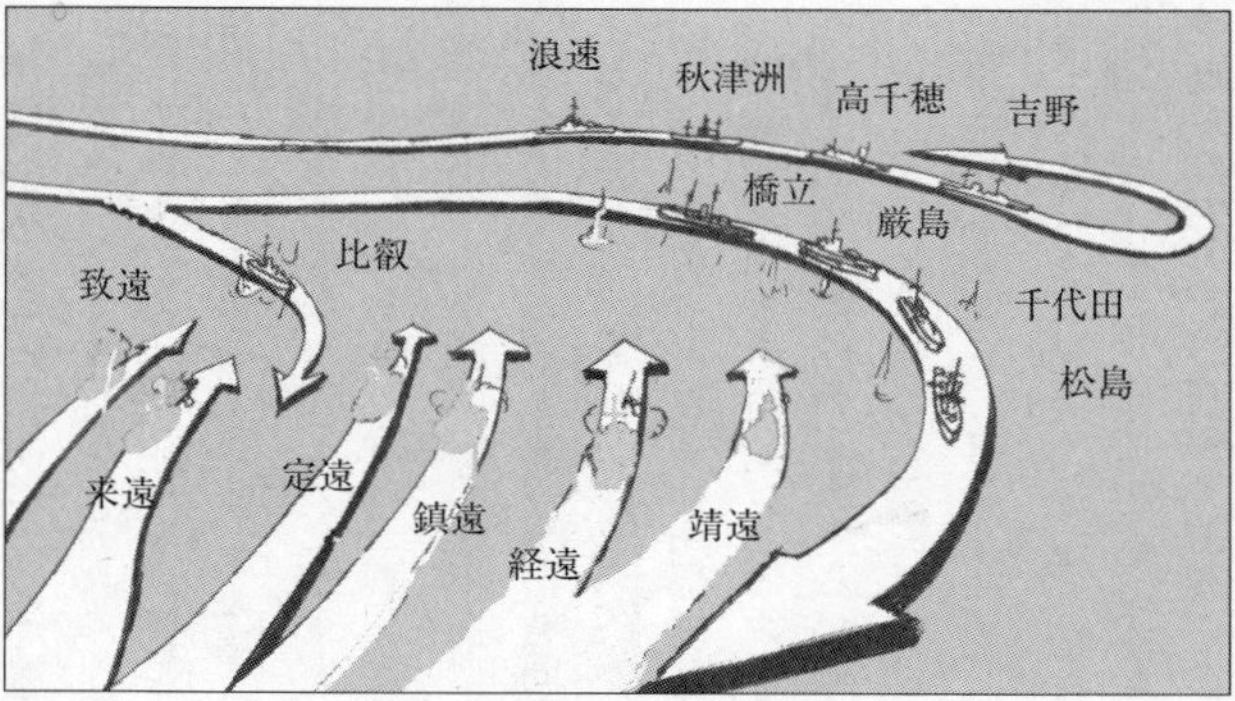


黄海海戦図

前逃亡事件である。『済遠』の艦長の方伯謙は、この翌日、銃殺に処された。

『鎮遠』にはアメリカ人のマッギフィン（海軍退役軍人）が乗り込んでおり、この海戦について詳細なレポートを残した。ここからは、マッギフィンの報告に従うことにする（雑誌“Century”, August, 1895）。

「残念なことに、中国艦隊はバラバラの形となってしまった。日本本隊は単縦陣に従って完全な操艦をみせつけた。そして反対側には遊撃隊があり、我々は十字砲火を浴びることになった。本隊がコース変更すると、『定遠』『鎮遠』も方向を変え、常に艦首を敵艦に向けるように操艦した。『鎮遠』は、『定遠』との距離を維持したが、これは全戦闘期間を通じて守られた。

日本人もこの動作は確認できたと思う。『鎮遠』は『定遠』の危機を何度か掩護射撃で救った。しかし、それに伴って被害も増大した。

日本本隊は残り四隻の小艦艇は無視し、『定遠』『鎮遠』に砲火を集中した。本隊の五隻は執拗に周囲を回り、砲弾の嵐を落とした。

時折、火災が発生したが、炎はあまり困難もなく消火された。いくつかの敵艦はメリナイト弾を使っているようだった。有毒ガスの発生により識別できる。

日本のある艦は、統一指揮による舷側射撃（Broadside Firing by Director）を実行した。これは、舷側の全門を同一の目標に対し、一つのキーに従って同時に発射することである。

このシステムは艦の内部構造を変更することを必要とするが、非常に効果的だった。同時に命中弾を浴び、五〜六カ所に火災が発生した。

混乱した隊形を修正するため『靖遠』は『鎮遠』の後方を通り、『来遠』に加わり、そして残りの艦は右翼につくように命令された。そのとき『広甲』は『赤城』と『西京丸』に向かい、攻撃を開始した。

このときである。『致遠』（艦長徐世昌）は大胆にも戦列から離れ、『広甲』に加わることを決めた。すると、日本の遊撃隊は突如向きを変え、『赤城』と『西京丸』の救助に向かった。だが不運なことに、喫水線下に一二インチ砲弾が命中したらしく、艦が傾き始めた。それでも『致遠』は屈せず、『赤城』に衝角突撃をかけんとした。

遊撃隊四隻から、雨とおぼしきような猛烈な射撃が浴びせられた。『致遠』はその衝角が『赤城』に届く前に船首から海面に沈み、横転した。あまりにも突然なため、海面に上がってきた乗組員はほとんどいなかった。『致遠』の機関長だった同僚のパービスも運命をともにした。

日本の本隊は戻りながら、我々の陣を包囲するように距離を縮めてきた。『松島』までの距離が一七〇〇メートルとなったとき『鎮遠』の一二・二インチ砲が轟然と火を吐いた。巨弾は『松島』に見事に命中した。砲術長とみられる将校が海に投げ出され、帽子と双眼鏡が波間に浮いていた。あとで聞いた報告によると四九名が即死し、五五名以上が重傷を負ったとのことである。

日本本隊はひるんだようにいったん南西に引いたが、再度戻ってきた。このとき『鎮遠』では全部で一四八発あった六インチ砲弾を全部使い果たしていた。一二インチ砲の一つの砲台は破壊され、また残弾は主砲用の鋼鉄榴弾二五発しかなかった。事情は『定遠』も同じだった。

それから後一時間半、我々は一方的に撃たれた。

五時になり、三〇分ほど砲撃したあと、敵は撤退を開始した。これは不思議なことで、敵はどうやら我々が残弾なしだとわからなかったらしい。敵はまだ弾丸が豊富に

巡洋艦吉野

あったようにみえた。ともあれ、これは歓迎すべきことだ。

一方、遊撃隊は『赤城』と『西京丸』を救援したあと、先頭にあった『経遠』に砲撃を集中した。とりわけ『吉野』が猛烈に射撃を浴びせた結果、『経遠』は炎上、沈没した。

そしてようやく日没となり、我々は旅順に向かうことができた。

しばしば、なぜ我々は日本人に敗北させられたのだ？と問われる。答えは簡単だ。日本人は我々より良い船をもち、豊富に弾丸をもち、より良い将校と水兵をもっていたからだ。だが、日本人も認める通り、弾丸の命中率は我々の方が良かった。日本人の命中率は一〇％だが、我々のは二〇％に達していただろう。

我々は『広丙』に五〇ポンド速射砲を三門もっていただけだ。敵は無数に速射砲をもっていたようだ。日本水兵の勇敢さと、将校の敢闘精神は認める。だが、非難を浴びている中国水兵のためにも一言いわせて欲しい。彼らは、雨のように注ぐ速射砲弾の中で戦った。上甲板は血の海だ。それでも彼らは戦いつづけた。

また日本側の公表には偽りがある。日本人は損害を隠すために、船体には鉄板を張り、上部にはキャンバス布を張り、その上にペンキを塗った。そして賢くも外人の目から損害を隠したのだ。

日本人が鴨緑江海戦に勝利したのは事実だ。だが日没をよいことに遁走したのも事実だ。夜間にはまったく再戦を起こす気力がなかった。四隻の水雷艇は河口にいただけで出ようともしなかった。彼らは、威海衛《いかいえい》に向かうものと思ったと言っているようだが、彼らのコースからいってそのようなことはない。だいたい、彼らは威海衛に修理施設がないことは十分承知していたはずだ。

日本艦隊は我々と同様の状態にあったに違いない。」

### 巡洋艦が戦艦に勝った

このあと、北洋艦隊は、旅順港に逃げこんだが、陸側からも攻められ、攻囲《こうい》される形勢となり、撤退し威海衛に向かった。だが、そこでも水雷艇に攻撃され、最後には臆した水兵の反乱にあい降伏した。

この戦いは、重要な事実を世界に教えた。すなわち巡洋艦が戦艦に勝利したのである。

巡洋艦松島

三景艦(『松島』『厳島』『橋立』)は、一門だけの巨砲をバーベットにおいたが、実戦にはまったく役立たなかった。そして、マッギフィンの語る通り、鎮遠の一二インチ榴弾が『松島』に命中し多数の死傷者を出したが、船体に沈没するような損害を与えたわけではない。日本・中国双方の大口径砲は、ともに決定的な役割を果たせなかった。

北洋艦隊の四隻は、六インチまたは四・七インチ速射砲弾によって撃沈された。速射砲は明らかに大口径砲より有効だった。注意しなければならないのは、日本の長砲身の大口径砲も命中弾がなかったのであって、単に射程だけの問題ではない。

なぜ、大口径砲は役に立たなかったのだろうか?

第一は、命中させる技術＝砲術が十分でなかったことである。第二は、明らかに速射性が不足していた。第三をあげれば、射程となろう。

大口径砲をとりまくこの三つの問題は、当時、解決不可能と思われた。ところが日露戦争では、日本海軍は見事にこの難題を解決するのに成功した。もちろん道程は簡単なものではなかった。そして、中口径速射砲を駆使して戦ったのは正解だとして、一方、単縦陣による艦隊運動も成功の一助となったのは間違いない。

つまり、敵が砲のマトに存在していなければ、いくら速射砲を構えても、命中させることはできない。すると疑問が生じる。日本の各艦が速射砲をもっていたから勝利できたのか？　それとも速度がまさっていたため勝利できたのか？　あるいは両方か？

速度の点からいえば、マッギフィンは速い敵に対し衝角戦法は無効だとしている。これは誤りで、リサ海戦では単縦陣で攻め込んできた速度で上回る敵に、テゲトフは横から衝角で当てている。

もし連合艦隊が敵陣に斬り込む艦隊運動をすれば、北洋艦隊にもチャンスがあったかもしれない。ところが、日本に衝角突撃や飛び乗り戦術の発想はまったくなく（ただし斬り込み隊の準備はしていた）、砲撃に有利な艦隊運動と単縦陣の戦術をとった。この結果、常に一定以上の距離を確保しながら、砲戦をいどむことができた。

北洋艦隊の主砲や三景艦の主砲の発射速度は、一時間に三発もない。ところが四・七インチ速射砲は、一分間に八発発射できる。つまり、速射砲で装甲をもつ戦艦を沈めることはできないが、上部構造を破壊できる。そして艦隊運動を活発にすれば、横陣による衝角戦術をとることは難しい。
こういったことを坪井航三は事前に予想しており、戦いの前に次のように述べている。
「定遠沈まずとすれば、これを沈める必要はない。艦上の敵兵を射掃して皆殺しにすれば即ち定遠無きに等しい。うまく行けばそのまま分捕れるではないか。自分の軍艦も沈む覚悟で衝撃するのは邪道である。戦闘員を殺傷して戦闘力を奪うのが最善であり、それには艦隊操作と速射砲の活用とが肝要である」（伊藤正徳『大海軍を想う』）
坪井は実に的確に黄海海戦の推移を見通している。さらに北洋艦隊が降伏し、『定遠』『鎮遠』ともに拿捕《だほ》したことをみれば、薄気味悪いくらいの千里眼的予言といえる。
これに対し、第二次大戦の重巡『利根』艦長にして砲術の大家、黛治夫《まゆずみはるお》は黄海海戦について次のように述べている。
「今から考えると、日本海軍には定遠級大型装甲砲塔戦艦を洋上で砲撃々沈する自信がなかった筈である。もしそうだとすれば、洋上で確実に定遠型を沈めるには、衝角を用いる衝突戦術があるだけである。このためには多少の改造を要したであろうが、扶桑、金剛、比叡、高雄などは、有効に老軀を活用できたであろう」（黛治夫『艦砲射撃の歴史』）
黛は海戦に勝利することは、敵艦を沈めることだと曲解しているのである。また『扶桑』などにはすでに衝角があり、それを下手に改造すれば重心が狂ってしまう。喫水線下の改造は簡単ではない。昭和の海軍将校の発想はこの程度であり、太平洋戦争に敗北したのも、まことに無理のないことである。

明治の日本人の素晴らしさは速射砲の発明という技術革新を実際の海軍戦術に結びつけたことであった。彼らのまったくの独創であった。昭和の海軍将校が「日本人は劣っている」と常に信じ込んだのは誠に不思議なことである。

# 第3章　砲術の進歩

## 数学力を問われる砲術将校

一九世紀半ばにおけるヨーロッパの海軍将校の生活を一言でいえば、「社交（Society）」だった。海軍将校はどの国でもエリートである。なぜならば軍艦は大洋を動き、外国に行くことができるからだ。ヨーロッパの君主は専用ヨットをもち、それに軍艦の護衛を引き連れて外国を訪問した。

当然、海軍将校は社交だけを担う外交官の役目もあわせもち、各国の社交界に出入りした。ヨーロッパの社交界をのぞけば、現在でも、「紺（Navy Blue）」の制服に金筋をつけた海軍将校を多くみることができる。

ただ逆説的だが、海軍将校は外交そのものに興味を払うことはあまりない。彼らは、外国要人というより、要人と同行している貴婦人と社交を重ねるのに忙しく、エスコートした君主や政治家の話題に立ち入ることは「野暮《やぼ》」だった。

この姿勢は陸軍将校と対蹠的《たいせきてき》である。陸軍将校は一般に政治的である。なぜならば、味方が誰で敵が誰であるかを決め計画をたてねば、陸では戦いようがないからである。君主や外交官が勝手に同盟国や仮想敵国を決めてもらっては困るわけで、外交に伴う社交には興味がなく、外交そのものに興味をもつ。

海軍将校にとっては、戦争とは青天《せいてん》の霹靂《へきれき》のように襲ってくるもので、いくら机上《きじょう》演習をしたところで、作戦は常にそのつど、提督の頭の中から生じて提督が命令するものであった。それゆえ海軍将校は、作戦を考えたり艦隊をつくったりする部局、すなわち軍令部や海軍省勤務を命ぜられることを左遷のように考える。彼らの希望は常に艦隊勤務である。陸軍将校は、しばしば逆である。

そして海軍将校は装備についても興味をもたない。すなわち、あてがわれた船以上を期待しない。船を調達することは彼らの仕事ではなく、海軍省や造船官の仕事である。人生の目的は「艦長＝大佐（Captain)」になることだ。そして、艦隊司令官には「代将(Commodore)」が就任する。代将が引退すれば「提督（Admiral)」となり、鎮守府長官に就任したり、軍令部（Admiralty）の参事会（Board）に加わったりした。

また海軍将校とは、別名兵科将校（Line Officer）と呼ばれる人々をさし、機関士・造船官・軍医・海兵士官などとは区別されており、相互の人事交流はない。兵科将校は、砲術・航海・水雷の三兵科のいずれかに属する。この三兵科以外の将校から主力艦の艦長になることはない。兵科は士官学校（海軍兵学校）を卒業するとき申し渡されるのが普通であり、本人の意思では変えられない。

さて砲術将校である。海軍は、陸軍と比較すれば、数学能力がどの分野でもはるかに必要である。とりわけ砲術において著しい。このため、他兵科の将校は砲術将校のやることに口を挟むことがない。

年に一回か二回しかない実弾演習のさいなどは、砲術長だけが監督し、艦長や司令官は艦を去るのが普通だった。もし、それに文句をいう砲術将校がいれば、そちらの方が変人扱いされただろう。そのうえ、実弾演習によってペンキがはげたと苦情を言われることがよくあった。当時の海軍の本分はチリ一つなく甲板をモップで拭き、真鍮の窓枠をピカピカになるまで磨き上げることだった。一八九〇年代になっても、この体質はあまり変わらなかった。

砲術コンテストの内容といえば、距離一五〇〇メートルで、動かない目標を射撃するにすぎなかった。なぜコンテストをやるかといえば、冷静に裸眼で見つめられる距離で、精神を集中し命中させることができる能力に、賞を与えることだとされた。

後述するが、精神を集中する能力は、長距離射撃においては成績と無関係である。

しかし、長距離射撃の可能性も指摘されていた。一九〇〇年、『ドレッドノート』の生みの親、フィシャー(1)がイギリス地中海艦隊司令官だったころ、五〇〇〇メートルから六三〇〇メートルの距離で実弾演習を行ない、「満足すべき結果」を得たと報告している。

イギリス海軍省は一九〇三年九月、前例に従い、二つの戦艦――地中海艦隊の『ベネラブル』と海峡艦隊の『ビクトリアス』に長距離射撃について、実弾演習のうえ報告書にまとめるよう指示した。ところが、『ベネラブル』と『ビクトリアス』の報告はまったく正反対のものだった。『ベネラブル』の砲術将校は、プラサ島における実弾演習の結論として次のように書いている。

「数百回の斉射《せいしゃ》(Salvo)実験を行ない、大量の弾薬と石炭と備品を消耗したうえで、自明の結論が導かれた。すなわち、弾は好きなところに飛んでゆく。近代人が編み出した方法では、強力で効果的な長距離射撃は不可能だということだ」

注意してほしいのは、この段階で、斉射をすでにやっていたことである。

また、斉射(Salvo Firing)と舷側射撃(Broadside Firing)は異なる。舷側射撃とは船体動揺(横揺れ〔ローリング〕と縦揺れ〔ピッチング〕の二通りがある)を計算に入れたうえ、片舷側の砲を一斉に射撃する方法で、一八世紀からあった。

通常、戦艦などの巨艦のローリング周期は一六秒前後であり、船体が海面に直立するチャンスは八秒に一回生じるわけである。戦艦に電気機器が導入されていなかった頃は、砲術長がドラをたたいて、引き金を引く砲手に発射タイミングを教えた。

舷側射撃も近距離となれば、照準にあったところで発射すればよいのだから、一九世紀後半になると、むしろ古くさい方法とされた。これに対し、斉射とはグループ（左舷六インチ、一二インチ主砲などに区分して）ごとの全砲門を、同一のタイミングで、同一の目標に対し、射撃することである。

さらに斉射法（公算射撃、パターン射撃ともいわれる）とは、弾着パターンを分析して、連続射撃を行なうことである。

元来、艦砲の狙いとは左右（Bearing）と高低（Elevation）でしかない。そして、これは機械の目盛りで決定される。艦砲の命中率とは、砲手が訓練を重ねて、目を澄まし心を沈着にし、狙いをつけても向上するものではない。つまり、小銃の射撃練習のようなことをして練度をあげても、弾はよく当たらない。

艦砲で敵艦に狙いをつけるというのは、旋回手（Trainer）と俯仰手（Layman）の機械操作でしかなく、いずれもポイントを目盛りのどこにあてるかだけが課題である。左右は、距離と比較して計測にそれほどの困難はなかった。

砲術将校は、この左右決定または目盛り盤決定のさいの数値を、苗頭《びょうとう》（Deflection）

と呼んだ。この言葉は稲穂が風にそよぐさまから来たが、当初（江戸時代末期）は、施条《せじょう》（ライフリング）された艦砲から発射された弾丸が、飛行中に横にずれる現象を指した。

帝国海軍であれば、施条は右回転を与えるように付けられているから、砲弾飛行中、やや右にずれることになる。だが、これは一〇〇〇メートル以内の据え切り砲戦で問題になったにすぎず、語源はすぐ忘れられた。一八七八（明治一一）年の砲術教範にこの言葉がすでにあり、艦の中心線から何度で射撃すべきかを決定するさいの数字をさした。

日清戦争のときの射撃法は、「独立打ち方」（Independent Firing）と呼ばれた。旋回手や俯仰手が指定された目標に対し、自分の弾丸が命中したかどうかを確かめ、次弾《じだん》の狙いをつけた。距離が三〇〇〇メートル以内のため、砲手は自分の発射した弾丸を自分の目で追うことができた。

五〇〇〇メートル以上の砲戦となると、独立打ち方は困難になる。なぜならば両方の艦が動いているからだ。日露戦争では一万二〇〇〇メートルを超える長距離射撃が行なわれた。すると、弾着時間は二五秒を超える。長距離射撃をやるためには、旋回手や俯仰手のカンや暗算に頼ることはできなくなり、どこかで距離や苗頭を計算する必要が出てきた。

長距離射撃で命中させるには、まず苗頭を正確に把握する必要がある。苗頭とは上図における「$\beta$マイナス$\alpha$」である。

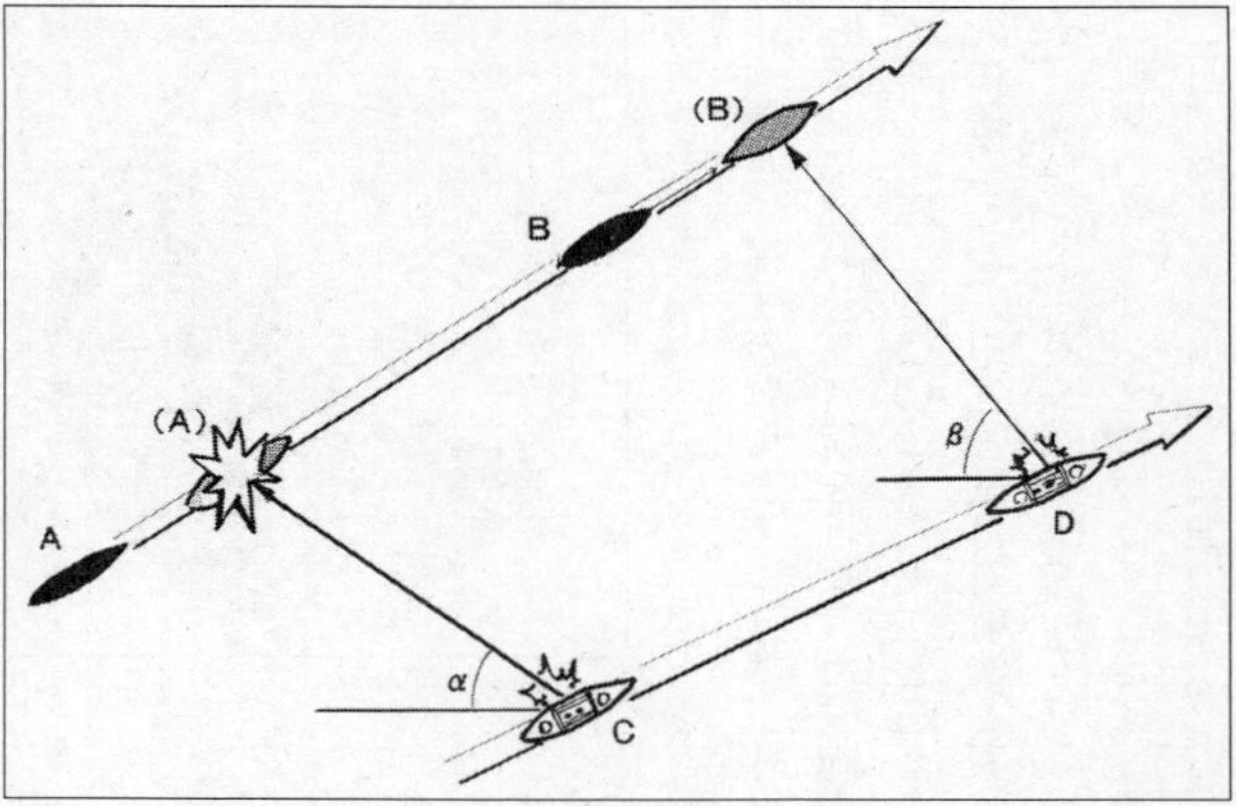


苗頭（びょうとう）

まず、自艦はCの位置で黒艦を射撃したいとする。Cにいるときには黒艦はAの位置に見えるのだが、実際には（A）灰色艦にあるものとして射撃せねばならない。これはクレー射撃をやるとき、マトの飛んで行く少し先を狙わないと命中しないのと同じ理屈である。

そして、（A）にいた灰色艦に命中したとする。すると次の射撃のとき（一二インチ主砲であれば二分後）、旋回手は今の砲位置から左右どの程度、変更せねばならないだろうか？

接近戦であれば、旋回手が敵艦を視認したうえ、進行方向のすぐ先、艦首などに砲身を定めればよい。敵艦の動きがクレー射撃のマト程度であるからだ。長距離射撃となれば、これでは間に合わず、砲術将校が

バッテンバーグ・インジケーター

計算せねばならなくなった。

はじめは幾何学や三角関数の教育をうけた砲術長をトップとした砲術将校が、航路指示器を使って苗頭を算出した。航路指示器は、発明者の名前をとりバッテンバーグ・インジケーターとも呼ばれ、イギリス海軍には一八九〇年ごろ導入された。この器具は円盤型で、「ある方向へ、ある速度で進む船と落ち合うためには、自らの船がどの方向に進まねばならないか」を計算する便宜を与えた。

次に砲術長は、主砲、左右舷側の六インチ砲といった四つ程度のグループに分け、計算結果を連絡し、それをうけたグループは全砲門をそれに従わせ、斉射を行なった。砲術の中央管制（Central Fire Control）といわれるものである。五〇〇〇メートルを超える距離で砲戦を行なおうとする海軍は、これを必死に研究した。中央管制は斉射法と表裏をなすものである。つまり、砲術将校（＝分隊長）を砲ごとにおくのは現実的ではない。

射撃のタイミングについていえば、帝国海軍の艦艇には砲手のそばにブザーがあり、二回ブッブーと鳴ると「準備」、ブーと鳴ると「撃てー」を意味した。旋回手や俯仰手は、「準備」の前に砲弾を装塡した砲身を苗頭の指示をうけ、修正しなければならない。引き金を引く砲手は、単にブザーに合わせるだけだ。そして「撃てー」の合図で、どちらかの舷側の六インチ砲は一斉に射撃した。

　苗頭は目盛りの数で指示された。右三つ、または左四つだけである。これは、目盛りを右へ三つ、または左へ四つ移動させろという意味で、わかりやすい。ただ、実際の砲戦中は、砲の轟音で伝声管からの連絡は不可能である。このため、バーアンドシュトラウト社[2]のトランスミッターが必須であり、日露戦争の日本の主力艦にはすべて装備されていた。

　五〇〇〇メートルを超える中長距離砲戦では、斉射法は必須である。ところが現在にいたるも、誰が斉射法を発見したのかはっきりしない。これは当然のことで、当時海軍砲術というのは、各国にとり死活的に重要な国家機密だった。ただ、どの艦隊が実戦で初めて実行したのかははっきりしている。すなわち日露戦争の黄海海戦の連合艦隊である。このとき砲戦は、一万二〇〇〇メートルの遠距離で発生した。

　イギリス海軍のパーシー・スコットは鯨島砲術学校の校長となり、速射砲による連続射撃の実験を行ない、本人は斉射の実験を一九〇一年からしばしば試みたと回想している。だが、砲術というのは特殊兵科とされ、専門以外の人間は簡単に足を踏み入れることはできない。イギリス海軍以外は記録すら残していない。唯一残るスコットの回想はイギリス海軍の実際と相当に乖離《かいり》している。

地中海艦隊司令官フィシャーがスコットを買って抜擢したのだが、フィシャーには敵も多く、長距離射撃への支持はなかなか得られなかった。結局イギリス海軍は、黄海海戦の観戦武官ペケナム(3)の報告により、斉射法による長距離射撃が実際にできることを初めて知ることになった。

「独立打ち方」では、中口径速射砲がバラバラのタイミングで発砲するため、爆風が常時発生し、互いに照準をとることも困難である。また長距離実弾演習をやれば、砲術計算の必要から「独立打ち方」が成立しないことは、誰でもどこの国でもわかる。そして、ドイツ、フランス、ロシアなどにおいても、斉射による射撃法、または中央管制による射撃法が研究されていたことは十分想像できる。

斉射法(パターン射撃)を実行せず、一弾による試射・独立打ち方を実行したロシア旅順艦隊の命中率は連合艦隊をだいぶ下回った。そうだとすると、「斉射法を初めて実戦でやり、勝利した男」の栄冠は、戦艦『三笠』砲術長の加藤寛治《ひろはる》(4)に与えられるべきだろう。

斉射法に至る中間的な方法として、一弾による試射・斉射という方法がある。これは弾着のパターンを分析せず、その都度距離を中央で測距儀などにより確認し、各砲台は苗頭計算に頼らず、旋回手は敵艦の艦首の先五〇メートルなどに狙いをつける。これは米西戦争のアメリカ艦隊や日本海海戦のロシア艦隊によって実行された。この場合でも、トランスミッターは必須である。

ここで斉射法の場合、苗頭すなわち左右はよいとして、距離はどう把握するかという疑問が生じるだろう。斉射法の特徴とは、サルボ（四門以上の砲を同一タイミングで同一目標に射撃すること）を試射から実行し、距離測定や敵艦速度・方向測定を、その弾着確認とともに、より正確にしていくところにある。日露戦争のとき、東郷の艦隊は六インチ砲で試射を行なった。これは速射性(5)があるため、短い間に試射・第一斉射・第二斉射と連続させることができたためである。

距離の確認は、まずは測距儀で行なう。日露戦争で使用された測距儀はトランスミッターと同じくバーアンドシュトラウト社製の一・五メートルタイプで、当時最高水準のものだった。それにもとづいて試射を行なうが、それ以降、測距儀は不要となる。

もちろん、一回目の試射で命中させることは、なかなかできない。自分の艦だけでなく他の艦も試射も行なうため、判別が難しいこともある。このため、砲術長の背後には必ずストップウォッチをもった士官が控えていて、発射から弾着までの時間をあらかじめ予測し、その時間、たとえば二〇秒後になると「弾着」と叫んだ。

一般に、弾着観測員（Spotter）は、弾着が標的の左右に落ちたことは明確に識別できる。通常、弾着位置は左右に梯団状《ていだんじょう》の二つのグループに落ちるようあらかじめ調整してある。グループ間の距離は一五〇メートル前後である。これは戦艦や巡洋艦の長さが一五〇メートル前後のためだ。しかし帝国海軍より英海軍のグループ間距離は長く、二五〇メートル程度だった。これは装薬の品質管理や砲の設置精度が日本の方が上回り、狭くしても弾着位置の錯綜《さくそう》が少なかったためだ。

難しいのは弾着の「前後の」識別である。落下地点の前後を見通すことはほぼ不可能にみえるが、どこの世界にも才能に恵まれた人物はいて、職人芸を競った。これも若者の職人芸ではなく、四〇歳前後の双眼鏡をもった少佐砲術長に課せられた職務だった。この弾着パターンの分析が命中率の死命を制する。

苗頭を計算したのち距離を調整する。日露戦争当時は勘で、(接近か離反は間違えてはならないが)「目盛り一つ高め」とか「低め」と分隊長に要求することも多かった。高めとすれば遠距離となる。そして二回目の試射では、左右は確定せねばならない。三回目前後で、そのときの苗頭(左右)や距離が的中すれば、命中弾を与えることができる。帝国海軍はこれを夾叉《きょうさ》(Straddle)と呼んだ。夾叉とは、命中しなくてもよいわけだが、砲術長が梯団のいずれの弾丸が標的の前後に弾着、または標的に命中したのか確認できれば、敵艦の位置はその時点でほぼ正確に把握できたことになる。夾叉があれば、次にそのデータをもとにした連続した射撃に移ることになる。

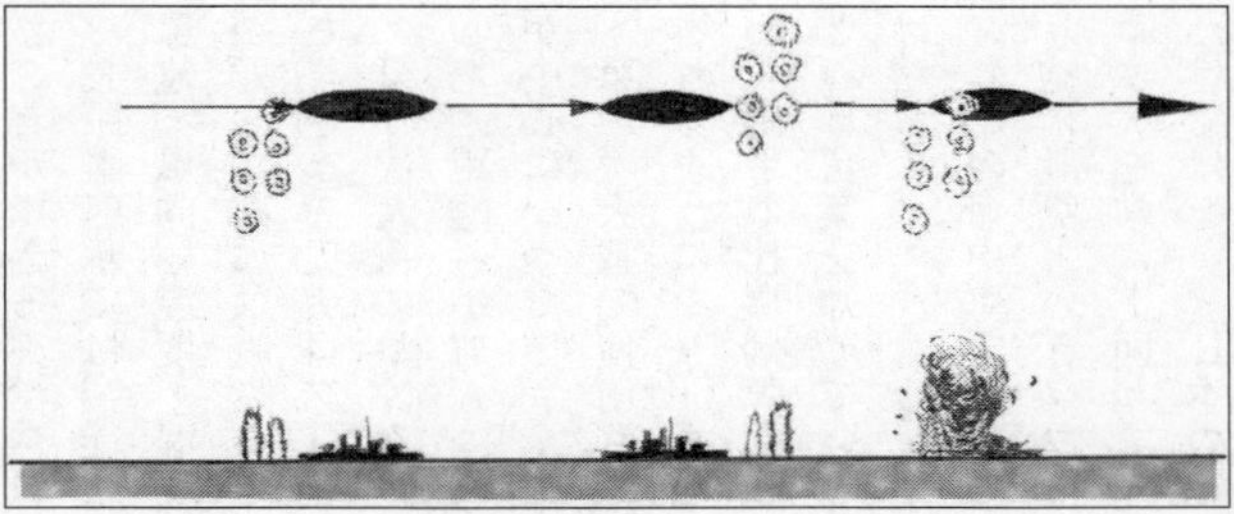

夾叉（きょうさ）

## 砲術計算というソフトが死命を制する

斉射法を実行するにあたって、日露戦争時代の五〇〇〇メートルから一万二〇〇〇メートルの砲戦でインプットすべき要素は、敵艦速度・方向、原始位置（距離）、自艦速度・方向に限られる。

これらの要素のうち、重大なものは変距率《へんきょりつ》（彼我の距離の時間による変動割合で、時速・ノットで表示される）で、距離時計（Range Clock）が必要になる。

ところが距離が広がると、より正確に距離を把握せねばならない。なぜならば、仰角《ぎょうかく》を上げれば落角《らっかく》も大きくなり、距離をはずすと命中しない。ゆえに、新しく他の要素もインプットせねばならなくなった。

変距率自体は距離時計（日露戦争中、愛知時計が国産化した）で求められるが、それをインプットし、予定時間後の苗頭と距離を予想せねばならない。そのため必要なデータをインプットして、暫定苗頭や暫定距離を算出することができるダマレスクという機械が導入された。

長距離射撃では、従来にないさまざまな要素が関係するのがわかってきた。すなわち風速・風向・温度・湿度・地球の丸み・地球の自転速度などである。これらのデータを苗頭・距離に反映させるための暫定的な計算も必要となった。そして一九一〇年代には、さまざまなアナログ計算機が発明され、各国で実用化された。

第一次大戦における砲術は日露戦争時とは様変わりし、完全に主砲中心の砲戦に移行した。距離も一万八〇〇〇メートル前後から砲戦が始まるのが普通で、弾丸も徹甲弾《てっこうだん》(6)が中心になった。

第二次大戦で使用された巡洋艦以上の軍艦には、アナログ計算機が中間連絡室に設置されるようになり、また電気的に旋回・俯仰がコントロールされるようになった。すなわち砲手の仕事は弾丸の装填だけとなった。おそらく第二次大戦に従軍した水兵で苗頭という言葉を知っているのは、アナログ計算機を置くスペースのなかった駆逐艦乗りだけだろう。

艦砲の命中率とは、このようにハードやそれの訓練だけでは簡単に得られない。つまり砲術計算というソフトが死命を制する。日露戦争の全期間を通じて、日本の命中率がロシアを常に上回っていたのは、砲手の訓練だったり、大和民族が優秀であったりしたわけではない。日本の砲術というソフト技術がすぐれていたのだ。

## 照準望遠鏡・測距儀・トランスミッター

それでは日露両軍は、アナログ砲術を保証する測定器や通信機をどのように装備していたのだろうか？　実際、導入された機械によって、採用した射撃術を推定できる。日露戦争のころ、砲術における三種の神器とされたのは、照準望遠鏡・測距儀・トランスミッターの三つで、このうち照準望遠鏡はあまり重要でない。

照準望遠鏡（Telescopic Sight）とは、狙撃手が小銃の上につけるスコープと同種のもので、単眼望遠鏡であるにすぎない。つまり砲手の目で照準をつける水雷艇対策の一二ポンド砲（ロシアでは七五ミリ砲）で、有効な武器である。

日本の六インチ砲以下の砲には、すべてこれが装備されていた。旅順艦隊にはほとんど装備されておらず、バルチック艦隊は五〇％程度といわれる。

次に測距儀（Rangefinder）であるが、これもそれほど重要ではない。なぜならば斉射法の基本は弾着パターン分析で距離を確認することであり、使うのは試射のときだけである。六分儀など古い方法を使っても、マスト長が判明している敵戦艦であれば距離の確認は不可能ではない。ただし、ロシア海軍のように一弾試射により距離を確認する場合、第二斉射で弾着があっても弾着パターンを分析することをしないから、計算上の距離と測定上の距離を精査する必要があり、測距儀はより必要である。

測距儀使用の図

日露両軍ともバーアンドシュトラウト社の一・五メートル測距儀を装備していた。ただし、ロシア艦隊は一船あたり二台程度と少なかったようだ。

最も重要なのは、トランスミッター（Transmitter）である。すなわち砲術長は、目標・苗頭・距離を各砲台に連絡する手段が必要である。これを伝声管でやることは不可能で、電気的に数字を示す機械が必要だった。当時、これができるメーカーはバーアンドシュトラウト社だけだった。

この機械を日本海軍は、日露開戦の二年前に同社から購入した。製造番号は四番だったという。開戦時には六インチ砲以上が装備されている各艦に装備されていた。砲術長がマストのうえで美声を張り上げるなどというのは、実際の砲術とは何の関係もない。ところがロシアの場合、旅順艦隊にはまったく装備されず、バルチック艦隊にはロジェストウェンスキーが急遽、バーアンドシュトラウト社から購入し、出港に間に合わせた。配線はクロンシュタットからリバウへの航行中に終了させたという。ロジェストウェンスキーがロシア砲術界のリーダーであったためできたのだろう。これにより、日本海海戦において砲術で優位に立てるとの確信を深めたに違いない。

戦艦『アリヨール』の乗組員プリボイが、この機械〔文字盤〕、バーアンドシュトラウト社のトランスミッターについて語っている。

「われわれの軍艦では、砲術長が砲火指揮所から、文字盤によって砲手を指揮するように訓練していた。こういう文字盤は、各砲塔、砲台、砲甲板の遮蔽砲〔ケースメートに格納された砲のことか〕にも備えつけてあった。その文字盤の各指針は、電流の力によって動き、打ち方始め、打ち方止め、目標割当、照尺距離〔苗頭と距離のことか〕、装塡すべき砲弾の種類、などが、この文字盤の指針によって示されるのだ。

火蓋を切る用意が備うと、砲長は文字盤を睨みながら号令をかける。「目標一八ケーブル[7]照尺〔苗頭のことか〕四五！」」（プリボイ『バルチック艦隊の潰滅』、〔　〕は引用者）。

やり方自体は連合艦隊も変わらなかったものと推定される。

# 第4章　日本人だけが崇めるマハンの海軍戦略の実像

## 歴史学からは疑問の多いマハンの海上権力論

アルフレッド・マハン（一八四〇〜一九一四）は、日本でよく名前が知られている反面、あまり実像や本意が知られていない。マハンは日本の海軍将校にとって偶像であったが、アメリカ海軍のイデオローグにすぎず、ほかの国ではあまり問題にされていない。すなわち国民が海軍を重要とみなし、政治的存在となっている国のみで有名になった。

イギリス海軍は強力だが、日米ほど政治的影響力がなく、イギリス人はマハンの主張、「海上権力」（Sea Power）により国の興廃が決定されるという主張には違和感をもったようだ。

マハンの著作のうち、日本で紹介されたのは前期の『海上権力史論』や日露戦争後の

『海軍戦略』のみであり、同時代人から失敗作とみなされた戦術論や将校教育論は知られていない。

マハンはアメリカ海軍士官学校長(一八八六~八九)をつとめた。そして一八九六年、大佐で退職している。日清戦争の二年あと、米西戦争の三年前のことである。ただ、米西戦争で活躍したデューイ、サンプソン、シレイなどの米海軍提督・代将は、いずれもマハンより老齢でありながら現役であり、米国海軍が艦隊司令官としてマハンに期待していなかったのは明らかである。退職自体も、本がよく売れたため決意したともいわれる。マハンは、軍人というより軍事評論家に近い人物である。

ただ、アメリカ海軍における昇進は、一九世紀においては著しく難しかった。提督(Admiral)すなわち将官となることは議会の推薦が必要で、南北戦争で一人、米西戦争で一人が、一九世紀中に提督という称号をうけたにすぎない。

日本では、その時代に海軍大学校長をつとめた著名人物として東郷平八郎がいる。ロシアにおいて航海術と砲術についての権威は、それぞれマカロフとロジェストウェンスキーであり、専門教育課程において指導的役割を果たしていた。すなわち、日露戦争の実戦を指導した東郷、マカロフ、ロジェストウェンスキーは、海軍教育においても第一人者として認められており、そのうえで実戦に参加しているのである。ところがマハンは、海軍教育者では一流であったが、実戦の指揮はできないとみなされていた。

マハンの論述はきわめて独特のもので、海上権力の優越が国家の消長に影響するという海上権力論、艦隊決戦論、将校教育論の三つに分けることができる。

このうち、海上権力論は歴史分析の結果から導き出された。マハンのあげる例は、ポエニ戦争（ローマとカルタゴの間の戦争）とナポレオン戦争の二つが大きなものである。まずポエニ戦争について、ローマはハンニバルにカンネーで陸戦に敗れたが、地中海の制海権の維持に成功し、最終的な勝利を得ることができたとする。ナポレオン戦争では、イギリスはトラファルガーの海戦により、大西洋の制海権の維持して、最終的にナポレオンの打倒に成功したとする。つまり、陸戦ではなく海戦によって、長期間の戦争の帰趨が決定されたと分析した。

アルフレッド・マハン

これは俗耳に入りやすい。もう少し深く歴史を検討してみよう。ローマは当時、イタリア半島を領有する領域国家だった。これに対しカルタゴは都市国家にすぎなかった。カルタゴはローマとの交戦中に陸地の背後からアフリカの部族国家の襲撃をうけ、その防戦に追われている。

一方、ローマは半島の大部分の資源を利用することができた。長期戦となれば、戦争資源がどちらに有利か明らかである。

ナポレオン戦争では、ヨーロッパをほぼ手中に収めたナポレオンに対し、イギリスがトラファルガー海戦に勝利し、本土上陸を不可能にさせたのは事実である。しかし、ナポレオンのフランスが本当に脅威をうけたのは、ロシア遠征の失敗とそれにつづくヨーロッパ諸国の連合した陸における反撃にある。大西洋の制海権が獲得できなかったからといって、致命的な損害をうけたわけではない。

このようにマハンの歴史分析は、歴史学からみればとても首肯《しゅこう》できるものではない。昭和の海軍将校が、海戦こそ国の興廃を決定するというマハンの考えに安易に賛同したことは、誠に残念なことである。

大陸において、戦争の帰趨を決定するものは陸戦である。海戦は、日本やイギリスなどの島国への上陸作戦を断念させるというケースなどを例外として、副次的であるにすぎない。昭和時代の日本は大陸国家であった。

## 通商破壊戦を嫌ったマハンの艦隊決戦論

第二の艦隊決戦論について、である。司馬遼太郎は、マハンの『海軍戦略』から次のように引用している。

「ロジェストウェンスキーは海戦の前、〝この艦隊のうち二十隻でもウラジオストックに到着すれば日本軍の交通線は大いに脅威をうけるだろう〟といった」「ロジェストウェンスキーはその主義〔艦隊温存主義〕の極端な信奉者らしい」（『坂の上の雲　七』。〔　〕は引用者）

マハンはジョミニやクラウゼビッツらのドイツ軍事学に影響されており、ドクトリン主義、すなわち「定理」「公理」から結論を出す方法のみが正しいと信じていた。そして、ロシア海軍は「要塞艦隊」主義と「艦隊温存」主義にとらわれ、その主義から戦略や戦術を決定していったと推論する。これは、あまり優秀でない観戦子の陥る典型的な錯誤で、ロシア海軍は、「要塞艦隊」主義など知らず、採用もしなかった。

マハンの「要塞艦隊」主義の定義によると、ロシア海軍は旅順艦隊を陸上要塞の付属物のようにみなしたというのである。これは誤解であって、ウィトゲフト旅順艦隊司令官（代理）が艦砲射撃は要塞防衛の一助になると陸軍に主張したのは事実であるが、旅順艦隊と要塞を心中させるようなことは考えていない。それだから、黄海海戦が発生したのである。

「艦隊温存」主義についていえば、ロジェストウェンスキーが艦隊温存主義を主張したことはいっさいない。逆に日露開戦直後から、バルチック艦隊と極東艦隊の合流による艦隊決戦を説いた。

マハンはロジェストウェンスキーを艦隊温存論者だと決めつけていた。「この艦隊のうちの二十隻……」とロジェストウェンスキーが述べたのはノシベ滞在中のことで、真意は、第一太平洋艦隊（極東ロシア艦隊）が全滅したため、バルチック艦隊の東征を中止し、本国に戻ることにあった。東郷の艦隊との戦力を分析したうえでの結論であり、これを艦隊温存主義というなら、「艦隊」があれば、いかなる敵にでも挑みかかれといっているにすぎない。

しかるに、東征自体の中止をニコライ二世に訴えたが、容れられなかったのだ。ロシア海軍首脳部やロジェストウェンスキーは一貫して、東郷の艦隊と自らの艦隊の力量を常に比較していたのであって、何か「主義」にもとづいて行動したわけではない。

旅順艦隊の歴代司令官も、力量が不足しておりバルチック艦隊と合流すべきだとして、出撃しなかった。ところがウィトゲフトは、基地が間接射撃を浴びたので、出撃するしかないと決心したのである。選択がなければ、断然、挑戦に打って出る。それがロシア海軍精神である。

ロシア軍人は、「敵の三倍になるまで戦わない」とか「一撃撤退主義」といった考え方、または思想に立っていた、と司馬は主張する。これは、とてつもない昭和軍人的誤解である。もちろん、ロシアが戦争にあまり勝てなかったのは事実である。だが、彼らを取り巻く敵をみてほしい。ドイツ・イギリス・トルコ・日本である。いずれも、ロシアを除けば、周辺国を訳なく敗亡《はいぼう》させている強兵の国ばかりではないか。にもかかわらず、ロシア人は逃げるどころか、だいたいは無理な攻勢に出たり、無理な現在地死守をやったりして失敗している。実は、日本海海戦もその一例なのである。マカロフは、このロシア人気質について次のように語っている。

「(ロシア人は)自分たちの損害についていっさい考えようとせず、常に敵は自分たちより大きな損害をこうむっていると信じ込むことによってのみ、戦勝を得てきた」(マカロフ『海軍戦術』英語版序文)

日露戦争、第一次大戦、第二次大戦で示されたロシア人の戦死者リストをみれば、このマカロフの結論には、誰しもが賛成するのではないだろうか。

地形などに影響され、その国特有の海軍戦略があるが、いずれの国の海軍も、戦争が始まれば彼我の戦力を分析することは当然であって、その結果とられた戦略を、「艦隊温存」主義、「要塞艦隊」主義などと銘打ってみても、それは意味のあることだろうか。

マハンは当時のアメリカ人としては珍しく、親英論者であり、日露戦争の前は反露したがって親日、その後、人種偏見によって反日に転じた人物である。その結果、日露戦争の評価は、以前と以降では異なっている。マハンは日露戦争の途中で次のように述べている。

「戦いには「不毛の名誉」というものがある。損失に値しないような危険性を冒すということである。敵艦隊を破壊するには、自らの艦隊を危険にさらすより、水雷艇と陸軍に期待した方がよい。艦隊は政治的な、また軍事的な要素として温存されるべきである」(雑誌 "National Review", Principles Involved in the War Between Japan and Russia, September 1904)

このように日本人にアドバイスしているが、原稿は黄海海戦の寸前に書かれたものと思われる。だが、これこそ単純な「艦隊温存」主義者の主張である。

そもそも、マハンは「艦隊決戦」主義というより、「艦隊集中」主義を主張したのである。内容は、海軍作戦の中心は艦隊決戦にあるべきで、海軍はその目的のためにつくられるべきであり、戦時において「通商破壊」は二義的とされるべきだと説いた。

これは帝国海軍の伝統に沿っている。すなわち巡洋艦を通商破壊戦に使わず、艦隊決戦に用いるというユニークなアイデアについてである。あまり知られていないが、日露戦争でもロシア海軍は、旧式軽巡の二隻からなる地中海艦隊を紅海に派遣し、そこを通過中の民間船舶の臨検に当たらせている。つまり、通商破壊戦は当然、海軍作戦の一部と考えていた。

巡洋艦の使用法としてはロシア海軍のやり方が一般的であり、各国海軍は、艦隊決戦のためには戦艦があるとしていた。このように少数派であった日本の海軍軍人は、マハンが日本の伝統的戦略をあたかも支持しているかのように考えたようだ。だが、これは誤解である。

マハンが通商破壊戦を嫌った理由は巡洋艦の使用法に関してではなく、海軍将校の精神涵養にあった。マハンが育った一九世紀半ばのアメリカ海軍には奇妙な慣習があった。つまり、通商破壊目的の仮装巡洋艦を商船などから徴用し、そのまま乗組員ごと海軍臨時将校、水兵に仕立てていたのである。これは民兵制度というべきかもしれないが、マハンのような正統派海軍将校にとり、戦時に飛び込んでくる異分子のように映った。

海軍将校は艦隊勤務に精励し、精神涵養につとめるべきだとマハンは考え、ろくに訓練もうけない、即興の将校が行なう通商破壊に正規の艦隊が支援することなど好ましくなく、したがって通商破壊という作戦にも消極的となったのだ。

これに反し、帝国海軍の伝統は「速い艦こそ艦隊決戦に最も役立つ」というもので、マハンとは立脚点が違うし、どちらが正しいかは今日となれば明らかだろう。マハンの艦隊集中論は「艦隊温存」主義と対立させるべきものではない。

マハンはアングロサクソン連合（またはチュートン人連合。親独的アメリカ人は、アングロサクソン人の本拠は民族大移動前のドイツのサクソニア地方とみなす。それゆえアングロサクソンにドイツ系も含める）の信奉者であり、ヨーロッパにおけるドイツの好戦性について注意を払うことがなかった。また普仏戦争など、海戦がない戦争には興味を払わない。そして、次のように書いている。

「我々は海陸からの（ドイツの）軍事的刺激を感じている。だが、これはさしたることではない。なぜならばドイツは西洋文明に育まれており、それにもとづいて組織された国家である。そして西洋文明は東からの脅威に備えねばならない」（"From Sail to Steam", New York, Harper and Brothers, 1907）

この評論は、日露戦争による日本の軍事的存在の増大と、カリフォルニアなど西海岸への日本人移民に脅威を覚えたため書かれたものである。これでは、街中を歩く粗暴なアメリカ人の議論と変わるところがない。日露戦争の途中までは、日本に味方する論調を吐いていたマハンであるが、戦後になると言い方を変えた。

### 古ぼけたマハンの将校教育論

さて、第三の将校教育論である。マハンが艦隊司令官に要求するものは、「精神涵養（Art）」であって「科学（Science）」ではなかった。マハンは次のように述べている。

「海軍戦術について私が述べるものはない。もし、英語教育や外国語教育がどのように軍艦の戦いに役立つかと問われれば、私はこれら二つの教育は精神の高みと思考の幅を与えるのに役立つと答えたい。英語は直接に知識を、外国語はその国の文学を知るのに役立つ。海軍将校の感性や知性に高貴なる影響を与えるとともに、その職業について好ましい影響を与えるだろう。そして、過去の歴史は数多くの英雄主義、偉大さを高度なまでに描きだすことであろう。科学の物質的側面はむしろ狭量と低い理想を招きかねない」("Naval Education", United States Naval Institute Proceedings 5, 1879)

マハンはこの時期、アナポリス海軍士官学校の教程から物理学・化学・ある段階の数学を除外することを主張し、代わりに美術・語学・機械操縦術・蒸気工学の導入を主張した。これは驚くべき主張に聞こえるかもしれないが、マハンはさらにこの主張を拡大するかのように「高貴な精神に導かれた貧弱な艦隊は、よく優勢な艦隊に勝利する」と述べている。

物理・化学・数学を否定することは当時、奇矯であったかもしれないが、この「高貴な精神をもつ海軍将校」の強さは、当時あまねく認められていることだった。一つはリサ海戦の影響であるが、そもそも平時の海軍将校は外交官の側面をもつ社会的エリートであったためだ。つまり、砲術計算についての知識より社交界の無駄話が重んじられた時代だった。

マハンは自身も科学技術の発展について行くことができず、新造船について守旧的な見解を主張した。

「軍艦のデザインは技術的な問題でなく軍事的な問題である」。そして「艦隊の集中は強力な戦艦を少数もつことではなくて、中規模の艦を多数もつことにより達成される」("Lessons of the War with Spain")

マハンは六インチ巡洋艦の信者だった。こういった主張は、あるいは一八八〇年代においては的中しているのかもしれない。しかし彼は、日露戦争が終わった段階でもこの主張をしているのである。『ドレッドノート』を竣工させたイギリス海軍当局を「財政無視」だとも批判している。

マハンの意識は、日清戦争の六インチ砲を多数装備した日本の高速軽巡洋艦の活躍から出ていない。科学の発達についていけず、次世代の砲術の発展も見通すことができなかった。砲術の発展や科学の発達が建艦政策に大きく影響を与えるのは当然であり、これを海軍将校の精神涵養の観点から否定するというのは無理があるといわざるをえない。このときになると、米海軍当局もマハンの意見は古ぼけたもの(Passe)とみなすようになっていた。

マハンは市井《しせい》の生活に戻ると、海上権力(Sea Power)が必ずしも海軍権力(Naval Power)と同一でなく、海上権力は、戦争における決定的な要因とならないことを理解するようになった。日露戦争が終了してからの論評である。

「(日露戦争以前の)理解とは、海軍は平時の海運活動に根拠をおき、それを存続させることを(海戦により)実現させるというものだった。ある程度、これは正しい。だが、ある程度、誤解を生じる。なぜなら、ロシアは商船隊を自国の沿岸にもほとんどもたない。ロシアの海岸線は欠陥だらけである。にもかかわらず、ロシア海軍は日露戦争において決定的な役割を果たした。私はここで、海軍と商業海運の関係について特別な関心をもっているわけではない。それでも、商業海運が存在するところ、その安全保障のため海軍を発展させるというのは納得できる推論だろう。しかし、海運が存在しないところで海軍が存在することも完全な事実なのである。海軍機能が、純軍事的かつ国際間の紛争解決の手段になりつつあるのは明確だということだろう」（マハン『海軍戦略』筆者訳）

マハンは海軍が商業海運と離れても、上陸作戦のため、あるいは兵站線切断のため、必要だという事実を十分にわかっていた。問題は、戦争が国の興廃に影響することは当然だとしても、その際、海軍をとくに偏重する必要がないという事実に気づいていないことである。つまり日本海海戦が国家の興廃に影響するとして、勝つためにそこで海軍の大半が滅亡してもよいわけである。

これを認めたくないため、陸戦と離れた海軍ということで商業海運と結びつける、あるいは結びつけたいわけだが、これはいささか無理があった。マハンは、自らが科学の発展から落伍したことを老年になってから認め、艦船デザインについての評論を停止している。テオドール・ルーズベルト大統領から意見を求められ、次のように答えている。

「予言ということになれば、的中するかはずれるか二通りしかない。私は多く的中させてきたが、同様にはずしてもいる。六十七歳になり、未来の国家方針にペースを合わせることは保守的な心情により難しくなっている。たぶん私は時代遅れになったのだろう」(Seager, Robert II. "Alfred Thayer Mahan : The Man and his letters", Annapolis, Naval Institute Press, 1977)

一九世紀後半の科学の発達は、それ以前やそれ以降と比較して圧倒的である。そして艦砲・水雷の発達、それに伴うソフトである砲術・航海術・水雷戦術の発展も革命的だった。ただ科学の発達があったとして、それを拒絶するか受け入れるかは人により違う。不幸なことにマハンは受け入れる方ではなかった。

ただマハンが終生意を払った将校の精神涵養、または司令官の精神涵養は重要な問題である。より速度があり、砲力で優り、装甲が厚くとも、艦隊司令官が誤れば、艦隊はやはり敗れることがある。しかしながら優秀な司令官・参謀を育てるには、文学が重要か自然科学かは、議論が分かれるところだろう。

日本海海戦で先任参謀をつとめた秋山真之《さねゆき》は、アメリカ留学中にマハンを二度たずねている。ただ両方とも感想を残さなかった。秋山はマハンから影響をほとんどうけなかった。秋山の興味の対象は戦時の海軍であって、平時の精神涵養は関心の外だった。私淑《ししゅく》したのはサンチャゴ・デ・キューバ海戦を戦ったサンプソン提督である。サンプソン(秋山はサムソンと呼ぶ)は必ずしもアメリカ人に人気があるわけではなく、むしろ失敗した司令官として扱われている。秋山はこういった世俗の評には興味がなく、ただただ米海軍のとった戦術に関心を集中したわけである。

国運がかかる戦争を前にして、秋山がマハンに感じた感想は「倦怠《けんたい》」以外の何物でもなかっただろう。マハンは「理論倒れ」の人物であった。

# 第5章　米西戦争

## 戦艦『メイン』爆沈の謎

米西戦争（一八九八）は、戦艦『メイン』爆沈がきっかけとなり発生した。一九世紀においても珍しく、外交紛争がないアメリカ・スペイン間で起きたものだが、アメリカがより好戦的・侵略的であり、スペインは受け身であったにもかかわらず判断を誤った観がある。

それまでアメリカ人は、スペイン統治下のキューバの独立主義者を好意的にみていた。さまざまなアメリカ民間人によるキューバへの直接投資も行なわれていた。だが投資者にとって、独立主義者による統治がいいのか、スペイン人によるほうがいいのかは難問だった。

スペインによるキューバ統治は、その一〇万人以上に及ぶ陸軍部隊の駐留にもかかわらず危殆に瀕していた。駐キューバ軍司令官バレリアーノは、一八九五年からのキューバ独立主義者蜂起に対し強圧策で臨んだ。とりわけ、「危険地域」の住民を強制収容所に追い込んだことから、すでに民間人一〇万人がそこで死亡していた。駐キューバ軍の士気も落ちていたが、スペインの国民の間には、キューバがスペイン中南米支配の最後の宝石であるとの合意があった。

一八世紀以前、スペイン人は原住民の大半を殺害、または病死させており、アフリカから奴隷を入れていた。都市には土着のスペイン系住民と解放奴隷が居住していたが、ハバナ暴動は彼らすらもスペイン統治に不満であることを示していた。

一八九八年一月、首都ハバナにおいて暴動が発生した。しかし、この暴動自体は大きなものではない。そして一八九八年二月一五日、混乱の最中、アメリカ戦艦『メイン』がハバナを親善訪問した。その日午後九時四〇分、艦の前半部で突然大爆発が起こり、一瞬にして火薬庫に誘爆した。引き上げ後の調査でも、前三分の一が完全に破壊されていた。乗組員二六〇人が犠牲となった。厨房《ちゅうぼう》で働いていた日本人軍属五人もあわせて死亡した。

事故は、港湾碇泊中に発生した。艦長ジグビーと乗組員の半数は半舷上陸中で命拾いした。ジグビーはただちに原因調査を開始し、その結論が出るまでいかなる判断も控え

戦艦メイン

るよう政府に要請した。おそらく故意でなく、自然発生したものと直感したのだろう。これは不思議な現象で、石炭の自然発火による汽船の事故は当時、多発していた。

注意せねばならないのは、当初から、事故ではなく犯罪行為によるものという共通認識のようなものがアメリカ国内に存在したことである。米海軍の中では、有力な植民地艦隊をもたないスペインがハバナに魚雷発射管や防御水雷を設置し、港湾を防衛しようとしているという噂が流れていた。スペイン植民地当局が戦艦メインの派遣を歓迎しなかったにせよ、妨害工作を試みることはまず考えられない。要は、スペイン人にとって敵はキューバの独立主義者であって、それ以上の敵を増やしたくなかったのは確実である。

調査はフロリダのキーウェスト軍港とハバナの間で水雷艇を往復させながら行なわれたが、結論はなかなか出なかった。

この調査期間において、新聞にスペイン人の仕業だとする論調が現れた。その極端な現象として三月八日、下院でマッキンレー大統領に五〇〇〇万ドルの緊急支出を求める動議が採択された。これは翌日、上院でも承認された。上下両院で一人も反対者がいなかった。

五〇〇〇万ドルは、戦争を目的としていないのだとすれば、異常に大きな金額である。ただ大多数の議員の想定したものは、(『メイン』が失われたので)代わりの戦艦を建造することだった。当時、アメリカの鉄鋼業界は躍進期にあり、鉄の値段はヨーロッパの半分ほどともいわれていた。この金額は、戦艦一〇隻分に相当する。

すでに一八九〇年代、アメリカのGNP(国民総生産)はイギリスの倍ほどもあった。すなわち本気を出せば、アメリカは戦艦三八隻を擁するイギリス艦隊の倍もつくれたはずである。新聞に扇動されたアメリカ国民は、何か軍備でもヨーロッパに対抗すべきだと思ったのだろう。

三年前の日清戦争(一八九四~九五)において、日本が中国を簡単に圧倒したことで、アメリカもスペインに圧倒されることもあるかもしれないと、アメリカ国民が考えた節がある。また、一八九七年の希土戦争(1)においてギリシャが敗北したが、ヨーロッパ五大国の手によってギリシャ独立はなんとか保たれた。新聞は、「ヨーロッパ五大国と同様に、アメリカはキューバ独立という「善」を実現させることができる」、「マッキンレー大統領はなぜこの機会を利用しないのか」と書きたてた。

調査委員会は三月二八日に、誰とは特定できないが、外部からの爆破により戦艦『メイン』は沈没したと結論づけた。マッキンレーは戦争に熱心ではなかったが、この結論ではアメリカ国民の戦争熱をさますことはできないとの判断を固めた。

この間、スペインの駐ワシントン公使サガスタは、アメリカが不満と思う将校の本国への召還、キューバの自治権拡大などの提案を行なった。しかし、これでは現状と大差ない。四月一一日、マッキンレーはキューバに派兵し、内戦を終了させる権限を議会に求めた。四月一九日、上下両院はキューバが自由で独立した共和国となること、スペイン軍の撤退を求める決議を採択した。

スペインもこれをうけ、四月二〇日、アメリカとの国交を断絶した。アメリカ議会は四月二五日、米西間が戦争状態にあることを四月二〇日にさかのぼって宣言した。当時、国交断絶は戦争開始を意味した。

戦艦『メイン』爆沈の真因は、いまも不明のままである。ただ事故の情況は、日露戦争直後の戦艦『三笠』の佐世保における爆沈と酷似している。さらに帝国海軍は、『松島』(一九〇八)、『筑波』(一九一七)、『河内』(一九一八)と三隻を同様の事故で失った。この四隻の事故による死亡者は、日露戦争における海軍の全戦死者を超える。

イギリス海軍も第一次大戦中、弩級《どきゅう》戦艦バンガードを同様の情況で失っている。「同様の情況」とは、「大型軍艦」で、「石炭推進」で、「碇泊中」という点である。アメリカ人は現在もコンピューターを駆使して原因を追究しているが、「石炭自然発火説」は消えたようだ。「石炭揮発分の滞留説」が今のところ有力である。そうであれば日本において、カージフ炭から、炭層が若く揮発分が多い国内炭に転換した時点以降、事故が多発していることについての説明がつく。

最も数多く事故を起こした帝国海軍が、原因調査を怠ったのは疑いない。ただ公式には、いずれも「自然発生」とした。日・英・米が酒癖の悪い水兵を同様に抱えていたり、外部からのテロに直面したりしていたとは考えにくい。昭和の海軍軍人が、『三笠』爆沈の理由として「水兵飲酒説」などの怪文書まで出して言いつのることは、まことにアメリカのイエロージャーナリズム以下といわねばならない。

### 米艦隊の一方的勝利だったマニラ湾海戦

一八九八年一月、デューイ代将[2]が長崎にいた『オリンピア』に将旗《しょうき》を掲げ、アジア艦隊司令官に着任した。米海軍のフィリピンにおける作戦は机上のものにすぎず、実際の準備が開始されたのは、その翌月、戦艦『メイン』爆沈事件が発生してからである。

アジア艦隊は、

『オリンピア』(五八七〇トン　八インチ四門　五インチ一〇門　機銃他二一)

『ボストン』(四四一三トン　八インチ四門　六インチ六門　機銃他八)

巡洋艦オリンピア

『ペトレル』（三〇〇〇トン　八インチ二門　六インチ六門　機銃他六）

『モノカシー』（河川用外輪船）

の四隻にすぎなかった。

この四隻を無理に区分けすれば、『オリンピア』と『ボストン』が巡洋艦、『ペトレル』と『モノカシー』が砲艦ということになるが、そのような区分けに意味があるとは思われない。乗組員は二〇〇人から三〇〇人であり、速力は一〇ノット程度である。戦闘力としては六インチ以下の速射砲に依存していた。速射砲は帆船時代と同様に舷側に設置され、正面または後部へは射撃できない。

米海軍は米墨戦争（一八四六〜一八四八）のころ機帆船全盛時代を迎え、それなりの軍備があったが、それ以降、南北戦争をへて、無視されるような存在だった。マハンらが警鐘をならしたが、それに従うような議会ではない。

デューイ代将はアジア艦隊を香港に集結させ、自身も香港に居を定めた。ところが、デューイには難問が二つあった。米海軍艦艇は二二年間フィリピンを訪問したことがなく、またスペイン艦隊の概要、および砲台など防御施設について何ら情報がなかった。さらにアジア艦隊の四艦はそれぞれ親善目的で南太平洋各地を訪問しているところで、実弾を搭載していなかった。

デューイは香港で艦隊を待つ間、自ら駐マニラ領事に情報収拾を指示し、マニラを定期的に訪問する商人から情報を集めた。そして『コンコルド』（一七一〇トン　六インチ六門　機銃他六門）が完工したという知らせをうけ、早速実弾を満載してホノルル・日本経由で香港に向かうよう指示した。当時、太平洋横断に一カ月かかった。

さらに海軍省は、『ボルチモア』（四四一三トン　八インチ四門　六インチ六門　機銃他八）を追加で配備することに決めた。デューイは『ボルチモア』にも実弾を満載するよう要請した。しかし、この二艦に実弾を満載しても間に合わず、海戦が発生したとき、定数の六〇％程度しかなかった。そのため海軍省は、商船を改造した『ラレイ』（三三一三トン　六インチ一門　五インチ二門　機銃他一二）をも追加した。これにより、アジア艦隊は七隻となった。

『ボルチモア』が到着したのはマニラに出発する二日前にすぎず、ただちに香港の乾ドックに収容し、二四時間の突貫作業でフジツボ除去作業を完了させた。当時の巡洋艦の装甲は商船のものより多少強化した程度であり、舷側には副砲としてケースメート（砲と砲手を防護するための装甲の室）方式の六インチ砲を詰め込んであった。唯一、上甲板に八インチ速射「主砲」を砲塔モドキ（バーベットの上を砲郭で囲んだ）に設置したので、外観は軍艦らしくなった。

デューイ艦隊司令官は四月二五日の宣戦布告後、ただちに艦隊主力を香港から二〇海里ほど離れた、箕作（ミルズ）湾に碇泊させた。清国領海であるが、アメリカは清国を主権国家とみなさなかったのだろう。

これに対しスペイン海軍も備えていた。マニラ湾の防備を強化するため湾口に大砲を設置し、マニラ湾奥に艦隊を集結させた。司令官はモントホで、艦隊は次のようなものだった。

『レイナ・クリスチーナ』（三五二〇トン　六・二インチ六門　機銃他一三）
『カスチーラ』（三二六〇トン　五インチ四門　四・七インチ二門　機銃他一四）
『イスラ・デ・キューバ』（一〇四五トン　四・七インチ四門　機銃他四）
『イスラ・デ・ルソン』（一〇四五トン　四・七インチ四門　機銃他四）
『ドン・アントニオ・デ・ウロア』（一一六〇トン　四・七インチ四門　機銃他六）
『ドン・ファン・デ・オーストリア』（一一五九トン　四・七インチ四門　機銃他八）
『マーキス・デル・ドエロ』（五〇〇トン　六・二インチ一門　四・七インチ二門）

スペインの六インチ以下速射砲は三一門である。これに対し米アジア艦隊は三七門であり、とりたてて劣っていたわけではない。ただし、米海軍は日清戦争の黄海海戦に日清両国に観戦武官（清の北洋艦隊に派遣されたのは前述のマッギフィンで、いったん米海軍を退役し、実戦に参加した）を派遣しており、速射砲による艦隊運動を日本のやり方から学んでいた。

スペイン海軍は電気水雷をマニラ湾口に敷設し、スービック湾東港口は沈船《ちんせん》をもって入港を阻止しようとした。モントホ司令官は当初、マニラ湾よりスービック湾に碇泊する方が有利と考えたようだ。四月二五日、戦争開始がはっきりしたが、そのときはスービック湾にいて、米アジア艦隊が香港に集結中との情報をいち早く得ていた。

モントホの方針は「艦隊温存」策で、火力などの面で不利な艦隊がとる策として無理なものではない。アジア艦隊は米本土から一万一〇〇〇キロ離れており、長期間留まれるものではない。ただ、基地を安全なものにせねばならない。

スービック湾に碇泊中、防御施設の完工以前に米アジア艦隊が来寇《らいこう》する可能性が強まり、モントホは艦隊をマニラ湾に戻すことを命令した。ただマニラ市内が砲戦に巻き込まれることを恐れ、市街から離れたカビテ・サングレイ泊地に向かった。ここは海面が浅く、操艦には難がある反面、サングレイ砲台とウロア砲台の掩護が期待できる。

フィリピンのスペイン艦隊は『レイナ・クリスチーナ』を除いて木造鉄皮であり、炎上しやすいという欠陥があった。モントホは消火を考えたのか、碇泊地は干潮時に擱座《かくざ》する地点を選んだ。海戦を動き回るものとしてとらえず、固定的な位置に止まり、迎撃するものと考えたようだ。

米アジア艦隊は四月三〇日、ルソン島近海に到着した。ただちに『ボストン』と『コンコルド』をスービック湾の偵察に向かわせた。はじめスービック湾方面から砲撃されたとの報告をうけ緊張が走ったが、誤報とわかり、スービック湾にスペイン艦隊はいないことが確認された。

デューイ司令官は、ただちにマニラ湾に向かうことを命令した。戦闘準備の命令が下り、木製可燃物はすべて海中に投棄された。だがデューイが座乗した旗艦『オリンピア』ではこの戦闘前の恒例行事が行なわれず、単に可燃物にキャンバスがかけられただけだった。デューイはこの海戦中、日常の安楽さを失うことをすべて拒否した。

マニラ湾の湾口には二つ水路がある。ボカチカ水路とボカグランデ水路である。ボカチカ水路が主力だが、狭くかつ防御体制が整えられていると予想された。デューイはボカグランデ水路を通ることを決意した。幕僚は「防御水雷が敷設されているに違いない」とアドバイスした。だがデューイは、「それはスペイン人の脅し文句だ。それに、これだけ海水温が高いと水雷は爆発しない」と楽観的だった。

この答えに反し、スペイン人はボカグランデ水路に電気水雷を敷設していたが、爆発しなかった。その後、ボカグランデ水路を通過したすべての民間船舶に対しても同様だった。事情は不明である。

アジア艦隊は『オリンピア』を先頭に単縦陣をなし、ボカグランデ水路を夜一一時に通過した。尾灯だけの灯火管制を実施し、八ノットの微速で進んだ。軽妙洒脱なデューイは、戦うべきスペイン艦隊の正確な位置・能力すら知らなかった。

アジア艦隊がエルフライレ島を過ぎようとすると突然、島の砲台が火を噴いた。艦隊主力は通過したあとだったが、一弾が輸送船『マカロッチ』の煙突に命中し穴を空け、そのまま海に落ちた。瞬間、全艦はエルフライレ島に砲門を開いた。砲台はすぐに沈黙したが、理由はよくわからない。しかし、この砲声はただちにマニラ市内に届いた。モントホは戦闘準備を夜二時、命令した。

一方、アジア艦隊は敵と払暁《ふつぎよう》に出会うことを計画し、速度を四ノットに落とした。乗組員には持ち場で仮眠をとることが命令された。そして、石炭輸送船を湾内の安全な地点に切り離し、マニラ港に突入していった。マニラ港を望見《ぼうけん》できる地点に到着すると、敵は見えず商船が停泊しているだけだった。しかし五時五分、マニラ港砲台はアジア艦隊に射撃を開始した。だが、一発も命中しなかった。

アジア艦隊はマニラ港を右手に見て、湾内深部カビテに舵をきった。『オリンピア』を先頭に二〇〇ヤードの間隔をおいて、『ボルチモア』『ラレイ』『ペトレル』『コンコルド』『ボストン』の順で進んだ。

五時一五分、カビテ泊地にスペイン艦隊を発見した。スペイン艦隊と海岸砲はただちに発砲した。しかし、デューイ司令官は弾丸が定数より足りないことを考慮し、発砲を禁止した。『オリンピア』の露天艦橋に立ったデューイは五時四五分、艦長に、「グリドレイ、準備がよければ、そろそろ発砲したら」と命令した。

『オリンピア』の八インチ主砲が火を吐いた。つづいて全艦の砲門が開いた。このとき、米アジア艦隊は右舷後方にスペイン艦隊を見る位置にあった。スペイン艦隊は泊地にいて、停止していた。

先頭を進む三隻の米艦は、旗艦『レイナ・クリスチーナ』に砲撃を集中した。すぐさま艦橋に命中弾があり、その後四門の速射砲が使用不能となった。マストも倒壊した。別の弾丸が後部甲板にも命中し、火災が発生したが、すぐ消し止められた。

スペイン艦隊をやり過ごしたあと、アジア艦隊は湾内で弧を描くようにして戻り、再度砲撃を加えた。この弧はおよそ二・五マイルで、速度は六ノットから八ノットだった。

この運動が数度くり返されたが、七時半になると、グリドレイ艦長は「残弾は一門あたり一五発」とデューイに報告した。この戦いで最も有効だった砲は、『オリンピア』の場合、五インチ砲である。この砲は二分間に一五発発射できた。すると二分で弾がなくなる。

スペイン艦隊の泊地はこのとき猛烈な煙におおわれており、与えた損害はまったくわからない。だが、デューイは総撤退を命令した。そして、乗員には負けて撤退するのではないという印象を与えるため、「総員朝食とれ！」と命令した。

乗員は、いまだスペイン海岸砲の射程内にあることを知っていたため、この命令には驚いた。しかし抗命する者もいなかった。

だが、艦長の報告はすぐ誤りだと判明した。すなわち「砲一門あたり一五発しか費消しなかった」が正しかった。当時の速射砲の砲術では、砲手は一弾ごとに弾着を確認し、そして再度狙いをつけるので、ある程度時間がかかる。

またスペイン海軍は、『ドン・ファン・デ・オーストリア』と『レイナ・クリスチーナ』が、アジア艦隊に衝角戦法を試みたと記録に残している。だが砲撃に妨げられ、舵《だ》機《き》が故障し、失敗したようだ。

デューイが朝食を命令したころ、スペインの旗艦『レイナ・クリスチーナ』は少なくとも一〇発以上の命中弾を浴び、モントホ司令官は自沈を命令した。その後、旗艦を『イスラ・デ・キューバ』に移した。しかし『ドン・アントニオ・デ・ウロア』は撃沈され、『カスチーラ』は炎上していた。『マーキス・デル・ドエロ』は大破した。この情況は明白な敗北である。モントホはバコール湾への撤退と、全艦艇の自沈を命令した。

このときの米アジア艦隊の砲撃命中率は、一〇〇弾のうち一～二発といわれる。これは高い率である。たぶんスペイン艦隊が停止していたためだろう。ただし、マニラ湾海戦を観戦武官として実見した斎藤実は[3]「米海軍の命中率は著しく低い。理由は砲手が敵艦をよく認識できなかったためだ」と報告している。

朝食の間、デューイへ各艦から被害報告があがってきたが、命中弾は『ボルチモア』と『ボストン』への各一弾で、人的被害は軽い負傷者が出ただけだった。

一一時一六分、アジア艦隊は再度、スペイン艦隊泊地に攻撃に戻った。今回は『ボルチモア』を斥候艦として先頭に立て、残りの艦は距離をおいて進んだ。しかし目標はすでになく、『ボルチモア』は海岸砲台に砲撃を加えただけだった。

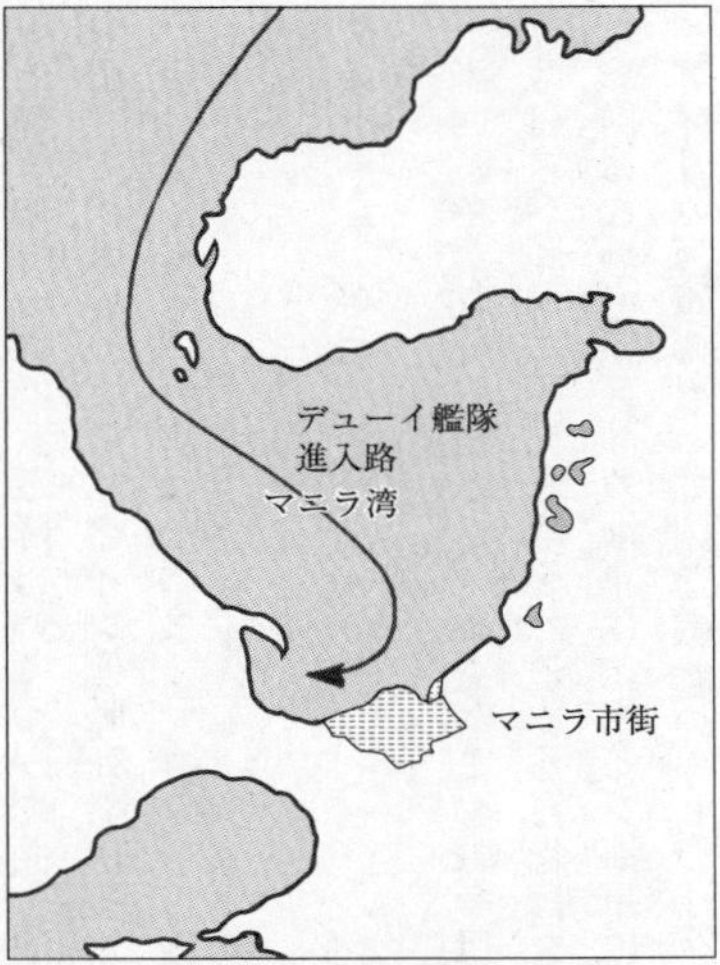

マニラ湾地図

奥に進むと『ドン・アントニオ・デ・ウロア』が擱座しつつ反撃したとされるが、集中射撃を浴び、すぐ破壊された。その後、残る郵便船などの官有船を拿捕し、さらにマニラ港に上陸し、『オリンピア』のブラスバンド隊はいくつかの曲を演奏し、マニラ市民を楽しませたと記録される。この戦いによるスペイン側戦死者は三八一人である。

デューイ艦隊司令官はそのままマニラを占領し、八月、上陸した陸軍部隊に引き渡した。

## サンチャゴ・デ・キューバ海戦

米西戦争が勃発したとき、誰もがこの戦争は海戦によって決定されると考えた。アメリカはスペイン本国に艦隊を派遣する意志はなく、イベリア半島における陸戦を考慮した形跡はない。アメリカ海軍はスペイン海軍に比べ、圧倒的だった。

アメリカ海軍のもっていた戦艦のうち、『オレゴン』『マサチューセッツ』『インディアナ』の三隻の仕様はすべて同一である。装備は一三インチ砲四門、八インチ砲八門、六インチ砲四門である。装甲は一八インチクルップ鋼で、八インチ砲弾まで耐えることができるとされた。公試速度は一五・五ノットと発表されている。

アメリカ海軍が出したこの公試速度はきわめて正直な数字であって、当時の主要国の戦艦の設計速度はいずれも一八ノット近辺と公表されているが、ドックから出た直後でもなければ、実際に出る速度はこの程度だった。

新造船から時間がたつと蒸気パイプなどに洩れが生じ、十分な蒸気があがらなくなり、エンジンの出力が落ちる。そこからが各国海軍の腕前で、これをどう保守整備し、速度を維持するかが課題だった。簡単な方法は動かさないことだが、これでもサビやガタは来るわけで、速度がどの程度出るかは、各国海軍の能力を示す指標でもあった。

もう一隻の『アイオワ』は最新型で、一二インチ砲四門、八インチ砲八門、四インチ砲六門を装備していた。装甲は一五インチ強化クルップ鋼だが、オレゴン級と同一の耐弾性があった。公試速度は一六・五ノットである。主砲口径が小さくなっているが、速射性を考慮したためと推定される。

この四隻の一等戦艦のほかに、メイン級の二等戦艦『テキサス』があったが、旧式でありイタリア型砲艦にすぎなかった。アメリカ海軍はこれら以外に、装甲巡洋艦『ニューヨーク』と『ブルックリン』の二隻を保有していた。この二隻はほぼ同型で、二一ノットの高速を誇った。

スペイン本国艦隊の造艦思想は、アメリカ大西洋艦隊より一世代古かった。すなわち一九世紀末における軍艦技術、その基礎をなす素材・砲術・動力技術は、二〇世紀では考えられないスピードで進んだ。スペイン本国艦隊は日清戦争のレベルにすぎなかった。戦艦は、二等戦艦『ペラーヨ』をもっていた。この艦は、日本海海戦で降伏した戦艦『ニコライ一世』[4]より劣るイタリア型砲艦である。

主力となったのは六隻の巡洋艦である。これは、米装甲巡洋艦より劣る主砲、劣る装甲、劣る速度、変わらぬ乗組員数、二割減の船体価格を特色とした。『プリンセス・デ・オーストリア』『エンペラドル・カルロス五世』『アミランテ・オクエンド』『ビスカヤ』『インファンタ・マリアテレジア』『クリストバル・コロン』の六隻で、いずれも約七〇〇〇トン、一一インチ砲二門（『コロン』は一〇インチ）を備えていた。ただ実用的な砲力は、五・五インチ砲一〇門（『コロン』は四インチ）である。

これら巡洋艦は、日露戦争の黄海海戦で出撃してきた『アスコルド』や『ディアナ』とほぼ同一の装備をもち、この時代に流行した六インチ巡洋艦である。

戦争の危機が切迫すると、米海軍はフロリダ半島沖合のキーウェストを作戦根拠地として選択した。キーウェストはハバナから一六〇キロしか離れておらず、キューバ本島封鎖作戦を実行するうえで格好の地の利を得ていた。

司令官にはサンプソン(5)提督代行が選ばれた。キーウェストには戦艦『アイオワ』と『インディアナ』が集められた。『オレゴン』は太平洋岸のワシントン州ブレマートン軍港にいたが、急遽、南米喜望峰回りの回航を命じられた。『オレゴン』は六七日かかって回航に成功した。そして交戦域に直接参入し、最も活躍することになった。

東海岸防衛のため別途、遊撃艦隊がバージニア州ハンプトンローズに集中した。遊撃艦隊はシレイ(6)代将の指揮下におかれた。この艦隊には戦艦『マサチューセッツ』と『テキサス』が配属され、装甲巡洋艦『ブルックリン』が旗艦となった。

スペイン海軍もアメリカと同様に、二つに艦隊を分けた。戦艦『ペラーヨ』『エンペラドル・カルロス五世』『プリンセス・デ・オーストリア』は本国艦隊として、戦争期間中、本国に留めおかれた。残りの六インチ巡洋艦『オクエンド』『ビスカヤ』『マリアテレジア』『コロン』の四隻は、ベルデ岬諸島に集合した。

この艦隊の司令官には、五九歳の海軍大臣セルベラ[7]が任命された。セルベラにとり、アメリカ艦隊を待つという方針は初めからとれなかった。なぜならキューバには陸兵二〇万人が駐留しており、周辺の制海権が奪われれば、そのまま補給が断たれることになる。

マドリッド政府はただちに、キューバ方面へ出撃することを命令した。スペイン巡洋艦の火力の中心となるべき五・五インチ砲は、尾栓《びせん》閉鎖システムに欠陥があったうえ、砲弾も旧弊なものだった。セルベラは出港の段階で、派遣されるべき巡洋艦四隻では、いかなる形でも必敗だと友人に手紙を書いている。

セルベラはベルデ岬諸島を四月二九日、出港した。その情報は即日、アメリカ海軍に知られたが、石炭補給の関係から、いったんプエルトリコのサンファンに寄港するものと予想された。

サンプソンの本艦隊は途中迎撃を狙い、五月四日、プエルトリコ近海に到着した。ただ、艦隊は輸送船を随伴しており、速度は六ノットにすぎなかった。サンファンには五月一日に到着し、市街に艦砲射撃を加えた。しかし港内に近づくと、船は一艘も碇泊していなかった。五月一五日になると、セルベラ艦隊がフランス領マルティニケ諸島にいると知らせてきた。しかし、その海域に着いても発見できなかった。

空しくキーウェストに五月一八日に着くと、シレイ遊撃艦隊がすでに到着していた。改めて索敵《さくてき》方針が練られ、セルベラ艦隊はキューバ南部にある二つの港のどちらかに到着する、と予想した。一つ目は西のシェンファゴスで、二つ目は東のサンチャゴ・デ・キューバだった。シェンファゴスは鉄道でハバナと結ばれており、より公算が強かった。

このため、サンプソン本艦隊はキーウェストで休止し、シレイ遊撃艦隊がはじめシェンファゴス、次にサンチャゴに向かうことに決められた。サンプソンの西インド諸島周遊の旅と合わせ、この索敵行動は米国海軍がどちらか一方で、優にセルベラ艦隊に対抗できるとみなしていたことを示す。

シレイは五月二二日、シェンファゴスに到着し、湾外から港内を遠望するとマストが二、三本見えた。シレイはこれをセルベラ艦隊と誤認した。だが、海軍省は五月二〇日前後に、スパイかまたはなんらかの手段でセルベラ艦隊がサンチャゴに入港したことを知り、快速艇をもって五月二三日にシレイに知らせた。当時、無線は利用できたが海上二〇〇マイル、陸上一〇〇マイル程度で、信頼できる通信手段としてみなされていなかった。

しかし、メイン州で敵艦が発見されたなど、情報は錯綜した。最終的にシレイが、セルベラ艦隊がサンチャゴにいると確信したのは、五月二五日のことだった。情報が多く集まることは、むしろ危険なことである。

足手まといはポンコツ石炭船『メリマック』で、たびたび気罐《きかん》故障が発生し、五月二六日、遊撃艦隊はサンチャゴ湾の二〇マイル以内にようやく近づいた。シレイは湾内を目視できず、キーウェストへの帰港を命令した。これは給炭の限界とみたためである。だが、この知らせを聞いた海軍省は納得せず、サンチャゴ海域に止まるよう命令した。シレイにとって幸運なことだが、このとき石炭船『メリマック』の気罐故障が修理され、五月二七日から全艦に石炭補給を再開した。

五月二九日、シレイはサンチャゴ湾口にスペイン巡洋艦『クリストバル・コロン』を発見した。

米陸軍部隊はすでにサンチャゴの東に上陸し、内陸部への侵攻を開始していた。すでに独立派の活動が盛んであり、サンチャゴ市内を除くと、独立派は周辺をすべて占領していた。サンプソンの本艦隊も五月三一日に到着した。これにより、セルベラ艦隊は陸と海から包囲されることになった。

サンプソンはサンチャゴ湾の沖合を遊弋するにつれ、一つのことが脳裏に浮かんだ。すなわち湾口は三五〇フィートほどしかないのに、石炭船『メリマック』は三三三フィートあることだ。そうして、故障つづきのポンコツ船を処理し、併せて湾口を閉鎖するという一石二鳥のアイデアが浮かんだ。

本艦隊の旗艦『ニューヨーク』にいた三八歳の海軍工兵中尉ホブソンに計画が下ろされた。ホブソンは『メリマック』を最高速で湾口に突入させ、エンジンを停止し、両脇にある砲台に気づかれないよう進み、一番狭いエストレラ海峡で横向きになり、キングストン弁を開放し自沈させると策案した。うまく行けば『メリマック』は数分で沈没する。サンプソンはこの計画を承認した。ホブソンは自ら閉塞《へいそく》作戦の指揮を志願し、六月二日、計画通り実行された。しかし『メリマック』は両岸に直角に沈まず、閉塞に失敗した。ホブソンは筏に乗って脱出には成功したものの、スペイン軍の捕虜となった。

サンプソンは仕方なく、麾下《きか》の艦船を交代で湾口に半円状に張り付ける近接封鎖を命令した。一方、セルベラ艦隊は五月一九日、サンチャゴに着いたが、すでに周辺の陸戦は開始されており、水兵に銃をもたせ陸戦に参加させる羽目に陥っていた。

七月二日、陸軍司令官エレナスは、出港して米艦隊に挑むことをセルベラ司令官に要求した。セルベラは選択肢を慎重に検討した結果、七月三日、日曜朝九時に出撃することを決断した。午前二時、蒸気がたかれ準備が開始された。

遊撃艦隊旗艦『ブルックリン』は、煙が立ち昇るのをただちに発見した。シレイは異

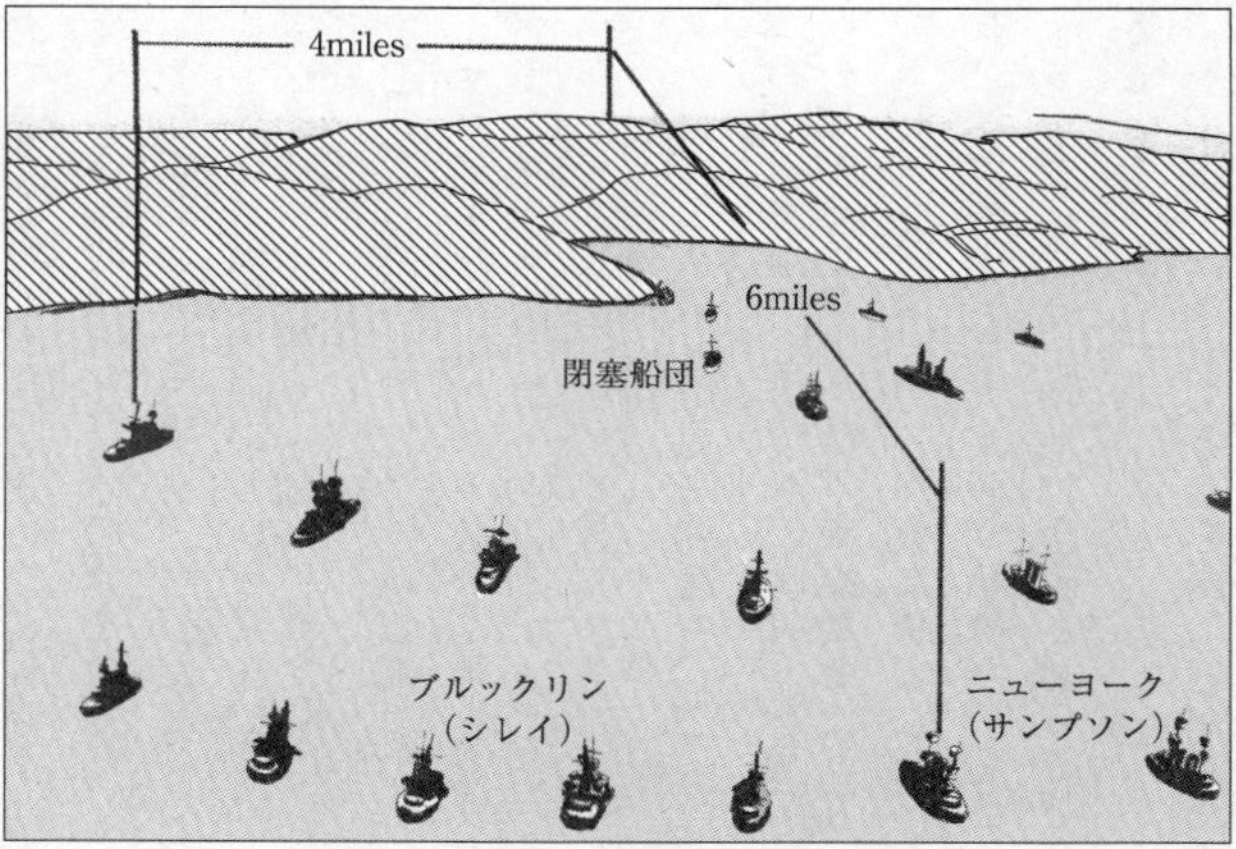


サンチャゴ・デ・キューバ近接包囲

変を端艇によって各艦に通知し、さらに反対側を取り囲むサンプソンの旗艦『ニューヨーク』にも通知しようとした。だがこの日、巡洋艦『スワニー』と軽巡『ニューワーク』は、グアンタナモ港における給炭のため哨戒線から離れていた。さらに早朝、戦艦『マサチューセッツ』も巡洋艦のあとを追っていた。

サンプソンの旗艦『ニューヨーク』も哨戒線を離れていた。サンプソンは、この日、陸軍司令官シャフターと打ち合わせがあり、時間厳守で出かけたものである。この措置はあとで、端艇を利用すべきだったと批判された。

セルベラは九時三五分、湾口に出、後続も七分間隔でつづいた。『ブルックリン』はただちに「敵艦出撃」をメガフォンで伝える端艇を発進させた。シレイは『ニューヨーク』が消えていることを目視し、すぐさま「我につづけ」の旗を掲げた。

先頭艦『マリアテレジア』はただちに発砲した。だが、間隔が七分というのはやはり長すぎた。出撃の障害という意味で、『メリマック』の自沈は間接的に成功した。『マリアテレジア』は出たとたん、全アメリカ艦船から十字砲火を浴びた。スペインの二番艦『コロン』は海岸線に近く、『ビスカヤ』はやや外洋に沿って湾口から出た。『マリアテレジア』は多数の砲弾を浴びたが沈まず、包囲したアメリカ艦艇の間隙のやや西に向かった。この処置はあとになって、『ブルックリン』に向かい衝角突撃をすべきだったと批判されている。『ニューヨーク』が不在なため、セルベラ艦隊に追いつけるのは、公表数字ではこの艦だけだった。しかし、この突然の出撃に遊撃艦隊も大混乱をきたし、危うく『ブルックリン』と『テキサス』が衝突しかけた。

『マリアテレジア』は不幸なことに、五・五インチ砲の一つが腫発《とうはつ》(8)を起こし、砲員を即死させ、さらに周辺の弾薬に誘爆した。大口径砲弾が艦の後部に命中して猛炎におおわれ、船体の中にも火が回り始めた。艦橋に命中し人事不省になった艦長に代わり、セルベラ司令官は艦を陸地に座礁させることを命令した。湾口から出て三〇分しかすぎていなかった。

セルベラは後続する艦を西に逃がすため、弾丸を浴びながら中央に進んだ。この結果、

『コロン』と『ビスカヤ』は、『マリアテレジア』をカバーにして西側に脱出するのに成功した。

だが四番艦の『オクエンド』とそれにつづく駆逐艦二隻には、湾口を出た直後、東側から哨戒線を狭めようとした米艦が殺到した。米戦艦『テキサス』を筆頭として、あらゆる艦あらゆる種類の弾丸が『オクエンド』に命中した。徹甲弾を多用したため、不発のまま舷側とその反対側をも貫通する事態となった。衝突後一五分にして艦橋にいた士官はほぼ全滅し、上部甲板にいた水兵のほとんどが戦死した。

『オクエンド』の一一インチ主砲は三度火を吐いたとされているが、スペインの大口径砲の発射速度は一時間に四発が精一杯だった。当然、湾口から出るまで、両脇の五・五インチ砲は射撃できない。一〇時半、『オクエンド』は陸地に衝突し、二つに分解した。

## なんと戦艦が巡洋艦より速かった

脱出できた二艦は西側に向かった。ところが、出港後一時間半ともっとも蒸気のあがる頃、スペイン巡洋艦はわずか一四ノット半しか速度をあげることができなかった。サンチャゴ港碇泊中に十分、船腹を整備できたにもかかわらず、公試二一・五ノットでもこの体たらくだった。

追跡できるアメリカ艦も、わずか三隻だった。すなわち装甲巡洋艦『ブルックリン』

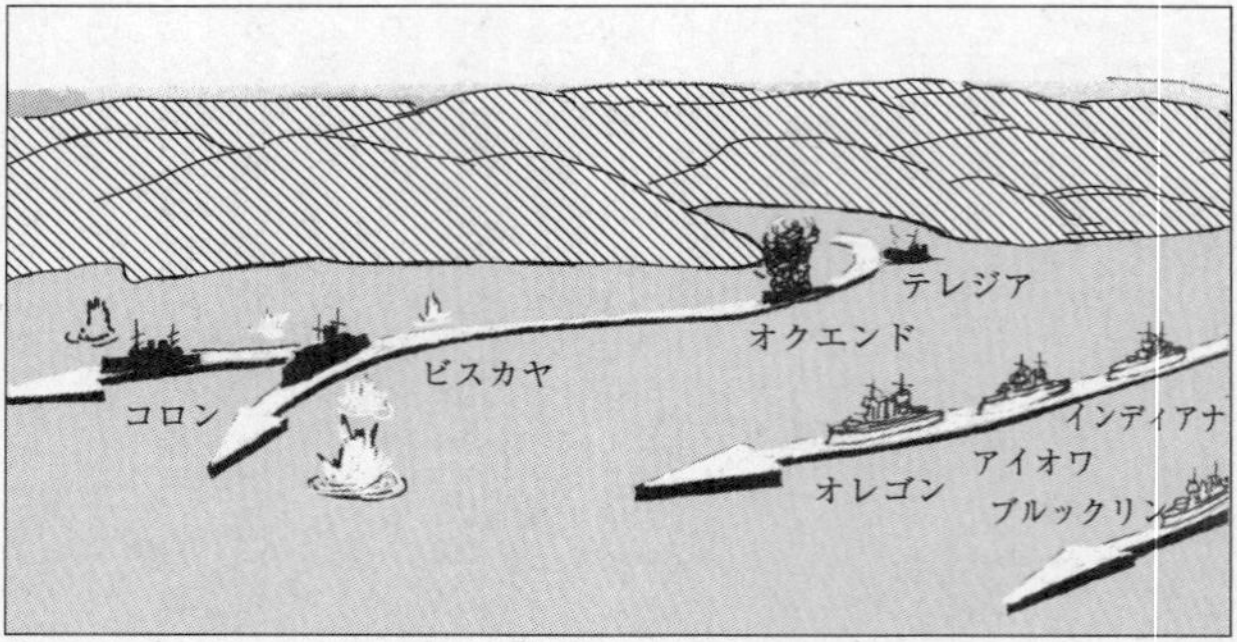


サンチャゴ・デ・キューバ海戦図

を先頭に、二隻の戦艦『テキサス』と『オレゴン』である。『アイオワ』と『グロースター』はスペイン水兵の救助にあたったが、『インディアナ』は気罐故障に見舞われていた。やがて『ブルックリン』は、二マイル先行していた『ビスカヤ』に、一一時前に同航戦になるまで追いついた。この間、四五分間にすぎない。『ブルックリン』は計算上、二〇ノットの優速《ゆうそく》で迫ったことになる。

砲力において異なることがない、『ビスカヤ』と『ブルックリン』の一騎打ちが始まった。『ビスカヤ』の五・五インチ砲は『ブルックリン』の六インチ砲より新型で速射性があるとされた。だが、『ブルックリン』の砲弾は命中するが、『ビスカヤ』から飛ぶ砲弾は空しく海中に落ちるだけだった。スペイン海軍は、この頃から実施され始めていた斉射を知らず、砲撃は各砲台に任されていた。

これに反し、アメリカ海軍は距離と苗頭を中央で計測し、発射をブザーで統一する方法を採用していた。ただ、各砲台で修正することは許されており、弾着パターンを読み、距離を確認しながら連続射撃する「斉射法」（67頁参照）ではない。日本海海戦のバルチック艦隊のとった方法と同じであり、連合艦隊のとったものと比較して一世代古い方法である。

『ビスカヤ』は一一時一五分ごろ、艦首をやや南にとり衝角戦法をとるかと思われた瞬間、大爆発を起こした。『オレゴン』から発射された巨弾が魚雷発射管に命中し、誘爆したものだった。この直後、『ビスカヤ』は陸地にめがけ舵をきった。

アメリカ艦は砲撃を停止し成り行きを見守ったが、炎を全身にまとった水兵が次から次へと海に飛び込むのが遠望された。すると陸地から、独立派キューバ兵が海中のスペイン兵に射撃を開始した。『アイオワ』は停船し、海中のスペイン水兵を救助する羽目に陥った。

残るは『コロン』だけである。追いかけるのは『ブルックリン』と『オレゴン』だが、追跡に二時間かかった。それでも『オレゴン』は公試速度の一八ノットをきちんと出せた計算になる。なんと戦艦が巡洋艦より速かった。

『コロン』は一二時半に急速に速度が低下した。理由は不明である。それから一五分後砲撃戦が開始された。『ブルックリン』は第六回目の斉射で、『コロン』の艦首と後部に命中弾を与えた。『コロン』は抵抗をあきらめたのか、艦首を陸地に向け、その途中で自沈した。沈む寸前まで砲撃をつづけたという。

セルベラ司令官は午後になりアメリカ艦艇に救助され、捕虜となった。アメリカ側の損害は戦死者一人、負傷者一〇人にすぎなかった。スペイン側は戦死者三二三人、負傷者一五一人である。また将校七〇人を含む一六〇〇人が捕虜となった。サンチャゴにいたスペイン軍が和を乞うたのは、この戦いから二週間もたたない七月一六日のことだった。

あとになり、テオドール・ルーズベルトは「この戦争（米西戦争）は戦争じゃない。ただのイジメ（Bully Fight）だ」と評した。その通りであって、米西戦争の海戦は、阿片戦争のイギリス戦艦と清国ジャンク船の戦いを大きくした程度のものであり、世界最先端を走る日本海軍が参考にすべきではなかった。

東郷司令部は日露戦争の緒戦における奇襲作戦に失敗すると、ただちにサンチャゴ海戦でサンプソンがとったのと同じ戦術を採用した。すなわち、閉塞作戦と近接封鎖である。これが秋山真之[9]の発案になるか否かは別にして、『サンチャーゴ・ジュ・クバ之役』の影響であることは容易に想像できる。秋山はこの海戦を実見し、『サンチャーゴ・ジュ・クバ之役』という報告書をまとめた。非常によい出来栄えだった。秋山がこの海戦に強い影響をうけたことは確実である。

秋山は海戦そのものを指揮したシレイを批判し、それ以前の戦術を考案しながら、決戦場にいなかったサンプソンを誉めている。閉塞作戦と近接封鎖が勝利の鍵と考えたのだろう。だが日露戦争においては、連合艦隊最悪の日、五月一五日の触雷による戦艦二隻の喪失により、機雷だけとっても、マニラ湾口のスペイン敷設のものとは断然違うことを知らされた。

結局、旅順では、閉塞作戦も近接封鎖も失敗した。このころの技術革新の速度は猛烈で、五年も経ずして新戦術は旧弊化した。日露戦争の日本海軍は過去の戦術をとった場合、決して成功しなかった。最先端の技術を独立して開発したのである。

# 第６章　東郷平八郎

## 出生

東郷平八郎（一八四七〜一九三四）の先祖は、板東八平氏《ばんどうはちへいし》の流れを組み、一一八〇年の石橋山の合戦にも登場する相模国高座郡渋谷庄長郷の住人渋谷《しぶや》庄司重国《しげくに》の子、大郎光《みつ》重《しげ》が鎌倉幕府より薩摩に五ヶ荘を与えられ、そのうち東郷荘を相続した実重《さねしげ》という。

戦国大名だった島津氏の家来としての東郷氏は、その勇名をもってたびたび登場する。江戸期に至り、東郷氏は諸流生じて、東郷平八郎の元祖は東郷重友《しげとも》という（一に、重友は渋谷流とは重ならず、加治木からきて元亀・天正頃、島津氏に被官したともいう）。

重友六世の裔《えい》が実友《さねとも》で、吉左衛門と称し、五男一女をもうけた。このうちの四男が平八郎である。平八郎の幼名は仲五郎《なかごろう》といい、名乗りは実良《さねよし》である。平八郎という名前と板東八平氏との関係はわからない。吉左衛門は薩摩藩の御納戸奉行《おなんどぶぎょう》をつとめた中級藩士である。平八郎は、鹿児島市加治屋町《かじやまち》の吉左衛門実家で生まれた。この家は三〇〇坪ほどもあり、四方を竹垣で囲まれ、母屋・蔵・厩《うまや》があった。現在の県立鹿児島中央高校（前・鹿児島第一高等女学校）の校舎部分で、化学室に東郷平八郎生誕地のプレートがあるという。

兄弟のうち、長男は西南戦争で西郷方につき重傷を負ったが、その後生きながらえ、一八八七年に病死した。次男は早世し、三男も西南戦争で戦死した。五男は戊辰戦争で会津若松において戦死（一に、病死という）している。実家も西南戦争で焼亡した。西郷隆盛、大久保利通、大山巌《いわお》、黒木為楨《ためとも》、山本権兵衛《ごんのひょうえ》なども加治屋町で誕生しており、明治時代の鹿児島県出身者、または薩閥の本拠地といえる場所かもしれない。

**「艦砲とはなかなか当たらないものだ」**

八歳のころから西郷吉次郎（戊辰戦争・長岡の戦いで戦死した、西郷隆盛の舎弟）方で習字を始め、甲突川《こうつき》（鹿児島市を南北に分ける川）で黒木為楨と遊泳を学んだという。

一八六三（文久三）年薩英戦争が勃発した。この時平八郎は一七歳で、旗本勢として参戦し、城の二の丸にこもった。イギリス支那艦隊（司令官、キューバ）七隻は単縦陣となり、鹿児島城下を攻撃した。英艦は榴弾を使用したにもかかわらず、薩摩方は球形弾（ただ赤熱させ大きな損害を与えたという）にすぎず、対称的な戦争とはいえない。

ただ、薩摩方は電気水雷（管制水雷）を敷設し、かつ上陸地点を多数の刀槍《とうそう》武士で固めており、イギリス艦隊は海兵を上陸させることはできなかった。それでも鹿児島市内には大火が発生し、かなりの被害をうけた。イギリス艦隊は夜間、軍楽隊に演奏させ、翌日、悠々と去っていった。これをもって、薩摩方が敗北を自覚したのは明らかである。

東郷平八郎は後年この戦いについて「海から攻めてくる敵には海で防がなければダメだ」と評しており、自身の後半生を決定するものだったことを認めている。その後、幕末の政局は京都を中心に急転回し、薩摩方は一時、長州藩と対立し、その後、薩長同盟が成立すると反幕に転じた。

平八郎は一八六六年、鹿児島を発《た》って上京し、その後、御所警護などの任に就いたのち、新設された薩摩藩海軍局に入った。この間、父を失った。

江戸においては、薩摩藩の『翔鳳丸《しょうほう》』が幕府の『回天《かいてん》』艦と交戦し、さらに鳥羽伏見の戦いが起きた。この直前に、東郷平八郎は念願がかない、薩摩藩『春日』艦に、四〇斤施条砲を掌《つかさど》る三番司令官として乗り組んだ。実際は、一門の砲台長である。それは、一八六八（明治元）年一月一日のことだった。

『春日』（赤塚源六）は、東郷が乗り組んだのと同時に、幕府『開陽』艦（備砲二六門、木造）に果たし状を送った。一月三日、『春日』『開陽』は阿波沖で砲撃戦を行なった。

甲　鉄

海戦は二八〇〇メートルで打ち方はじめ、一二〇〇メートルで砲戦たけなわとなった。

このとき『春日』は三六発発射し、三弾がスキップなどして微傷を与えたが、『開陽』は二六門を全開させたが命中弾は一つもなかった。東郷はのちになり、「艦砲とはなかなか当たらないものだ」という感想をもらした。

**「黒田清隆の慧眼に敬服した」**

東郷はそのまま『春日』乗り組みをつづけ、再度、得がたい経験をする。一八六九（明治二）年三月、首都が東京に定まると同時に、函館征討が決定された。征討艦隊として旗艦『甲鉄《こうてつ》』（木製鋼鉄、一三五八トン、備砲四門、のちに『東《あずま》』と改められた）『春日』『陽春』『丁卯《ていぼう》』の四隻の軍艦を編成し、輸送船四隻と六五〇〇人の陸兵を随伴した。

ところが、函館にこもる榎本方は、この動きをつかんでいた。榎本方海軍は旧幕府軍艦四隻――『開陽』『回天』『蟠龍《ばんりゅう》』『千代田形《ちよだがた》』を保有していたが、江差攻撃のさい最強艦の『開陽』を荒天のため喪失していた。

この挽回のため、攻撃してくる新政府方一艦の拿捕を計画した。旗艦『回天』(甲賀源吾)と『蟠龍』『高尾』(函館碇泊中に拿捕)の三隻からなる榎本方は、征討艦隊八隻が碇泊している宮古湾を襲撃しようとした。が、途中『蟠龍』は霧のため方向を見失い、『高尾』は宮古到着直前に機関故障を起こした。甲賀源吾はこれらの不運を省みず、単艦をもって宮古湾突入を命令した。

『回天』は湾内途中まで星条旗をかかげ、突然、日の丸をあげた。それと同時に、『甲鉄』めがけて突進し、巨弾を命中させた。そのまま横付けし、白刃の斬り込み隊が突入したが、『甲鉄』も舷側に刀槍兵を集めて反撃した。

だが、周囲の三隻も異変に気づき、『回天』に発砲した。そして小銃弾も荒れ狂うなか、一弾が甲賀源吾に手傷を負わせたのち、第二弾目が首に命中し、そのまま絶命した。『回天』は引き上げ、新政府軍の四隻は追跡した。途中、漂流中の『高尾』が発見され、『高尾』は陸地に乗り上げ座礁した。乗組員は艦に放火し、散り散りとなった。『回天』はそのまま函館帰着に成功している。これを世に宮古海戦という。

東郷の感想は「陸軍参謀黒田(清隆)は深謀のある人だった。『回天』襲来の前夜、

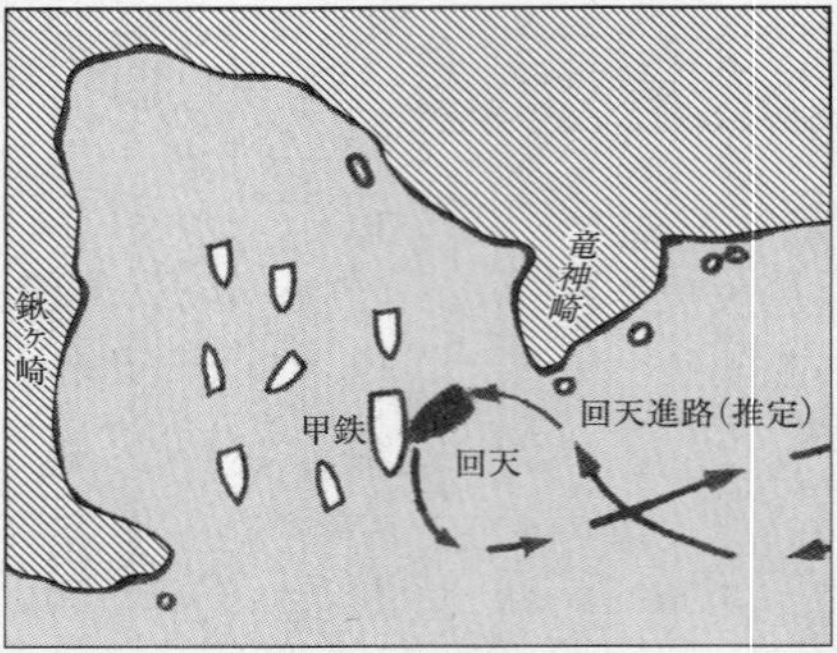

宮古湾海戦

海軍側に向かい、敵艦が侵入してくるかもしれないので、見張りの艦を（湾の）外に出すべきだと忠告した。だが海軍側は、陸軍参謀として無益の忠告だと取り合わなかった。黒田も負けずと深更《しんこう》まで激論したが、翌朝、敵が果たして襲来してきた。私たちは黒田の慧眼に敬服した」というものだった。

　東郷の作戦能力のすぐれた点の一つに、情報分析・対策に力点をおくことがある。東郷は黒田の慧眼に敬服しているのであって、情報ソースには一顧だに与えていない。情報を拾うことは、さまざまな手段があるので難しくない。問題はむしろ「慧眼」にあることを、このときすでに見抜いていた。情報分析の課題は、日本海海戦において、ロジェストウェンスキーと東郷の明暗を分けることになる。

　征討艦隊はその後、函館に向かい、残余の榎本方海軍と函館海戦を戦い、それを殲滅した。以上の戦いを、東郷は薩摩藩士として戦った。函館戦争が終息すると、東郷も含め薩摩藩士は鹿児島に帰った。

一八六九年秋、薩摩藩主島津久光は東郷に、英語学習のため東都遊学を求めた。はじめ横浜で学び、のち東京の箕作秋坪《みづくりしゅうへい》の塾舎に入った。翌年の末、東郷は兵部省《ひょうぶ》より、『龍驤《りゅうじょう》』艦乗組みの見習い士官として辞令をうけている。後年、海軍元帥府に列せられたため、このときからその死まで、海軍現役士官として働いたことになる。

## イギリス留学で学んだこと

一八七一年二月、政府は海軍士官のうち一二名をイギリスへ、三名をアメリカに留学させることを決定し、東郷はそのうちの一名に選ばれた。翌月横浜を発ち、スエズ経由（運河は全通していたが、喫水の深い船はまだ通過できず、東郷はスエズからポートサイドまで鉄道を利用した）でサザンプトンに到着した。それからのち八年間、彼はイギリスに滞在した。

学業は、語学学校を除けば、ウースター協会と、『ハンプシャー』号による世界一周航海などであるが、この間、日本人と交わることがほとんどなかった。

ウースター協会はロンドン船主協会の肝いりで、戦艦『ウォリア』（15頁参照）の登場により廃艦となった木造帆船の戦列艦『ウースター』号を借用し、一八六二年、航海訓練カレッジ（Nautical Training College）としたもので、海軍将校や船員士官育成のための航海術教授を目的とした。当時、外航船舶の六二%がイギリスでつくられ、五四%

がイギリス船籍で占められ、イギリスは商業海運でも世界の覇者だった。

東郷が入校した当時は、ロンドン中心部から一五キロほど東に離れた、テムズ川に面したグリーンハイツ（ロンドンを取り巻く環状道路M25の脇）にあった。第二次大戦後はケント州に移り、外国人船員養成に目的も変化している。

留学は二五歳から三二歳にかけての重要な時期にあたり、精神形成に大きな影響を与えたのは疑いない。また、兵（士官）学校ではなく、ウースター協会となったのは、イギリス公使パークスが本国に政治力がなかったためだが、東郷が専攻を志したのは、航海術であり、実際上の差はなかったと考えられる。ウースター協会が民間基金で成立していたため、イギリス政府は助成のため意図的に誘導したものだろう。

東郷は一九一一年、『ウースター』号に懐旧旅行しており、そのとき英語で次のように演説している。

「自分はかねてから、この老練習艦との関係を忘れたことがない。永く胸に抱いた希望を果たし、ウースター同窓生に再び会えたことは誠に欣快である。（中略）ただ船長スミス氏の死去には何とも言葉がない。氏は戦争中に手紙をおくってくれて、自分を慰めてくれた。私は鼓舞されたように感じた。なぜならば、それは第二の故郷からきたものだったからだ」

この演説には率直さが感じられ、東郷がイギリス生活で重大なものを得たと感じていたことは確実である。けれども、東郷が数々の術語を含む「英語」（東郷の英語は海員英語であったようで、のちの外遊のさい、外務省から英会話を禁止されている。ただ英米海軍士官とは英語でしゃべっており、太平洋戦争で活躍したニミッツは、東郷の英語を上手だとしている）や、「航海術」のみを学習したとは思われない。

あるイギリス人はこれについて、東郷がキリスト教、とりわけカトリックに帰依した、または洗礼をうけたというが、バイブルの解説書が当時語学教科書を兼ねていたことを除けば、理由がない。

東郷が感銘をうけ、生涯重要なものとしたのは、イギリス流「立憲君主制」と「法治国家」の概念ではないだろうか。当時の日本、また現代の日本でも、法治国家の概念はそれほど浸透していない。法治主義は、相対の交渉ではなく、「法」そのものが行為の正否を決めるという考え方である。東郷は生涯、法や法律、規則に忠実な男だった。

イギリス留学が終わりになるころ、海軍省は東郷ら留学生に、イギリスで新造船された軍艦で帰朝するよう命令した。

一八七八（明治一一）年五月、東郷は軍艦『比叡』に乗り組み、横浜に帰着した。その間、日本では西南戦争が起き、兄が重傷を負い、弟が戦死した。東郷はこの件について「家が西郷家に近かったので、西郷方につくのが自然だったのだろう。それ以上言うことはない」と述べている。これにより、肉親の情に薄いと評されることもあるが、東郷の近代人としての片鱗をのぞかせている。もはや主従の関係や所領安堵の物資的利益で、どちらに与するかを考える時代は終わった。

一八八二年、『天城《あまぎ》』副長になると、漢城《ソウル》で日本公使館が焼き討ちされる事件（壬午《じんご》の変）が起き、仁川《じんせん》に派遣された。事件そのものは済物浦《さいもっぽ》条約の締結で終了したが、直後、東郷は袁世凱《えんせいがい》（一八五九〜一九一六）と会話した。袁世凱は東洋の大勢から日中親善の必要を述べ、教え諭したという。それを聞いた東郷は、ただ一言「わからぬ」と答えただけだった。

その後も、袁世凱の数万語の言論にいっさい耳を貸さず、一言も答えなかった。東郷の国際性からは、袁世凱が力説してやまない、日中外交関係を他の外国との関係より上位におく中華思想が、どうしても理解できなかったのだろう。

東郷は洋行帰りということもあったのか、順調に昇進して三八歳で少佐となり、『天城』艦長になっている。その間に結婚し（海江田《かいえだ》信義《のぶよし》長女てつ子）、また自宅（麴町区上六番町、現在東郷坂がある）を建てており、もっとも家庭的な時期だったと推定される。

ところが一八八六年、大佐になるとにわかに体調を崩し、再三、リューマチによる「病気引入れ」、すなわち病欠願いを出している。そして入院、湯治をくりかえした。東郷にもこのような時期があったことに驚くが、あるいはこのような時期があったから、以降活躍できたのかもしれない。一八九一年、四五歳で『浪速《なにわ》』艦長を命じられると、以降、突然健康不安はなくなり、順調に活躍の場を見出していく。

## ハワイ王朝崩壊と邦人保護事件

ハワイ諸島はカメハメハ大王（?～一八一九）により一八一〇年ごろ統一され、以降五代にわたり、カメハメハ王朝がハワイを統治した。カメハメハ三世は一八四〇年、憲法を採択し、ハワイ王国は立憲君主制に移行した。この頃、ハワイ諸島は砂糖キビ栽培で注目を集め、南北戦争の余波もあり、アメリカ本土から多数農民が移住した。

ところがカメハメハ五世は生涯妻帯せず、一八七二年、その死とともに王家は断絶した。ハワイの混乱はそこから始まる。議会はルナリオを王に選んだが、彼もまた一八七四年、後継者をもたず死亡した。次に議会が選定したのはカラカウアで、開明君主として知られることになった。

だが、このころから政治の実権を握ったのは、砂糖キビ農家によって雇われたガードマンだった。彼らは一八八七年、実力で議会を占拠し、従来の寡頭政治を改め、白人だけが選挙権をもつ議会が主導する、いびつな「自由主義憲法」の施行を強行した。「ベイヨネット（銃剣）憲法」と呼ばれる。当時、王宮には近衛兵が二五名しかおらず、また王家の財政も砂糖キビ農家からの納税だけに頼っており、このクーデターに抵抗するハワイ人はなかった。

カラカウアは亡命先のサンフランシスコで一八九一年に死亡し、妹のリリウオカラニが王位を継いだ。このころからクーデター首謀者は「合併連盟」と名乗り、王制廃止・アメリカとの合併を模索するようになった。そして一八九三年一月、再度クーデターを引き起こし、「共和国」を宣言した。

ただし、事態は複雑だった。アメリカはハワイの合併を拒否し、リリウオカラニ女王の後継者でもあった使者カイウラニ内親王が頼った先は、アメリカ大統領クリーブランドだった。クリーブランドは合併連盟の頭目サンフォード・ドールに王制に戻すことを要求したが、ドールはリリウオカラニを幽閉する暴挙に出た。

政情は混乱し、王党派は隠然と武力による反抗を企てた。これに対し、アメリカ駐ハワイ公使(スティーブン)は軍艦『ボストン』の海兵一六〇人を上陸させ、王宮・政庁を占拠して星条旗を掲げた。この暴力行為は従来のアメリカ政府の方針をくつがえすものので、緊張が走った。一九九三年、アメリカ大統領クリントンはこの件を公式に謝罪しており、スティーブンが重大な国際法違反を犯したことは今となれば明らかである。

この当時、ハワイ諸島には日本人が二万二〇〇〇人いたとされる。政府は邦人保護のため東郷の『浪速』を派遣することを決定し、一八九三年二月、ホノルルに到着した。このときホノルルには、サンフランシスコから回航された練習艦『金剛《こんごう》』、アメリカ軍艦『ボストン』、『モヒカン』、『アライアンス』、イギリス軍艦『ガーネット』がいた。

巡洋艦浪速

ドール「大統領」は『ボストン』を訪問し、その際『浪速』にも礼砲二一発を要求した。だが、東郷はこれを拒否した。このとき日本は新「共和国」政府を承認しておらず、当然の処置である。ところが三月二六日、突然日本の青年（今田与作）が捕吏《ほり》に追われたとして、泳いで『浪速』に救助を求めてきた。東郷は救助し保護した。ところがドール政権の捕吏が端艇で来艦し、今田を「脱獄犯」であるとして、引渡しを求めた。

東郷は拒絶した。これは当然のことで、いかなる領海といえども軍艦の中にホスト国の主権は及ばない。当然、そこに逃れた人々は国籍を問わず、いったん艦長の司法に服さねばならず、艦長は保護せねばならない。ところが、今から見れば唖然とする事態であるが、ホノルル駐在総領事藤井某は、刑法犯であるとして、東郷に「脱獄犯」のドール政権への引き渡しを求めた。

この事件は二〇〇二年に発生した瀋陽《しんよう》領事館事件に酷似している。わが外務省は一一〇年を隔てても、一向に変化がない。藤井某は、ドール政権との交渉ラインを唯一の財産として東京に顔を売り、またわが身の安全だけをはかる人物にすぎなかった。藤井某はさらに外務省に手を回し、海軍省に圧力をかけ、東郷に引き渡しの訓令を出すよう求めた。これも最近の事態とよく似ている。

東郷は引き渡しの内示をうけ、領事館員へ次のように語っている。

「軍人の本分として内示に従う。だが犯人といっても同胞である。救助を求めてきて、おめおめ引き渡すのは返す返すも心外だ。私は彼を、仮政府の捕吏には渡さず、貴下等に引き渡す。東郷の目の届かない所で貴下等の好きなようにするがよい」

四月一日になると陸上の情勢もおちつき、『ボストン』の海兵隊員も議会と政庁から星条旗を降ろし、洋上に撤退した。

## 『高陞』号撃沈

日清戦争の危機が迫るとともに、連合艦隊（伊東祐亨）は、別に高速艦三隻（『吉野』『秋津洲《あきつしま》』『浪速』）をもって第一遊撃隊（坪井航三）を編成し、牙山《がさん》方面に向かわせた。

一八九四（明治二七）年七月二五日に牙山方面に到着すると、豊島《ほうとう》から三艦が進行してくるのが認められた。『済遠《さいえん》』『広乙《こうおつ》』の二隻が確認された。これからが緒戦をなす豊島沖海戦である。『吉野』が『済遠』に発砲し、海戦が始まった。『済遠』の艦橋はすぐに破壊され、九時までに形勢は日本側優利となり、坪井は単艦をもって逃げる各艦を追跡させた。

『吉野』が『済遠』を追い、『秋津洲』『浪速』は『広乙』を追い、座礁させた。すると、霧のなかから『操江』《そうこう》（木製五九〇トン）と、英国旗を掲げた『高陞』《こうしょう》号が現れた。『秋津洲』はただちに『操江』を追い、これを鹵獲《ろかく》した。『浪速』は『高陞』号に停船を求め、臨検を開始した。

戦時国際法では、公海において交戦国軍艦（Man of War）はいかなる船籍（中立国船舶を含む）の商船にも停船を命じ、臨検を行ない、交戦国保有の、もしくは交戦国仕向けの戦時禁制品（Contraband）を没収できる。

その場合、船体について抑留・撃沈することはもちろん、乗組員について拘束することも可能である。船荷（戦時禁制品）については、私有財産でも戦時利得とすることができ（この点で略奪を禁じる陸戦規定とは異なる）、その他の中立国財産については戦争終了後、金銭で補償すれば十分である。

東郷平八郎

船荷については、陸上の私有財産と異なり、金銭に置き換えることが可能との前提に立っている。ただし、これは戦争行為だから、反撃されることや逃亡されることがあるのもまた当然である。これの解釈について、現在まで争点となっているのは戦時禁制品の範囲、および停船を命じるなどの警告措置が、どの程度徹底されるかについてだけである。東郷の命じた方法は完全に国際法に適合している。

一〇時四〇分、東郷に命令され端艇に乗船した人見善五郎大尉は『高陞』号に到着し、ただちに船長ガルス・ウォルスェーに面会した。人見は船籍証明をチェックし、ウォルスェーを尋問したうえ、東郷に次のように復命した。

「本船は英国ロンドン所在インドシナ汽船会社代理店、怡和《いわ》洋行《ようこう》（ジャーディン・マセソン・コンパニー）の所有船、『高陞』号にして、清国政府に雇用され、清兵一一〇〇名、大砲一四門、その他の武器を太沽《タークー》より牙山に運送するもので、船長にわが艦に随航することを命じたところ、船長はこれを承諾した」

東郷はただちに「錨をあげよ（Weigh Anchor）。猶予してはならない」と信号旗をあげた。ところが、ウォルスェー船長は「重要なことがあるので、話し合いたい。再度端艇をおくれ」と、信号を出した。東郷は再度、端艇を出すことを決意し、人見大尉に「清兵がもし応じないようであれば、ヨーロッパ人船員士官に何が重要かを問い、移乗を望めば端艇にて連れ帰れ」と訓令した。

東郷は清兵と中立国船員を分けて取り扱う指示を出したわけで、これも国際法上当然の措置である。人見大尉はまもなく帰艦し、「清兵士官は船長を脅迫して、命令に服従できないようにし、かつ船内には不穏の状がある」と復命した。

東郷は船員に向かい「艦をみすてよ（Abandon Ship）」と信号をおくった。これは撃沈する前の警告である。その後、「端艇をおくれ」と信号があり、「端艇おくりがたし」と連絡すると、突如「許されぬ」と答えがあった。

東郷は再度「艦をみすてよ」と信号し、かつマストに警告の赤旗をかかげた。すると『高陞』号船上では清兵が銃や刀槍をもって走りまわるさまがうかがえた。これまで二時間半が経過していた。艦橋に立っていた東郷は「撃沈します」と命令した。「打ち方始め」の命令とともに水雷が発射され、砲撃が開始された。一時一五分より沈船し、四五分にはマストを残して海中に没した。東郷は端艇を下ろし、泳いで『浪速』に向かってきた船員士官全員を救助した。

山本権兵衛

以上が顛末《てんまつ》であるが、事件は内閣を震駭《しんがい》させた。イギリス支那艦隊司令長官は「アジア海・支那海にある英国船舶は英国支那艦隊の保護下にある。万一、当該船舶に対しある処置をとるならば、本職に交渉があってしかるべきだ」と抗議した。

海軍大臣官房主事だった山本権兵衛(1)は内閣で次のように説明した。

「たとえ英国支那艦隊司令長官に属する船舶なりといえども、清国軍隊の輸送に従事することは、長官の意志ではなく、船舶会社の営利行為にすぎない。万一事態面倒に至っても、船価を賠償すればすむ話だ」

ここまでで、東郷が当時世界最大の海軍国であるイギリス民間船舶を撃沈したことが、この問題を惹起《じやつき》した最大の点と思われるかもしれないが、それは本質をはずしている。すなわち、「法治」あるいは「戦時国際法」が問題の本質である。

伊藤博文首相は外務省からブリーフィングをうけており、山本に国際法をよく調査するように事前に注意したのだが、山本の理解は及ばなかった。山本の発言はまったく当を失しているのである。明治天皇がこの事件を苦にしたことは事実だが、国際法を説明できねば宸襟《しんきん》も安まることがない。

付言すれば、山本は戦争終了後も、英国旗を降ろしてから撃沈すべきだったなどと事柄の本質をわきまえないことを言い、東郷を困らせている。

「戦争中、交戦国が戦時禁制品等を積載した中立国船舶を、しかるべき警告ののち撃沈すること」は当然なのである。さもなければ戦争はできない。イギリスが問題にしたのは、豊島沖海戦が戦争中か否かという点にあった。

豊島沖海戦は、日本が宣戦布告をした八月一日以前の七月二五日に起きているのである。詳細をいえば、日本は清国に対して七月一九日に、「今より五日を期し、適当な提議を出さねば、これに対し相当の考慮をおしまず、もし、このさい（朝鮮への）増兵を派遣するにおいては「脅迫」の処置と認む」と警告（五日猶予付き最後通牒）した。

この「脅迫」という文言は一九世紀においては戦争開始の言葉であり、外交用語としてはそれ以外の目的で使ってはならない。「挑発」も同様である。一九一一年、アガディール事件のさいドイツ外務省がこれを使い、イギリスはただちに連合艦隊の出師《すいし》準備発動を命令している。

日本は「脅迫」を使った側であるから七月一九日、同日付で連合艦隊の出師準備発動を命令した。だが、この外交的推移は当事国しかわからず、第三国にはわからない。とりわけ清国政府は、日本の最後通牒を公開しなかった。イギリスの国際法学者ホルラントは、この問題について、タイムズに次のように寄稿した。

「『高陞』号の沈没したのは戦争が開始されたあとである。戦争というものはあらかじめ宣言せずに始めたとしても、少しも違法ではない。これは英米の法廷で幾度も審理され確定している。『高陞』号の船員は初め戦争が起こったことを知らなかったに違いない。だが、日本の士官が船に乗り込んできたとき、これを知ったとみなさざるをえない。このとき英国旗を掲げていたか否かは重要ではない。日本水兵が乗船し捕獲することは不可能と認められるので、日本の（『浪速』）艦長が、いかなる暴力を用いようとも、それは艦長の職権である。（中略）また沈没後に救助された船員は規則通り自由になることができたので、この点でも国際法に背馳《はいち》していない。それゆえ日本政府が英国に謝罪する義務は生じない」

この論文とウェストレーキの論文が出されたことにより、イギリス世論は沈静化した。この後、ウォルスェー船長は日本に上陸し、東京にて朝野の歓迎をうけた。

話はこれに止まらなかった。実はウォルスェーはウースター協会卒業で東郷の二年下だった。東郷はイギリスを訪問したときウォルスェーに同窓生として会い、旧交を温めた。ところがウォルスェーは高陞号事件について何も語らなかった。東郷はこれを「イギリス人気質」だと評した。

ウースター協会では戦時国際法を教え、戦時下における民間船舶の対処法についてケーススタディを実施していたのだろう。ウォルスェーも撃沈されながら適法な処置と認めていたに違いない。官吏を国費留学生としておくり、その教育結果により国家に大きな貢献があった代表例かもしれない。

## なぜ東郷が連合艦隊司令長官に選ばれたか

司馬遼太郎は山本権兵衛について、

「海軍建設者としては、世界の海軍史上最大の男の一人であることはまぎれもない。かれは、ほとんど無にちかいところから新海軍を設計し、建設し、いわば海軍のオーナーとして……」（『坂の上の雲　三』）

と書いている。

記述について明確にすべきだと思うが、明治天皇と国民が海軍のオーナーであって、海相山本権兵衛ではない。司馬の言葉を同時代人が聞けば、抱腹絶倒するか「不敬」ということになるだろう。

歴史を叙述にするにあたって、同時代性をこういった形で捨象することは、文学上の誇大表現を超えて誤解を生み出す。さらに司馬が、「山本が海軍のオーナー」の理由としている「新海軍の設計」という点についても疑問がある。

すなわち、新海軍（六・六艦隊＝戦艦六隻、装甲巡洋艦六隻からなる、日露戦争初頭の連合艦隊）の基礎をなすプリドレッドノート戦艦のプロトタイプ『富士』『八島』は、日本で議会がはじめて開催された熱狂のなかで取り組まれたからだ。このような巨大な建艦計画は、国民的支持がなくては不可能である。このとき山本権兵衛は、この計画に関与していない。

明治の日本人を知らねばならない。彼らは、自分の家がみすぼらしくとも、東京湾に浮かぶ連合艦隊があれば、それで満足だった。それが同時代性であって、彼らの目線の上に明治天皇、樺山資紀、河野広中（一八四九〜一九二三）はいても、山本がいたわけではない。政治家の裏に官僚ありとして、官僚をただもち上げることは誤りである。大阪城は豊臣秀吉がつくったのであって、普請《ふしん》奉行や城大工がつくったわけではない。軍官僚にしぼっても、当初予算案の計上から一四年間の間には、さまざまな人々が建艦計画に携わったのであって、もとより山本一人の功績ではまったくない。ただ、後世になり、山本自身がそのように自慢しているのは事実である。これは伯爵の稚気にすぎないが、海軍大臣という職にも関連している。

日露開戦時、連合艦隊司令部の人事は、山本権兵衛・伊東祐亨・樺山資紀の三人の合議のうえ、明治天皇に推挙する形で進められた。すなわち、そもそも山本の独断で決められる性格のものではない。ただ、このなかで最も「アク」が強く、天皇の寵《ちょう》が厚かった山本権兵衛がイニシアチブをとったことは、十分想像できる。

明治天皇は陸軍人事と異なり、連合艦隊司令長官の人事に重大な関心を示したようにみえない。そうなると、最後に人事について上奏《じょうそう》する権限のある海相に相当のウェートがかかる。日本的軍人（会社）社会では人事を握るものが、ないしは社長に人事案を伝える人事部長が、下からみれば君主や社長より偉くみえることはあり得ることである。

山本は開戦当時、営業部長も兼ねているような外観を呈した大海令（大本営海軍部命令）第一号を出した。その内容は「東洋における露国艦隊を全滅すべし」であり、海軍大臣男爵山本権兵衛が命令者なのである。

明治憲法に従えば統帥権《とうすいけん》は天皇に属するのであって、奉勅命令である限り、（天皇のスタッフである）軍令部長が艦隊司令官に命令すべきである。山本は、他の諸国における「戦時においては陸軍参謀総長が海軍軍令部長に優先する」という常識にあくまで逆らった。これはまったくの反陸軍＝海軍セクショナリズムであって、一九四五年まで日本はこれに苦しむことになる。山本が大海令第一号の命令者になったのは、統帥一元化を阻《はば》む意図があったのだろう。

さて、東郷の連合艦隊司令長官への任命の理由が、果たして山本が主張するように「東郷は幸運な男」だったからだろうか？

一九〇三年一〇月、東郷平八郎が常備艦隊司令長官に再任されたとき、候補者はほかに二人しかいなかった。すなわち、現常備艦隊司令長官日高壮之丞《ひだかそうのじょう》、前同職角田秀松《つのだひでまつ》である。日高についていえば、有馬新一と同期、片岡七郎が一年下、上村彦之丞と二年下にすぎない。彼らは、下位艦隊司令官候補である。また山本権兵衛とも同期である。海軍的年功秩序では逆順はとれないのである。

一方、角田秀松であるが、会津藩出身であり、薩摩閥の海軍が受け入れることはできなかった。とにかく、ここにあがっている人物は、角田を除いて全員が薩摩出身者である。

さらに、これまでの軍功および海軍大学校長時代の識見、対露戦作戦具申からすれば、角田・日高は東郷に遠く及ばない。東郷の前任の常備艦隊司令長官まで広げてみても、候補となりうる柴山矢八《やはち》、鮫島員規《かずのり》の二名は水雷畑などの要因のため、日清戦争において重要な艦隊勤務を経験していない。すなわち軍功がなかった。

そのうえ、連合（常備）艦隊司令長官となる前職の舞鶴鎮守府長官職は、ウラジオストックを睨む「隠居仕事」ではなく、平時では海軍将官にとりきわめて高位の職である。日清戦争の連合艦隊司令長官伊東祐亨の前職は、横須賀鎮守府長官である。

つまり東郷の常備艦隊司令長官再任は、順当人事としか言いようがないのである。司馬遼太郎は、東郷が閑職にあり「世間でさほど名のある存在でもない」（『坂の上の雲三』）と述べている。そのうえ、性格も好ましくないと思っていた。

「東郷はカッコいいことの好きな人だったんでしょうね」（『司馬遼太郎全講演』[1]）。

さらに司馬遼太郎は日露戦争における海戦の勝利の原因についても、驚くべき評価を行なっている。

「（山本権兵衛は）海軍大臣として、敵よりも優れた速力を持った軍艦をそろえたことにより勝利できた。勝利できたのは、山本権兵衛の力が半分以上だったと私は思っています」（『司馬遼太郎全講演』[1]）。

これについては解説が必要だろう。「半分以上」というのは軍事評論家の伊藤正徳が使った表現であり、それに引きずられたのだろう。伊藤は山本権兵衛に私淑しており、個人的に自慢話を聞かされていた。当然、割り引く必要があるが、司馬は具体的内容を加えているので、それについて述べたい。

実は、設計速度において日本とロシアの戦艦に差はない。艦政当局が戦艦そのものの速力を上げようとした形跡もまったくない。速力のある日本の軍艦とは、司馬が戦力外とみなしている巡洋艦なのだ。

山本権兵衛も戦艦や装甲巡洋艦の数について努力したが、質について介入したことはない。巡洋艦重視というのは日本の伝統であった。複雑な海岸線をもち、良港が豊富にあるので、多数の地点から巡洋艦を出撃させ、また多数の地点へ引かせることができる。この独特の地形を活用したいためである。

ロシアは極東に海軍基地が二つしかない。戦艦が最高速度を出した場合、石炭消費が多量になる。海戦時間を考慮すると、別の基地に着くまでに石炭残量が不足してしまう。これは致命的な欠陥であり、戦艦や巡洋艦は、能力があっても速度が出せなかったのだ。

『高陞』号事件で東郷は、山本権兵衛に対し次のような態度をとったと司馬遼太郎はいう。

「東郷はだまって微笑し、権兵衛の説に服する旨を表情だけであらわした。権兵衛はこのとき、東郷の資質にある周到性と決断力と、そしてなによりもその従順さを大きく評価したらしい」（『坂の上の雲　三』）。

ある歴史上の人物一人を贔屓《ひいき》すると、ここまで片方をおとしめた表現ができるものかと驚かざるを得ない。つけ加えれば、このとき東郷は四五歳で、山本より五歳年長である。海軍将校団の社会において五年という年齢差が何を意味するか、誰でもわかるだろう。戦争の英雄の評価を下げると、日本人は溜飲《りゅういん》が下がるのだろうか？

いずれにせよ、『高陞』号事件における山本権兵衛の判断は凡庸以下であり、東郷の判断がきわめて正しかったことは動かない。

### 東郷平八郎と条約派

だが一方で、東郷平八郎は晩節を汚したという評が昭和の海軍軍人に根強く残っている。

山梨勝之進《かつのしん》（一八七七〜一九六七）は条約派だが、反面、『三笠』の復興に努力した中庸のとれた人物である。この人がこう語っている。

「東郷さんという人は、私は静かに考えてみますと、今でもわからないのです。……〔ユトランド海戦について〕戦略上はどうの、戦術上はこうだとか、そんな面倒なことはいわれなかった。そういうところがちょっとわからないのです」（山梨勝之進『歴史と名将』）

ユトランド海戦は、英独海軍がその総力をあげた決戦となったが、砲戦においてはドイツ有利にもかかわらず、最後はドイツ艦隊が戦場から逃げて終わった。この戦いについて、東郷は、「海戦において被害の多寡《たか》などは問題とならない。ドイツは逃げた。ドイツの負けだ」と語った。

この評論は、ユトランド海戦直後のものだが、現在でも多くの海軍史家は東郷と同様の結論を出している。すなわち、この海戦のあとドイツ海軍は二度と北海に出られず、最後に出撃を呼号したとき水兵の反乱が起き、ドイツそのものが敗北してしまったのである。

「わからない」という山梨の心理には、財部彪《たからべたけし》・堀悌吉《ほりていきち》などの条約派と加藤寛治《かとうひろはる》・末次信正《すえつぐのぶまさ》の艦隊派の間を周旋したときの苦い経験がわだかまっていたのだろう。ただ、ユトランド海戦の評価についての東郷の見解は、北海制海権の帰趨からみればやはり正しく、第二帝政ドイツの海上における軍備が中途半端だったことは否定できない。つまり、抑止力としても働かず、はじめからゼロであった方がまだよかったのかもしれない。

海軍の条約派と艦隊派の相克は、抑止力としての軍備と政治（外交）との関係についての論争であって、本質的な内容を含んでおり、足して二で割るような結論はとれない。

現在、ワシントン条約やロンドン条約をめぐる海軍部内の論争について、あたかも決着がついたようにいわれる。もちろん加藤寛治の「統帥権干犯論」は、どの角度からみても誤りである。北一輝や、政局に利用した政友会は誤っていた。だが、艦隊派の主張する八・八艦隊、そして抑止力としての軍備について誤りだったかどうかは、また別の話である。

アメリカの主導したこの軍縮会議はきわめておかしなもので、アメリカがイギリスの海軍規模を抑えようとしたのが発端である。だが、日本も英米も第一次大戦においては戦時同盟国であり、いわば同盟国同士が軍縮の話し合いをしたのである。これは異常なことで、軍縮とは普通、仮想敵国同士が行なうものである。第一次大戦前の英独交渉、第二次大戦後の米ソ交渉が代表例である。

これ以降、日本と英米の間に隔意が生じたのも確実で、軍縮交渉が敵意を生じさせたという驚くべき経緯である。東郷が軍縮会議を信頼醸成のための会議とはみなさず、抑止力としての軍備充実を計るべきだと考えたのは確実である。

東郷の言うように、ワシントン会議またはロンドン会議の段階で席を蹴って英米との交渉を打ち切ったならば、どうだっただろうか？　むしろ史実より、よい結果＝平和維持に成功したように思われてならない。

東郷は、山本権兵衛の女婿、財部彪（当時海相）に「外交交渉といえば戦《いくさ》と同様、カカアを連れていくとは何事だ」と言った。当時、皇族や外交官は夫人同伴で、軍人は単身で海外出張に行くというルールを崩したことを批判したわけである。

これもあって、財部は一九三二(昭和七)年に予備役に編入された。当時の条約派は昭和天皇の軍縮条約に賛同する姿勢に追随し、中国大陸における紛争から逃げたいという算段があった。

一九三一年一〇月、加藤寛治の後任の谷口尚真《なおみ》軍令部長は「(内閣や陸軍の要請にこたえて)山海関方面へ艦隊をおくることは、対英米戦を招きかねない」と主張し、軍事参事官会議で東郷に叱責されている。谷口の論理は外交官のものであって、軍令部長の言辞とは思えない。軍隊は君主や政治家の命令がいったんあれば、準備や外交・内政の如何にかかわらず出征せねばならない。

日露戦争初頭において山本権兵衛が種をまいた統帥二元化に、海軍全体が溺れてしまった。海軍条約派は「反陸軍」を常に旗印とし、一九四五年八月の終戦まで統帥二元化による国益の喪失を考えることがなかった。

現在も同じであるが、小さい戦争を実行することによって大戦争を防ぐ必要は確かに生じる。ところが海軍条約派は、軍縮や宥和外交をやれば平和維持が可能だという念仏平和主義に陥った。

東郷の信念は「将来の支那は東洋の禍根である」というものだった。(伊藤隆他編『加藤寛治日記』)一九三七年八月、東郷の死後、蔣介石《しようかいせき》の国府軍七十五万人は上海に駐留していた海軍陸戦隊を急襲した。このとき帝国海軍は圧倒的な戦力をもちながら、戦争の抑止に失敗した。

外交において、宥和政策が常に戦争を回避する方向に働くというわけではない。歴史において、反戦派や平和派が戦争を引き起こす例は枚挙にいとまがない。「外国は日本に戦争やテロを仕掛けることはない」という算段は、日本人だけがもつ特殊な思い込みにすぎない。東郷は「戦争やテロ」の抑止力としての軍備を常に重視した。少なくとも軍縮条約に関する東郷の評論に関し、条約派が常に正しいという観点から裁くべきではなかろう。

# 第7章　日露両海軍の戦略

## ロシアは最高の人材を海軍に投入した

ロシアにとって海軍はきわめて重要な存在だった。しかも近代そのものだった。ピョートル大帝がその基礎を築いて以来、海軍は世界の先端を意味し、全ロシア最良の人材がそこに投入されていた。レニングラード（現サンクト・ペテルブルグ）に生まれ、アメリカに亡命し、ニューヨークのブルックリンに住みつき、アメリカ人としてノーベル賞を受賞した詩人、ジョゼフ・ブロツキーは次のように書いている。

「私が深く確信するところだが、この二世紀の間の文学と、以前の首都にある建築物を除いてロシアが誇れるものは、その海軍史しかない。その理由は、華々しい勝利にあるのではない。実際のところ、ほとんど勝てなかった。それにもかかわらず業績として今に伝えるべきは、海軍精神の高貴さである」(Brodsky "Less Than One")

ロシア帝国は全力をあげて、もてる最高の頭脳をもって、日露戦争の最終局面に、その艦隊を対馬《つしま》東水道に突入させたのであって、もとより中途半端な姿勢ではない。

ロシア海軍は一九〇〇年（明治三三年）から連年、四回にわたって日露極東海戦をテーマとした図上演習をニコラエフ海軍士官学校で実施した。一九〇二年と三年のものにはロジェストウェンスキーも参加している。その四回のうち三回はロシアの惨敗、一回はドローに近かったが、制海権を奪うことに失敗という結論となった。

敗因は、ロシアが極東に二つしか海軍基地をもたないことだった。その対策としては、馬山浦《まさんぽ》（鎮海湾）を中間基地として獲得せねばならないというものだった。それは朝鮮半島全域を領有しない限り、実現しない。

ともかくロシア海軍は、一九〇四年に戦争が発生すると予想することはできなかった。そして、なぜ極東ロシア海軍の戦略的脆弱性を知りながら、ニコライ二世が冒険的外交に乗り出したのか疑問が残る。戦争勃発時においても、旅順艦隊が完成したとみなされておらず、戦艦『オスラビア』と巡洋艦『ドンスコイ』(1)『オーロラ』が極東回航中だった。マカロフは海戦を覚悟しても『オスラビア』の回航続行を主張したとされるが、弾薬の有無や石炭船の手配の情況ははっきりしない。

第一太平洋艦隊（ロシア極東艦隊）は開戦時、戦艦七隻と装甲巡洋艦二隻（『グロンボイ』『ロシア』)、六インチ巡洋艦六隻からなっていた。ほかに装甲巡洋艦『リューリック』があったが、旧式機帆船であり戦力として疑わしい(31頁参照)。六インチ巡洋艦は六〇〇〇トン前後と日本の装甲巡洋艦より小型であるが、軽巡より大きい。主砲はないが六インチ砲を一二門程度もち、艦隊決戦に参加しうるとみなされていた。『バヤーン』『パラーダ』『ディアナ』『ポガツィリ』『ワリヤーグ』『アスコルド』の六隻であるが、うち『ポガツィリ』(ウラジオ)は座礁事故のため、ほとんど活躍できず、また『ワリヤーグ』は開戦劈頭《へきとう》、仁川で瓜生《うりゅう》艦隊に襲撃され自沈を余儀なくされた。

これらの艦が集中使用されれば、戦艦七隻、戦列に入ることができる巡洋艦が九隻となる。一方、連合艦隊は戦艦六隻、装甲巡洋艦六隻からなっていた。

ところが極東ロシア艦隊には、海軍基地が旅順とウラジオの二つしかないという重大なハンディキャップがあった。これに対し日本には、民間造船所を含めれば無慮《むりょ》数百のドックがあり、かつ上部構造修理に伴う部品は国内工業をもってある程度自製できた。

これが何を意味するかといえば、ロシア艦隊は、一回の海戦で艦艇の上部構造が破壊された場合、簡単に修理できず、乾ドックに入れた徹底的な修理がむずかしい。実際には、黄海海戦で戦艦五隻、巡洋艦『パラーダ』が大破、蔚山《うるさん》海戦で装甲巡洋艦『グロンボイ』『ロシア』一隻が大破したが、修理をまっとうできた艦は一つもなかった。

以上の艦隊構成や基地のあり方をみた場合、ロシア海軍の戦略はどうあるべきだろうか？　日露両海軍の首脳陣はともに、ロシア極東海軍のとるべき戦略は旅順・ウラジオ艦隊を温存し、バルチック艦隊の来援を待つのが合理的で、そうするだろうと予想した。なぜなら、バルチック艦隊のうちすぐ稼動できる戦艦五隻を派遣するだけで、極東艦隊は戦艦一二隻になり、戦列に並ぶことができる巡洋艦は七隻（『ワリヤーグ』と『ポガツィリ』を除く）に増強されることになる。これであれば戦艦六隻、装甲巡洋艦六隻からなる日本の連合艦隊に優に対抗しうる。

問題は、バルチック艦隊が来るのに時間がかかることである。また実戦でみられたように、六インチ巡洋艦やウラジオ艦隊の二隻（『ロシア』『グロンボイ』）の旧式装甲巡洋艦がそれほど働かないとするなら、両艦隊のバランスはきわどい。すなわち、ロシアは戦艦一二隻、これに対し日本は戦艦六隻、装甲巡洋艦八隻（アルゼンチンから購入の『日進』『春日』を加える）の計一四隻となる。

こうなると、アルゼンチンから購入の二隻はバランサーとして大きな地歩を占める。軍令部長のロジェストウェンスキー（一八四八〜一九〇八）は、開戦九カ月ほど前にこれに気づき、ニコライ二世に必死の買い付けを依頼した。

結局、日本の買収工作が功を奏したわけだが、ロジェストウェンスキーはあきらめきれず、極東への航海中、旗艦『スワロフ』自室の机に『春日』の絵を入れ、時折一人で眺めていたという。

開戦時、ロシア海軍のだいたいの布陣は、全艦隊を三つ、すなわち極東、黒海、バルト海に均等に分け、極東艦隊と黒海艦隊の半分を現役艦隊とし、バルチック艦隊と黒海艦隊の半分を予備艦隊としていた。この予備艦隊というのは、帝国海軍の練習艦隊に似たものである。

ロジェストウェンスキーが所持していた装甲巡洋艦春日の絵。

バルト海は冬季結氷するため、その期間、水兵を何もさせず兵舎に閉じ込めておくことは得策ではなかった。水兵の多くは志願兵によって占められていたが、兵役義務は四年となっている。この四年現役兵のうち二年後訓練済み兵を極東艦隊と黒海艦隊におくり、バルチック艦隊は予備艦隊として定員を充足せず、新兵訓練以外ではクロンシュタット軍港に係留していた。

仮に極東回航となれば予備役を動員し、各艦の定員を充足させねばならない。だがロシア帝国は地形が広大なので、予備役召集の連絡に一カ月かかり、予備兵の移動には二カ月かかった。そのうえ、平時の艦隊は戦闘用にできていない。主砲弾から機関銃弾まで、新たに全国に散らばる砲兵工廠から取り寄せねばならない。

アレクサンドラ皇后は、バルチック艦隊のボロジノ級戦艦四隻の士官食堂にピアノを寄贈することにしたが、四月にベルリンに注文を出し、七月末に納品されている。そのうちの一台、戦艦『アリヨール』にあったものは戦時利得品となり、数奇な運命をへて、現在、歩兵一五連隊（旅順攻防の大弧山戦で力闘した）管区の茨城県の水戸市立大場小学校にある。グロトリアン・スタインウィッヒ社製の一八八六年モデルであり、アップライト・ピアノとしては当代の名品である。

海戦においては陸戦と異なり、私物を除いて押収しても、禁止されている略奪にはならない。ただ、海戦を経てピアノが残ったことは稀観《きかん》というべきであろう。ともあれ、大艦隊の長距離航海となると積み込むべきものは大量になる。

バルチック艦隊の出師準備発動には、少くとも四カ月以上は必要だった。戦争の発生は常に予期できることではないが、最も蓋然性が高かった日本との戦争の場合における事前計画が杜撰《ずさん》であったことは否定できない。

さらに言えば、ロジェストウェンスキーが当初主張したことであるが、すぐさま出港が可能だった戦艦五隻（『アリヨール』が座礁事故で修理中だったにしても）を先行させるという拙速案は、必ずしも悪いものではない。それでも、石炭積み込みなどを考慮すれば、喜望峰回りの極東回航は四カ月をみなければならない（ロジェストウェンスキーは五カ月かかるとみていた）。だが、ウラジオ結氷期前の一二月前半には到着することができる。

一九〇四年七月中に出港すればよいわけだが、出師準備発動に四カ月以上かかるため、平時における計画がなければ、一九〇四年三月までに決断する必要があった。ニコライ二世は、この決心が遅れたのである。

バルチック艦隊東征を中軸とするロシア海軍戦略は、このように平時における計画が不十分であり、同時に極東艦隊が健在であるという前提に立ったものである。

さて、マカロフである。当時のロシア海軍界の中心人物はロジェストウェンスキーとマカロフの二人であり、これはニコライ二世だけでなく、ロシア海軍およびヨーロッパ海軍国の首脳陣は誰しもが認識していた。日本との戦争が始まった段階で、極東艦隊（第一太平洋艦隊）司令官がスタルクからマカロフに代わったのは、当然のことと了解された。

司馬遼太郎はマカロフについて、

「この帆夫《セーラー》あがりの司令長官は、まるで水兵の親分のような気分のもちぬしであり、げんにかれは司令長官室にいるよりも、自分の精力と筋肉だけをたよりに（中略）監督し、その身うごきはどの水兵よりもはげしかった」（『坂の上の雲　三』）

と書いている。

マカロフの父親はウラジオストック海兵団（各鎮守府つきの陸戦隊と考えればよい）の曹長だったが、マカロフ自身はニコラエフ海軍士官学校を首席で卒業したエリートである。とても帆夫《はんぷ》あがりではない。

また、司馬は頭から、ロシア陸海軍の将校が貴族出身者で占められていると錯覚しているが、事実ではない。ロシア軍将校は給与が低いうえ、汚職が常態となっており、貴族出身者には耐えがたい職場だった。貴族は教職などに進出し、革命家に転じる者も結構多かった。

ロシア陸海軍将校の中心は、士官学校の入学試験を通過できるほどの学力をもつ中産階級出身者である。軍隊で貴族が主流を占める兵科は騎兵に限られた。ロマノフ王朝は貴族に依存するのではなく、農民《ムジーク》に立脚していると皇帝自らが信じていた。これ抜きではニコライ二世とアレクサンドラ皇后が第一次大戦中、農民出身といわれるラスプーチンに絡めとられた不思議さが理解できないだろう。

そしてマカロフが戦死したとき、幕僚以外で同行していたのはウェレシチャギンというロシア当代第一の戦争画家と、皇帝の従兄弟、キリル大公（九死に一生を得た）だったといえば、水兵と身のこなしが一緒とは言いすぎであることがわかる。

マカロフが旅順艦隊をカリスマ的に指導したのは事実だが、その死はあまりにも早く訪れた。したがって、マカロフが艦隊温存策（バルチック艦隊の来着待ち）を変更する意図があったかどうかはわからない。

それに、旅順艦隊は魚雷攻撃や触雷被害をうけ、戦艦すべてが稼動できる期間は限られていた。戦艦の修理が終了すると、旅順のロシア陸軍は必ず「艦隊出ていけ！」を主張した。陸軍は陸側からの攻撃に音をあげていたのだが、バルチック艦隊来着を待つという海軍戦略を理解できなかった。

このときのロシア海軍の方針はバルチック艦隊来着まで温存ということで、いわゆるフリート・イン・ビーイング——敵艦隊を引き付ける目的の艦隊温存策とは異なることに注意すべきだろう。

## 近接封鎖と閉塞作戦はなぜ失敗したか

東郷平八郎とその幕僚は、このロシアの艦隊合流戦略を開戦前から読みきっていて、その対策を先制攻撃、閉塞作戦、近接封鎖に求めた。このうち後者の二つは米西戦争から採られたものであり、かつ秋山真之のサンチャゴ・デ・キューバ海戦の観戦レポート『サンチャーゴ・ジュ・クバ之役』が、幕僚にとり唯一の参考とされた。これが大失敗につながった。日本の当初作戦はすべて戦術目的を達成したのだが、戦略目的の達成にすべて失敗した。

秋山の観戦レポートが悪かったわけではない。それは海戦の実際をあまりにも的確に、また生き生きと描写していた。それにもかかわらず、米西戦争でのアメリカの戦略をまねた近接封鎖と閉塞作戦失敗の原因は、旅順要塞の抗堪力《こうかんりょく》・地形と日露両艦隊の規模にある。すなわち米西両艦隊は、このときの日露両艦隊の規模に比して小さく、とくにスペインは二流海軍国にすぎず、最先端の砲術や戦術をもっていなかった。

しかも旅順（口）港というのは、日本にはないタイプの港だった。つまり浅水港《せんすいこう》なのである。水深は満潮でも二五メートルに満たず、干潮時には五メートルになってしまう。干潮時、旅順港にいたロシアの軍艦は擱座して、船腹の大部分はさらし出されていた。

日本の開戦時の旅順外港への先制攻撃は成功し、戦艦二隻の船腹に大穴をあけた。普通ならこれは撃沈である。ところが、ロシア人は干潮時に、穴に木枠キャンバス布を張り、瀝青《れきせい》で水密《すいみつ》し、ポンプで水を出したうえ、満潮時になって浮上させ、そのまま港内に曳航した。

その後は、ケーソン工法といわれるロシア海軍独特の方法により修理した。すなわち木枠で船腹に作業場をつくり、穴に鉄板を張り、アーク溶接で修理した。旅順のロシア海軍工廠は、この方法により、当初の魚雷被害、四月一三日の触雷被害、六月二三日の触雷被害を、いずれも一カ月半程度で修理した。四月一三日、六月二三日、八月一〇日という大規模な旅順艦隊出撃日は、この修理完了日と軌を一にしている。

ロシア人は、黒海沿岸の港湾セバストポリやオデッサが同様の浅水港のため、使い勝手をよく知っていた。さらに閉塞作戦についても、これはあてはまる。閉塞船を所定の位置で沈船させ得たとしても、干潮時に破壊口に木枠キャンバス布を張りポンプで排水すれば、満潮時にはわずかな距離であれば曳航することができる。

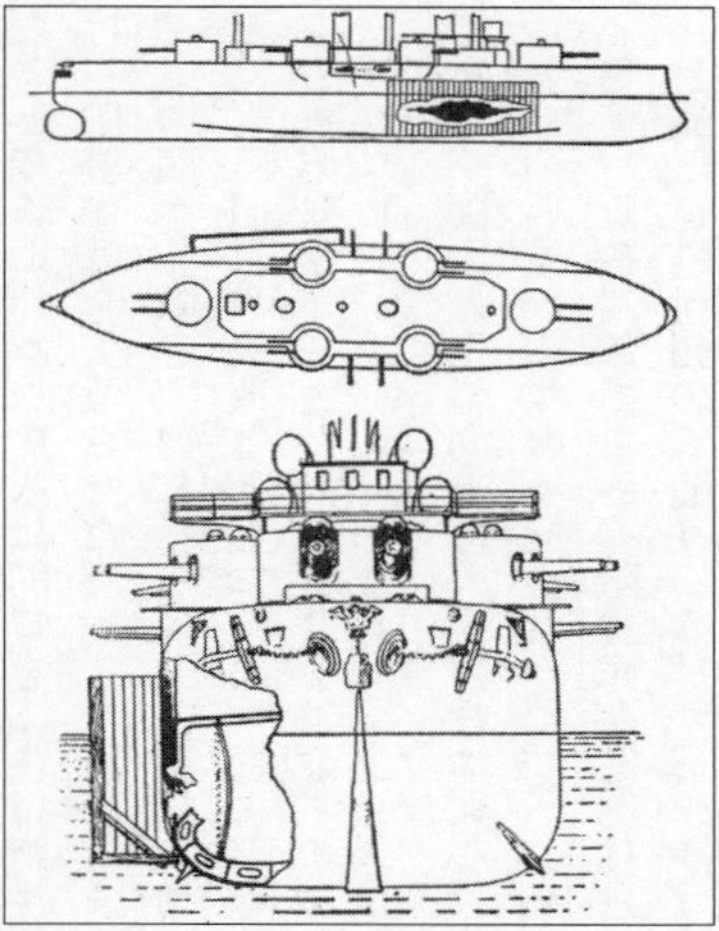
ケーソン工法

閉塞作戦は、船体を二つに折る程度に徹底的に破壊し沈船させねば、良好な結果は得られない。またそれをやったとしても、湾口をサルベージするなどして別の水路をつくることはむずかしくない。

すなわち湾口が敵の砲台の射程内では、閉塞作戦が成功することはまずない。戦争においては、ふだん不可能なことが平気でできる。つまり港口に多数の破船があったとすれば、平時であれば、いかなることがあっても片づけるが、戦時であれば些少《さしょう》なことである。ロシア人は湾口をふさいだ沈船を左右にごくわずか移動させ、水路を開け、閉塞作戦を失敗させた。

この閉塞作戦を主導したのは先任参謀有馬良橘《ありまりようきつ》であり、自ら閉塞作戦を三回まで指揮した。三回目の失敗とともに、大本営に召還された。その後任が秋山真之《さねゆき》である。

閉塞作戦は第一次大戦末期にも、イギリスによってベルギーのゼーブルッヘとオステンデで試みられ、やはり失敗した。だが、敵前の沈船とは勇気がなければできない行為であり、国民の士気向上に大いに役に立つ。サンチャゴ・デ・キューバ、旅順、ゼーブルッヘのいずれの場合も同様だった。

さて、近接封鎖である。敵艦隊が港湾に逃げ込み、出てこない場合、封鎖の方法は近接封鎖と遠隔封鎖の二通りある。サンチャゴ・デ・キューバ海戦で米海軍は近接封鎖を目論み、湾口に常時、戦艦・巡洋艦を半円形に配置した。

近接封鎖では、もし敵艦が一艦ずつ湾口から出れば、包囲している戦艦・巡洋艦はすべて同時にその一艦を攻撃できる。つまりT字戦法と同様の効果を、敵艦が湾口から出てきた段階で与えることができる（118～119頁参照）。

有馬・秋山は当然だとして、この方法をやや手直しして具申した。旅順港は浅水のため、ロシア艦隊が出動できるのは一日二回の満潮時、都合三時間ほどしかない。このため常時、駆逐艦などで湾口を監視しながら、出撃が予想される満潮時に、主力艦をもって湾口を半円形に囲む近接封鎖を策案した。

東郷は裁可したが、近接封鎖は連合艦隊最悪の日、五月一五日の悲劇をもたらした。『八島』『初瀬《はつせ》』の二隻の戦艦が、定例の配置につこうと湾口をパトロールしたさい、機雷により撃沈された。この損失は大本営と海軍省に計り知れない衝撃を与えた。

だが、東郷平八郎と秋山真之は自らの方法に固執しない柔軟性をもっていた。これ以降、遠隔封鎖に切り替えた。遠隔封鎖とは、湾口にはロシア艦隊出港可能な満潮時だけ駆逐艦を配置し、主力艦は裏長山《りちょうざん》列島に碇泊させ、出撃があれば会敵地点に急行する方法である。秋山はこの段階で、米西戦争の軛《くびき》から完全に免れた。それ以降、終戦まで、連合艦隊は水雷艇以上の損害をうけなくなった。

第一次大戦においても同様の局面が現れた。ドイツ外洋艦隊の基地はヘリゴランド・バイトといわれる、湾のような開口部に面していた。イギリス海軍の戦前の計画では、巡洋戦艦や装甲巡洋艦で湾口を半円状に囲もうとした。だが実際に戦争になると、機雷とUボートによる被害が甚大だと予想された。そこで主力艦艇をスコットランド近辺に集め、出撃にただちに対応できるようにし、湾口パトロールは駆逐艦や軽巡にとどめた。

つまり、遠隔封鎖に改めたのである。近接封鎖のように、あらかじめ艦隊の位置を敵に知らせてしまうような作戦は二〇世紀向きではない。

ロジェストウェンスキーは無能か

ジノーヴィ・ペトロビッチ・ロジェストウェンスキー（Zinovy Petrovich Rozhestvensky）は軍医の息子として生まれた。東郷平八郎より九カ月若い。『ツアー最後の艦隊』の著者プレシャーコフによると、ジノーヴィという名前は、ロシアでは店員か村の牧師の子供に与えられるもので、目立った地位にある人間の子供に与えられることはない（Pleshakov "The Tsar's Last Armada"）。

ロシアでは、男親が下士官相当以上であれば、その子供には幼年学校や海軍士官学校への入学資格が与えられた。ロジェストウェンスキーは一八六四年九月、ニコラエフ海軍士官校に入学している。毎年の入学定員は五〇人にすぎなかったが、うらやましがられるような資格ではない。

なぜならば、この年代のロシア海軍は厳しい環境におかれていた。クリミア戦争（一八五四～五六）に敗れ、黒海でロシア艦隊は全滅した。そのうえ戦後のパリ条約では、ロシアは黒海に艦隊をおくことを禁止された。

ニコライ一世は条約が討議されている最中、毒杯をあおって自殺した。その後継者アレクサンダー一世は、農奴解放などの改革に着手した。軍制改革についても意欲的であり、士官学校の入学試験や将校の昇進について能力主義を導入した。

ロジェストウェンスキーが海軍士官学校に入った頃、ロシア海軍は艦艇のほとんどない海軍だった。しかし木造帆船は鉄張りの汽船に変わりつつあり、ゼロからスタートする海軍にとり必ずしも悪い時代というわけでもない。

ロジェストウェンスキーは在学中の大半をバルト海上ですごしたが、自然科学にも語学にも才能を発揮した。一八六八年卒業時の成績は五番だった。その後、専攻を砲術に定め、ミハイロフスカヤ砲術アカデミーに入学した。やがて一八七三年に卒業すると、同時に中尉に任官した。

ジノーヴィ・ロジェストウェンスキー

四年間の義務乗り組みののち、ロジェストウェンスキーは海軍省砲術委員に補せられた。これは、この年次ではきわめて珍しく、すでに砲術の権威として認められたことを示している。同時に、ペテルブルグ大学の電気工学科の教務主任を務めるとともに、劇場照明の配線についても関与している。そのころ、オルガ・アンティポバと結婚しているが、自身と同じく目立った家柄の娘ではない。

## 仮装巡洋艦『ウェスタ』の勝利

この平和も、露土戦争（一八七七〜七八）の勃発とともに打ち破られた。この戦争の焦点はドナウ河の渡河作戦だったが、ロシアは、ドナウ河がそそぐ黒海にまともな軍艦を一艘ももたなかった。このためロジェストウェンスキーは、「適切な陸上砲を発見し、商船にのせ、軍艦をつくれ」と命令された。彼は数週間で、オデッサ・オチャコフ・ケルチの港湾防衛のための仮装巡洋艦をつくりあげた。ロジェストウェンスキーは認められ、黒海艦隊砲術長に任命された。

一八七七年七月一〇日、四・七インチ砲一門をもつ仮装巡洋艦『ウェスタ』（艦長バラーノフ）に砲術長として乗船し、オデッサを出港した。砲術長といっても一門だから、ただの砲台長である。目的はトルコ商船を見つけ次第、砲撃することだった。だが翌日、最初にめぐり合った敵艦は不運なことにトルコ砲艦だった。

ただちに艦長は逃げることを命令した。トルコ砲艦は追跡した。三時間の追跡ののちつかまり、射撃をうけ、相当の損害をうけた。しかし、ロジェストウェンスキーは一門の砲で反撃に出た。そして狙いすました一弾は、なんと艦橋に命中した。重大な損失を与えたわけでなかったが、トルコ砲艦は退いた。

これは幸運によるともいえる武功だったが、ロジェストウェンスキーはただちに少佐に昇格し、ロシア帝国最高の軍事勲章である聖ゲオルギー勲章が与えられた。彼は「艦を救った男」と謳われ、一躍英雄となった。戦争の残りの期間、ドナウ河小艦艇隊に配属されたが、そこでは目立った活躍はない。

露土戦争はロシアの勝利で終わった。だが、この戦争は陸戦で決定されたのであって、海上や水上で、何か戦争の帰趨を決める重要なことがあったわけではない。海軍総裁のコンスタンチン大公は陸軍の栄光に嫉妬した。同じロマノフ家の皇太子(のちのアレクサンダー三世)、ミハエル大公、ニコライ大公の武功にくらべて、海軍の業績のなんとみすぼらしいことか。コンスタンチン大公は、『ウェスタ』の小さな功績を大きくもちあげることにした。

偽りの功業にのった、偽りの英雄になりたくなかったロジェストウェンスキーは、驚くべき手段に出た。「砲艦と仮装巡洋艦」という記事を新聞に投稿したのだ。そこには『ウェスタ』の名前は隠されたが、実際の戦闘の概況と、「仮装巡洋艦は決して砲艦に勝つことはできない」という主張が盛り込まれていた。

マカロフは記事を読んで激怒した。ロジェストウェンスキーの上官バラーノフは、彼を名誉毀損訴訟にかけるべきだと主張した。だが、この争いは表面化せず、ロジェストウェンスキーは戦争前の職だった海軍省砲術委員に戻った。そして以前と同じように電気回路に興味を示し、またドイツに旅行し、新知識を獲得した。

第一回目の極東回航

一八八三年、ロジェストウェンスキーに突然、新しい職務が舞い降りてきた。ブルガリア艦隊司令官である。露土戦争の講和条約であるベルリン条約の結果、ブルガリアは完全独立を果したが、陸海軍ともロシア軍から派遣された人材によって指揮運営されることになった。このときロジェストウェンスキーは三五歳である。その独立心と責任感が、六隻の砲艦を率いる艦隊司令官に適切と判断されたのだろう。彼はブルガリアに赴任するさい、ロシア海軍の二隻の水雷艇を加える約束もとりつけた。

だがロシア人陸相は、ブルガリアに海軍が必要だとはみなさなかった。その陸相はロジェストウェンスキーが持参した水雷艇を、ドナウ河のハシケを引くタグボートとして利用し始めた。ロジェストウェンスキーが怒らないはずがない。争いはいつ果てるともなくつづいた。

彼はその間にも、精力的に新ブルガリア海軍将兵の育成につとめた。さらに、今も残るブルガリア海軍博物館と海軍技術協会を設立した。ロジェストウェンスキーは、国家の伝統こそが優秀な将兵を育てるという固い信念をもっていた。だが二年後、任期は突然終了した。ロシアのアレクサンダー三世はブルガリアの東ルメリア併合の方針に反対し、全ロシア人士官の帰国を命令したのだ。

一八八六年から八九年の間は、ロジェストウェンスキーにとって最も穏やかな海軍将校の一時だった。大半をバルト海における艦隊勤務ですごした。やがて一八九〇年、突然、新しい魅力的な任務が舞い込んだ。ウラジオ艦隊所属のクリッパー、『クライセル』の艦長に任命されたのだ。

ウラジオに到着し、数カ月は北太平洋をパトロールしたが、秋、バルト海のクロンシュタットへの回航を命じられた。そして、スエズ経由の「ロジェストウェンスキー航海」を成功させた。将校にも水兵にも一人の脱落者も出さず、結氷期明けに予定通り『クライセル』がクロンシュタットに現れたとき、海軍省は高い評価を与えたに違いない。

一八九二年、ロジェストウェンスキーは駐在武官としてロンドン駐在を命じられた。そこでの仕事は、ロシア海軍がイギリス企業に発注した各種資材の検収や新規契約交渉、さらにはイギリス海軍の情報収集、新軍事技術の探索だった。

当時のロンドンは現在とは異なり、東京やニューヨークを圧倒する人口を誇る近代都市だった。地下鉄が走っており、全世界でロンドンのほかに地下鉄がある都市は、スコットランドのグラスゴーだけだった。ただし、地上は馬糞で黄ばみ、大気は煤煙《ばいえん》の汚れで昼でも暗かった。

ロジェストウェンスキーは、ここでも海軍省と衝突した。本国にいて資材調達にあたる将官がイギリス企業からリベートを受け取っていることを、本省に内報したのだ。本省の返事は「出すぎた真似をするな」だった。イギリスの湿った冷涼な気候も、彼の体には合わなかったようだ。リューマチを患《わずら》い、何カ月か寝込んだ。ロジェストウェンスキーの生涯変わらぬ反英意識は、ここで固まったに違いない。

二年半の滞英生活の後、イギリスを親善訪問していた『モノマフ』(2)の艦長に任命され、そのまま帰国した。一八九四年秋、『モノマフ』は地中海艦隊所属を命ぜられた。そのとき、地中海艦隊司令長官はマカロフだった。マカロフはウェスタ号事件のさいの恨みを忘れていなかったはずだが、ロジェストウェンスキーの『モノマフ』における艦内秩序の維持と操艦について、高い評価を与えた。

翌年に入ると、日清戦争における中国の敗色が決定的となり、ロシアは、満州における権益維持のため、極東艦隊を増強することになった。地中海艦隊に増援の命令があったとき、マカロフが第一に指名したのはロジェストウェンスキーの『モノマフ』だった。二カ月をかけない早さで、『モノマフ』は長崎に到着した。これは巨艦としては、帝政ロシア海軍のレコードである。そこでロジェストウェンスキーは、日露戦争まで持ち越される新たな人間関係をもった。すなわち将来の極東副王、今の極東艦隊司令長官アレクセーエフ大公(3)が、『モノマフ』に将旗を掲げたのだ。

ロジェストウェンスキー・マカロフ・アレクセーエフ大公の三人が、将来の日本との衝突は避けられないと謀議をこらしたのは容易に想像できる。

## 激賞された砲術練習艦隊の演習

一八九五年の秋、クロンシュタットに帰ると、ロジェストウェンスキーには風変わりな任務が待っていた。砲術練習艦隊司令官である。目的は、洋上に砲術アカデミーを開催し、そこで砲術将校や下士官を訓練することだった。いわば自分の専門に戻ったわけだが、旗艦は『ペルベネツ』という老朽艦であり、ほかの艦も一世代古いポンコツだった。彼はそれから八年間、この職にとどまった。

途中でロジェストウェンスキーを有名にする事件が起きた。海防艦『アプラクシン』[4]の救助作業である。『アプラクシン』はバルト海のゴトラント島沖で座礁し、動けなくなってしまったのだ。船体を曳航する作業がすべて失敗したあと、ロジェストウェンスキーに救助作業の総指揮をとることが命令された。

彼は海底の岩場を爆破することを計画し、火薬量と設置位置を綿密に検討し、結氷明けの一九〇〇年四月、発破作業を実行した。計画通りの大成功で一時間後、『アプラクシン』は岩場を離れることができた。

一九〇二年八月六日、今度は大転機が訪れた。独帝ウィルヘルム二世がニコライ二世とともに、砲術練習艦隊の演習参観に訪れた。両君主が両国の海軍首脳や多数の侍従武官を伴ったのはいうまでもない。両君主は旗艦である巡洋艦『ミーニン』の司令塔に立ち、ロジェストウェンスキーは露天艦橋で指揮をとった。

ロジェストウェンスキーは、この多数の宮廷人や海軍将帥にまったく圧倒されることがなかった。むしろ艦隊運動と射撃に集中し、ほかのことなどまったく意識に入らなかった。艦隊のうちの一隻が突然信号を見誤り、ほかの艦と違う動きをした、その瞬間、ロジェストウェンスキーはもっていた双眼鏡を海に叩き込んだ。すぐさま副官のコロン中佐が代わりの双眼鏡を手渡した。ニコライ二世はそれに気づき微笑んだ。

ちなみに、麾下《きか》の艦艇が操艦を誤ったとき双眼鏡を海に放り込むロジェストウェンスキーの癖はなおらず、参謀長のコロン大佐はバルチック艦隊東征を前に、双眼鏡を五〇個買い込んだ。だが、マダガスカルまでに全部なくなってしまったという。

演習は順調に終了した。ニコライ二世はロジェストウェンスキーを激賞し、ニコライ二世に言った。「もし私の海軍に、ロジェストウェンスキーのような才能にあふれた提督がいてくれたら、幸福だろうと思います」。

ドイツ海軍の大立者《おおだてもの》として有名なティルピッツ海相を横にして言われたこの言葉に、ニコライ二世はいたく心を動かされた。ただちにロジェストウェンスキーを呼び、抱擁と接吻を与えた。ロジェストウェンスキーは敬礼しながら、直立して答えた。「敵を前にしても、同様でありましょう」。

ニコライ二世は、こういった武辺者《ぶへんしや》を愛するのが常だった。あるいは、父アレクサンダー三世がある晩餐会で、無礼な口をきいたオーストリア＝ハンガリーの大使に対し、銀のスプーンを折り曲げて投げつけた故事を思い出したのかもしれない。ニコライ二世は翌年三月、ロジェストウェンスキーを軍令部長に抜擢した。

# 第8章　機雷の攻撃的使用

## ヒョロヒョロ魚雷

日露戦争において魚雷は無力だった。日本の魚雷は停止した艦にしか命中しなかったし、ロシアの魚雷は発射記録はあるものの、まったく命中しなかった。なぜこのようなことになったかといえば、日露両海軍とも魚雷を改悪したためである。

魚雷を発明したのはアメリカ人ホワイトヘッドで、一八六六年のことである。ホワイトヘッドはこの発明が事業になると確信し、オーストリア＝ハンガリーのフィウメに自身が経営する「ホワイトヘッド魚雷製造アーゲー」を設立し、各国海軍にその製品を販売した。

当然、オーストリア＝ハンガリーが採用に一番熱心であったわけだが、仮想敵国のイタリアにも組立工場、また英仏には関連会社をもつなど、多国籍企業でもあった。ちなみにオーストリア＝ハンガリーで魚雷研究をしていた人物はトラップ男爵で、ホワイトヘッドの娘と結婚した。多くの子供に恵まれたが、不幸にして産褥熱《さんじょくねつ》で亡くなり、後妻となったのがザルツブルクの修道女マリアである。映画『サウンド・オブ・ミュージック』がそこから始まるが、これは余談である。

帝国海軍が日清戦争のとき使用した魚雷は、ホワイトヘッド社製ではなく、模造品であるドイツのシュワルツコップ社製である。当時は、非鉄金属、銅や亜鉛の値段が高い時代であり、真鍮《しんちゆう》を多用する魚雷は非常に高価だったから、廉価品を買ったのだろう。

ホワイトヘッド魚雷の最大の特徴は圧搾《あつさく》空気を使用することにある。これで動力を得るわけだが、問題は水中安定性である。スクリューを二枚もち互いに反対方向に回したり、水圧計によってフィンで一定の深度を維持したりなどは、どの素人でも思いつくことで、各国海軍当局はすぐに採用した。

魚雷の初めての実戦使用者は、露土戦争（一八七七〜七八）のドナウ水戦におけるロシア海軍だというのが通説となっている。ドナウ水戦でロシア海軍が使用した魚雷は、このどちらかを採用した程度のものである。実はこれだと、停止した船に命中させることすらも難しい。すなわち発射したあと、どこへ行くかわからないのである。

ロシア海軍は「時代の先端兵器「魚雷」でトルコ艦を撃沈した」と発表し、「水雷艇を指揮したのはマカロフである」と付け加えた。ホワイトヘッド社はそれを恰好の宣伝材料とした。ただトルコ海軍は、「外装水雷」によって被害をうけたとしている。

　これにより、マカロフは一躍魚雷の権威となった。そして面白いことに、もしドナウ水戦で魚雷使用例がなかったとすると、世界で最初に艦船を魚雷で攻撃した男は、東郷平八郎となる。すなわち日清戦争における豊島沖海戦（一八九四）の、『浪速』による『高陞』号撃沈である。（140頁以降参照）

　ともあれ、ホワイトヘッド魚雷は世界標準となった。日本では伊集院《いじゅういん》五郎(1)が魚雷の研究にも従事し、イギリス駐在武官時代、ホワイトヘッドのイギリス関連会社製魚雷の導入に尽力した。

　そして一八九〇年代後半に、ある画期的な発明がなされた。ジャイロの導入である。これにより水中走行安定性が格段に向上した。これについて各国とも最高の軍事機密としたため、誰が発明したかなど詳細は不明である。魚雷をもつ国の数だけ発明者がいることになっている。

　ただ、日本が日露戦争で使用したものは、走行安定のための後部フィンの取り付け方がホワイトヘッド・イギリス関連会社製のものと同一であり、イギリスから導入したものと知られる。

　ところが一九〇一年、海軍軍令部で奇矯な説が現れた。

水雷艇。後部に機雷を乗せている。これから敷設するのだろうか。

当時の魚雷はヒーター（加熱器）が併設されておらず冷走《れいそう》魚雷といわれるものだった。加速のためヒーター取り付けのアイデアが出たのは、一九〇〇年代後半のことである。冷走魚雷の能力は速度二二ノット、航走距離四〇〇メートルが一杯である。この二二ノットという速度は、日清戦争の巡洋艦『吉野』の速力とほぼ同一である。そしてジャイロを設置してもなお水中走行性は安定しなかった。

このため当時の水雷艇の戦術は、二〇〇メートル以内に接近し、敵艦の横腹に九〇度の角度で命中させるというものだった。すなわち助走を加えて、かつ偏角《へんかく》を少なくし、命中させねばならなかった。ヒーターが発明され、三〇ノットの速度が得られた第一次大戦における実戦例でも、やはり四〇〇メートル以内に接近しなければ、動く目標に対し魚雷は命中していない。

軍令部中佐の外波某はこの難しさを打開するため、魚雷の速度を一二ノット（時速二二キロ）に下げ、航

走距離を一四〇〇メートルに上げることを提案した。それはマカロフも主張していると
し、その「初めての魚雷攻撃者」の権威を利用した。

そして「甲種射法」なるものを案出し、敵艦の進行方向を予想して約一二〇〇メートルの距離を離し、三角状に発射すれば、一二ノットの速度で、すなわち約一〇分後にうまく命中してくれると説明した。

鈴木貫太郎[2]は、この提案に真っ向から反対した。そのような「ヒョロヒョロ魚雷」では命中しないというのである。このとき鈴木貫太郎は海軍省にいたが、上司を誘って徹頭徹尾反対し、海軍省と軍令部を二つに分けた対立となった。

ところが、対立が終息しないことに業を煮やした海相山本権兵衛は、鈴木らを下すことを決め、「ヒョロヒョロ魚雷」を裁可した。日露戦争の日本の駆逐艦・水雷艇は、この「ヒョロヒョロ魚雷」を抱いて、一キロ以上も先から敵艦へ、甲種射法で魚雷を発射していたのである。

鈴木貫太郎はこの猛抵抗のため、進級を遅らされた。そのため、このときの魚雷「改善」策の海軍省のハンコ欄には、大臣しか押印していないという。鈴木貫太郎はこのことを生涯、憤怒《ふんぬ》をもって語った。

「水雷戦術の問題のことですが、マカロフとは、その当時のロシア第一の戦術家です。その人の戦術書が日本海軍でも翻訳されてみなに読まれた。そのうちにその当時千メ

ートルくらい行く水雷を少し機械を加減すると三千メートルくらいまで行く。しかし速力は遅くなる。それを使用することをマカロフは主張しておった。有利のように書いてあった。私は水雷襲撃の実際の経験から絶対に反対をしたことがある。三千メートルも泳いだヒョロヒョロ水雷――そんなものは役にたたない。当たったって役にたたぬ。碇泊中の特殊な場合だけよりほかは用いられぬものだ、と随分極端にいいました。発射の時に、そんなものを使っていると日本の武士の魂が飛んでしまうぞとまでいったことがある」(『鈴木貫太郎自伝』)

鈴木貫太郎の憤怒は的中した。日露戦争では「碇泊中の特殊な場合」だけしか、魚雷は命中しなかった。旅順陥落の最中、沖に出て動けなくなった敗残の『セバストポリ』(エッセン)を「甲種射法」でもって攻撃したが、それでも水雷艇二隻が犠牲になった。『セバストポリ』はその後、自沈した。この事件のあと、東郷司令部は甲種射法を禁止した。しかし、いったん改悪した魚雷を元に戻せるものではなかった。

## 敵味方を区別しない機械水雷

防御水雷とは攻撃水雷(魚雷や爆雷など)に対する言葉で、日露戦争のころの防御水雷は大きく三種類に分けることができる。(一)視発《しはつ》水雷、(二)電気水雷、(三)機械水雷である。

(一) 視発水雷とは字のごとく、哨兵《しょうへい》が見たうえで爆発させるものである。たとえば海峡などに爆発物を設置し、衛所（見張り場）で敵艦が侵入を確認したら、その真下の水雷を爆発させるわけである。水雷には二通りあり、海底水雷と浮標《ふひょう》水雷がある。だいたいのところ電線をつなげ、それで発火させるのが普通である。
しかし、濃霧などで敵艦目撃に失敗すると、攻撃できない。ただ、味方船舶の通行は確保できる。また、安全性を期して衛所を二カ所以上設け、目撃が合致した場合のみ爆破させることもできる。

衛所には、掩護射撃ができる砲台が設置されるのが望ましい。海峡突入にあたっては、敵艦が手前で砲撃を行ない、衛所や砲台を事前に破壊することが予想される。その場合、敵艦の砲撃位置をあらかじめ予想し、視発水雷を設置することはきわめて有効であり、これを大前進《だいぜんしん》水雷と呼んだ。
(二) 電気水雷とは、敷設した水雷全部を、衛所で電気的にコントロールできる水雷である。すなわち敵艦が接近しつつあるなどの情報を得しだい、衛所でスイッチをONにして通電する。すると敵艦が接触すれば爆発する。
もちろん戦時でなければ、水雷など敷設する国はない。仮に敷設されていても、敵艦情報がなければスイッチはOFFになっているから、味方船舶の通行に損害を与えることはない。これが電気水雷の最大の利点である。しかし電気水雷は電線を海底に這《は》わせる必要があり、発見されやすいという欠陥がある。

薩英戦争では薩摩藩が錦江湾《きんこうわん》に、日清戦争では清国が旅順港口に電気水雷を敷設した。米西戦争ではスペインがマニラ湾に敷設したが、いずれも爆発しなかった（107頁参照）。

㈢　機械水雷の略が機雷である。日露戦争当時の機雷は、水深一〇〇メートルを超えては、なかなか敷設できなかった。このため大型艦は、水深の浅い場所を通行すること自体を避けるようになった。

外国では防御水雷（Mine）を、大きく管制型と接触型（コンタクト・マインまたは発明者からハーツ・タイプ）に分類する。日本でいう電気水雷と視発水雷が管制型であり、機械水雷が接触型である。

機雷は非常に危険な武器である。まず敵味方を区別しない。次に、機雷は海流などにより移動することがあり、ワイヤーから切断されれば海上を浮流するので、掃海《そうかい》が非常に難しい。高性能の金属探知機やソナーがなかった日露戦争当時は、とりわけ危険だった。旅順戦後、目視で掃海作業にあたった、吉田孟子《たけし》少将の述懐である。

「露国の浮流水雷を「ツノ」といい、日本のを「オケシ」といっていました。露国のは浮いている頭に角が見えます。日本のは子供のおけし頭が浮いているように見えたからです。（中略）二〇〇メートルくらいのところで艦を止めて小銃で射つのですが、大抵「ツノ」の方は角へあたるとドンと爆発して沈んでしまう。（中略）ところが、

「オケシ」の方は非常に恐ろしかった。これも見れば無論射ち沈めるのですが、これはいくら射っても爆発しないようにできています。その代わり当たって沈みますと、しばらくして、ズッと沈んで地面へついたときにショックでもって爆発します」（『参戦二十提督日露大海戦を語る』。現代仮名遣いに直した）

日露戦争後三年たっても、渤海湾や黄海における民間船舶の触雷事故はあとをたたなかった。

## 初めて機雷で戦艦を撃沈した男

旅順で鹵獲されたロシア海軍の機雷

防御水雷とは、その名の通り本来、防御目的で使われた。基地のある港の湾口や海峡・水路の入り口に敷設して、そこに侵入してくる敵船舶を触雷させ、またはそれと知らせて撃退することである。

だが小田喜代蔵《きよぞう》は(3)、防御水雷を攻撃的に使用できないかと考えた。防御水雷は実は一六世紀ごろから存在しており、水中に爆薬を仕掛けるだけでは「新兵器」とはいえない。日露戦争前の代表的防御水雷は電気水雷だった。

ところが小田は、電気水雷は防御目的にしか利用できないとして早くから棄て、研究対象を機械水雷一本に絞った。実は、これだけでも画期的なことであって、当時世界で機械水雷に着目した国は、日・露・独の三カ国に限られた。

イギリスではフィシャーが機械水雷に消極的で、開発に劣後《れつご》し、第一次大戦で大きな痛手をこうむることになった。

通常の機械水雷一個は全重量四〇〇キロ、炸薬重量二〇〇キロある。海底に重しをおき、そこからワイヤーを上に伸ばし、機雷本体につなげてある。水面下に敷設するのが普通であるため、事前に水深をチェックし、ワイヤー長を調節しておく。

敷設にあたっては、エレベーターで上甲板まで上げ、そこで一定時間後に作動するよう遅延スイッチを押し、レールで海中に投下する。海中投下後、ワイヤーが自動的に伸びるよう、小田は「小田式自動係維器」をまず発明した。

その後、一八九六年、二号機雷を発明した。これは発火装置を除いて、現在使用されている機雷と同じものである。一八九八年、海軍技術会議議長だった東郷平八郎の発案および西郷従道海相の裁可により制式武器として採用され、日露戦争の全期間使用された。二号機雷は全重量三九四キロ、爆薬量一八〇キロ、係維索径三一ミリ、水深七二メートルまで設置可能だった。

小田は機雷敷設船『蛟竜丸《こうりゅうまる》』も自ら設計した。日露戦争が勃発すると、港内に潜み、たまにしか出てこない旅順艦隊の戦艦を、なんとか一隻でも撃沈することはできないかと小田は考えた。現在からみれば当然のように聞こえるかもしれないが、当時としては破天荒《はてんこう》な考えだった。

なぜならば、防御水雷とは味方の基地・泊地・重要交通路を防衛するものであって、敵の基地に敷設するものではなかったからだ。魚雷敷設には問題点がいくつもある。点で設置すれば間隔が空きすぎ、衝突するかどうかは運まかせになってしまう。つまり敵の予想される航路に、点ではなく線で敷設しなければならない。また戦艦など水雷防御のため二重底の艦底をもつ船には、二発以上同時にあてる必要がある。小田は解答を出した。二つ以上の機雷を互いにロープでつなげばよい。

さらに、水深の問題がある。小田はできれば戦艦を狙いたかった。それがためには戦艦の深い船底に合わせてワイヤー長と満潮時の水深、位置を綿密に計算せねばならない。四月、ロシア艦は満潮時の午前九時前後の三時間しか出撃できず、また海岸砲の射程範囲までいったん達し、戻ることを常としていた。

そして小田は、これまでの撃沈したが修理されるというくり返しはぜひとも避けたかった。このため、旅順港外にある岩礁ルチン岩東方と、ある程度の水深がある地点に、線状に敷設することを計画した。

線状敷設は、敷設間隔をいかに正確にするかが鍵である。四月一二日深更、小田をのせた『蛟竜丸』は、船尾や舷側に機雷を提げた八隻の駆逐艦・水雷艇と団平船《だんぺいせん》（石炭積み込みに用いる小舟）を連れ従えて、旅順港外に向かった。

小田の面白いところは、駆逐艦や水雷艇の司令官に具体的敷設方法を任せたことである。このとき、団平船から機雷を落とし駆逐艦は警戒にあたる隊、船腹に機雷をとりつけ素早く落とす隊、船尾に機雷をつけ落とす水雷艇隊などさまざまだった。

機雷は一個四〇〇キロにも上る重量物である。それを、あらかじめ決められた敷設位置に投下せねばならない。また航路も重大であって、再び同じ位置を通過することは許されない。約二時間をかけ、平均一〇〇メートル間隔、四・三キロに伸びる機雷線をつくり終えた。

翌一三日、駆逐艦隊の小競り合いのあと、出羽艦隊が定例の港外パトロールに出て海岸砲の射程距離に近づくと、七時五五分、旅順艦隊司令長官マカロフが座乗する『ペトロパブロフスク』を先頭に出撃してきた。『ペトロパブロフスク』は沈船の少ない安全航路を選び、ルチン岩方面に突出した瞬間、艦首をロープにあて、そのまま二個の機雷を引き込んだ。機雷は艦の両側で炸裂して『ペトロパブロフスク』は一分半で轟沈し、マカロフは艦と運命をともにした。

この触雷＝撃沈は、あるいは二〇世紀の歴史を変えたのかもしれない。ニコライ二世は日記に、「何とも悲しい知らせがきた」と記した。同時にバルチック艦隊の東征を決心した。そして全世界に、ロシアはこの戦争に簡単に勝てないことを知らせた。

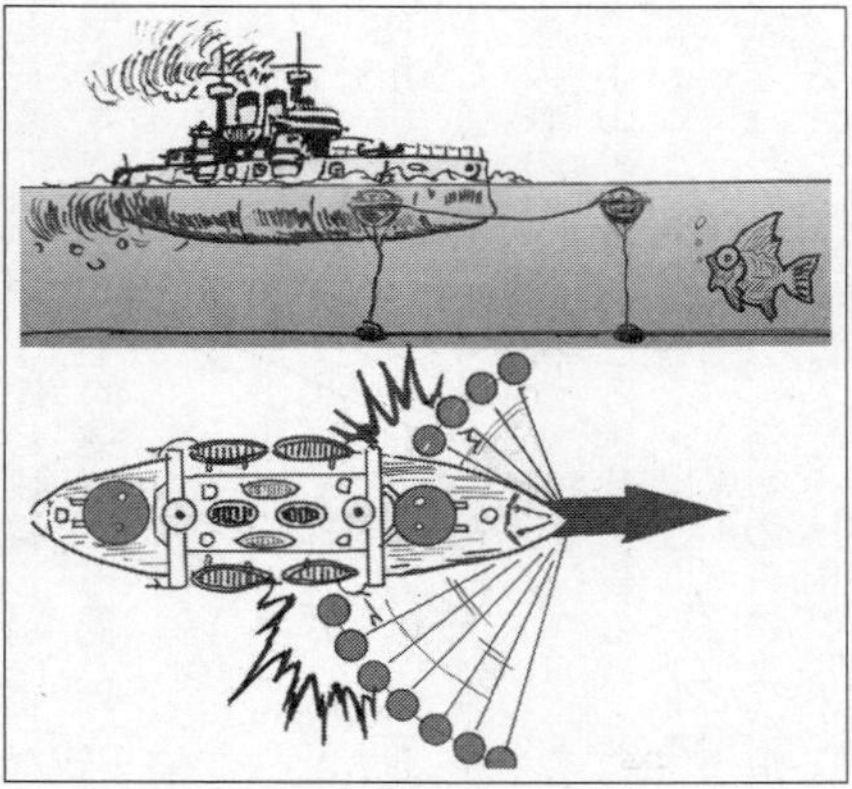

機雷の敷設

独帝ウィルヘルム二世は、ニコライ二世の心底を探るような電報をおくった。「マカロフが旅順港外で艦とともに戦死したという噂が聞こえてきました。これは事実でしょうか。もしそうだとするならば、あのように勇敢な提督を失われた陛下に心からの同情を申し上げます。提督は、また私の個人的な知己でもありました。また運命をともにした勇敢な兵士に対してもお悔やみを申し上げねばなりません」。

ロシアがマカロフ戦死の公電を出したあと、東郷平八郎は秋山真之に弔電をおくるべきかどうか尋ねられ、即座に「不要だ」

と答えている。よほど戦艦を撃沈したことがうれしかったのだろう。ただし海軍省は、マカロフの「科学的業績」を讃えた弔電をロシア海軍省におくった。

## 連繋水雷

『ペトロパブロフスク』撃沈は、機雷戦術に新局面を開くものだった。機雷を攻撃的に使用するという発想は、それまでの世界の海軍界にはなかった。当然、掃海という発想もなく、掃海艇もなかった。トロール漁船を改造した「掃海艇」が出現するのは、第一次大戦の中盤以降なのである。

小田の発明になる線状敷設も残った。第一次大戦において、トルコ海軍の機雷敷設艦『ノウスレット』はダーダネルス海峡に線状敷設を行ない、英仏のプリドレッドノート戦艦三隻を撃沈し、海軍のみによる海峡打通作戦を断念させた。

だがロシア海軍にも、小田に匹敵する水雷の鬼がいた。機雷敷設艦『アムール』艦長のイワノフ中佐である。イワノフも小田と同様に、攻撃的に機雷を使用できないかと密かに考えていた。イワノフの解答は「機雷原」だった。

すなわち、面をもって圧倒的な量の機雷を敷設する。味方艦隊は機雷原海図をもっているので、敵艦のみ触雷する。こうして五月一五日、戦艦『八島』『初瀬』の機雷による喪失という連合艦隊最悪の日が生まれた。

第一次大戦における帝政ロシアのバルチック艦隊司令長官は、この間活躍した巡洋艦『ノーウィック』の艦長（のち『セバストポリ』艦長）エッセンだった。エッセンは大戦が勃発すると、首都ペテルブルグに面するフィンランド湾に二万個以上の機雷を敷設し、ついにドイツ艦侵入を阻止した。

小田は機雷の攻撃的な使用として、さらに別の方法を編み出している。連繫《れんけい》水雷である。この方法を日露戦争前に発案しており、そのために一号機雷という特殊な浮標機雷を発明していた。一号機雷は全重量一二三キロ、炸薬重量四五キロ、深度索長六メートルである。

浮標機雷とは、「浮き」の下に小型機雷を吊るしたものである。軽量なため、専門的な機雷敷設艦がなくとも、三人がかり程度の人力で甲板から海中に投下できるという利点があった。

小田はヒョロヒョロ魚雷による駆逐隊の戦果不振を、一号機雷でもって打開することを提案した。方法は「二隻の駆逐艦が七〇〇〜九〇〇メートル幅でロープを引き、敵艦の前方から突進する。ロープの中央には二個の一号機雷をつなげる。そして、その二個の中央を敵艦の艦首に激突させる。駆逐艦はその瞬間にロープを放す。敵艦は慣性で前に進み、機雷は敵艦の両舷側で炸裂する」というものである。

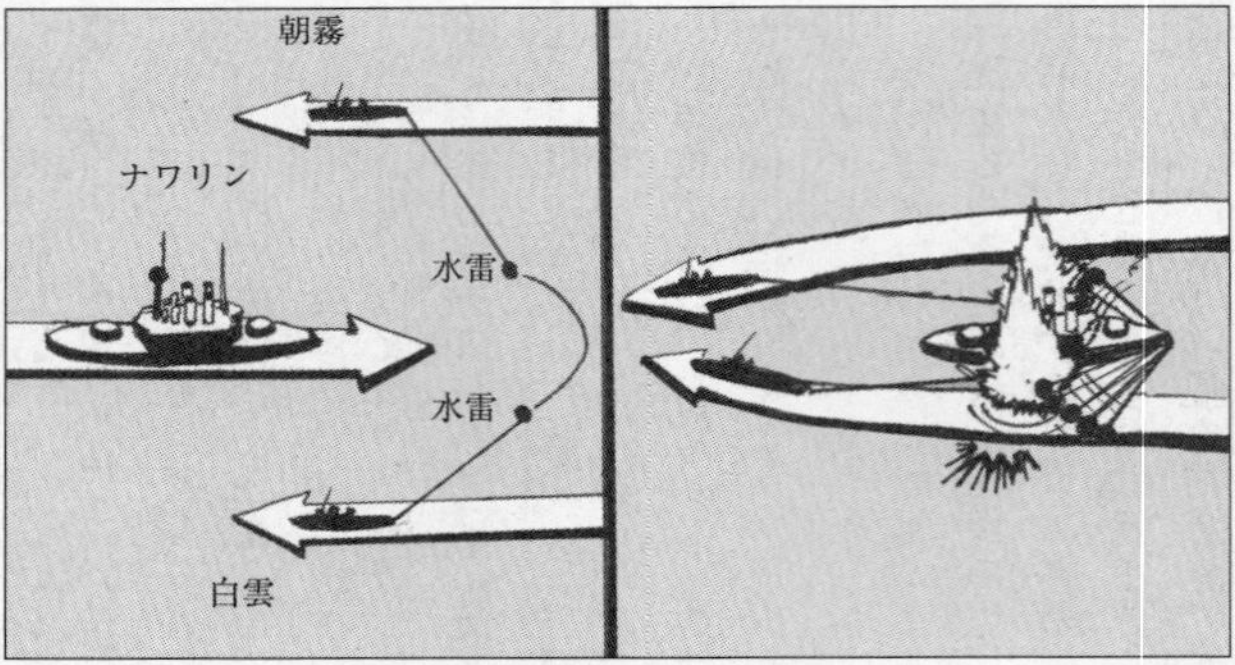


連繋機雷の攻撃法

小田は旅順陥落後、駆逐隊乗組員を交代で集め、この連繋水雷攻撃法の訓練を実施した。そして日本海海戦では具体的戦果をあげるに至った。この連繋機雷攻撃法は、日本独特のものであり、一貫して極秘とされた。だが、日露戦争以降平時になると、駆逐艦艦尾にレールを設置したり、浮標機雷を大型化させたりなど、改悪が相ついだ。

戦時では、水兵の犠牲を覚悟した非常措置・非常訓練ができるが、平時で命をかけた訓練はやりにくい。そして魚雷の航走距離が伸び、速度も上がると、連繋機雷は駆逐隊の武器としては徐々に必要性が薄れ、一九二七年制式兵器から除外された。それまで日本の駆逐艦は、一号機雷を二～四個常備していたのである。

# 第9章　旅順艦隊の全滅

## 東郷暗殺計画

日露戦争の冒頭、一九〇四年（明治三七年）二月九日の旅順港（口）外における奇襲は、成功とは言いがたいものだった。海軍省部内では、それとともに東郷司令部の甘さが指摘された。

当初の戦果確認は、戦艦一隻撃沈確実・戦艦一隻損傷・ほか四隻損傷だった。実際には、日本の水雷艇は魚雷により、港外に碇泊中の戦艦二隻（『ツェザレウィッチ』『レトウィザン』）と巡洋艦『パラーダ』の船腹に大穴をあけ、撃沈していた。

極東副王アレクセーエフは、旅順港が浅水港のため、満潮時しか出港できないことに悩んでいた。日本の国交断絶を知り、緊急の出撃に備え、むしろ戦艦を港外に出し、老《ろう》虎尾《こび》半島下に待機させた方が得策と考えたのが裏目に出た。

ところがロシア旅順工廠は、三隻ともポンプで排水のうえ港内に船体移動させ、ケーソン工法による修理に成功してしまう。撃沈したはずの艦が二月二五日の間接射撃のさい、港内で確認された。これは東郷司令部の大きな失点となった。日本側はロシアのケーソン工法について、捕虜の尋問により戦後になって知っただけだった（166頁参照）。

次に戦局が動いたのは四月一三日の『ペトロパブロフスク』の撃沈であり、ニコライ二世にバルチック艦隊派遣を決意させた。

反対に日本に衝撃が走ったのは、連合艦隊最悪の日、五月一五日の戦艦八島・初瀬の機雷による喪失である。公式発表は『八島』喪失のみで、『初瀬』の触雷・沈没が公開されたのは翌年五月末になった。海軍省は六隻の戦艦のうち、二隻を喪失したことに落胆した。連合艦隊司令部は、従来の近接包囲から遠隔包囲に切り替えた。

さらにウラジオ艦隊出撃により通商路が阻害され、六月に対馬東水道沖ノ島付近で陸軍輸送船『常陸丸《ひたちまる》』が撃沈されたことは、民心に暗い影を投げかけた。山本権兵衛が、飯が咽に通らなくなったと下僚《かりよう》に訴えたのはこの頃である。

三回にわたる閉塞作戦の失敗、戦果誤認、通商破壊、機雷による戦艦喪失によって、好調に前進をつづける陸軍と比較して、海軍は無能・無策ではないかと思わせた。

さてイギリス海軍は、日露戦争を近代的海戦が実見《じつけん》できるものとして期待し、エース級を観戦武官として派遣した。黄海海戦の手前まではトロウブリッジ（一八六二〜一九二六）で、その後ペケナムに代わった。ほかに二名、アシスタントがつけられているが省略する。

トロウブリッジは第一次大戦勃発時、地中海巡洋艦隊司令官にまで昇進した。イギリスの地中海艦隊は「二国標準主義」の謂われをなした艦隊で、その地位は高い。ところがトロウブリッジは、第一次大戦の緒戦で信じられないようなヘマをしてしまう。

チャーチル海相は戦争勃発とともに、次のような命令を地中海艦隊に発していた。

「優勢な敵に遭遇した場合を除いて、ドイツ艦隊を全滅させること」。

トロウブリッジはこれを機械的に解釈したあまり、巡洋戦艦『ゲーベン』と軽巡『ブレスラウ』二隻でしかないドイツ艦隊を「優勢な敵」とみなし、ダーダネルス海峡（トルコ方面）へ取り逃がしてしまったのだ。チャーチルの意図では、「優勢な敵」とはオーストリア艦隊を指した。

その後、イギリスにとり悪夢のようなことが起きた。巡洋戦艦『ゲーベン』を得たトルコは黒海制海権に自信をもち、ドイツとオーストリアについて参戦してしまったのだ。トロウブリッジは軍法会議予備審問にかけられたが、そこで次のような奇怪な弁論を行なっている。

「（黄海海戦の前）東郷平八郎は、同僚の悪口と暗殺計画を知っていたにもかかわらず、命令の精神から逸脱しようとしなかった。なぜならば東郷は命令に従うこと自体が善であり、上司の支持をとりつけることになると確信していたからだ。そうでなければ、敵を前にして撤退することなどできはしない」(Lumby "Policy & Operations in the Mediterranean 1924-14")

トロウブリッジによれば、東郷平八郎は「一隻も戦艦を失ってはならない」という命令を海軍省から受け取っていたため、黄海海戦のさい接近戦を挑まず、敵に大打撃を与えながら、あえて旅順湾口まで追跡しなかった。自分も「優勢な敵」と遭遇したので、東郷と同じように命令に従い、ドイツ艦隊との交戦を回避した、と主張したのである。

このなかでまた、トロウブリッジは東郷暗殺計画の存在を証言している。情報ソースは、英語がしゃべれる東郷司令部の参謀に違いない。参謀の思い過ごしとは思えず、連合艦隊司令部が、海軍省から刺客がおくられてくることを警戒したことは確実だろう。

連合艦隊は、五月一五日の連合艦隊最悪の日から八月九日の黄海海戦の前日まで、六月二三日を除いて、裏長山列島泊地から動こうとしなかった。遠隔封鎖という方針を守りきり、三カ月の緊張のなか、よくも耐えたといえる。イニシアチブを失った東郷平八郎は、陸軍になるべく早い時期の旅順要塞占領を要請した。乃木第三軍司令部は快諾した。そして、戦局は陸側から動いた。

## 永野修身の一二〇ミリ砲弾

乃木第三軍は激戦をつづけ、一九〇四年七月三〇日、旅順要塞の内郭《ないかく》防衛線の一部をなす大弧山を占領した。そこからは港内の大部が瞰制《かんせい》できる。重砲中隊を指揮した永野修身(1)は次のように回想した。

「翌九日――早朝観測所の山に登って、大望遠鏡をのぞくと、朝霧のなか、西港錨地の東端に近く二千噸余りの一商船が船体の上部だけを水面に出して撃沈されている、しかも、それればかりではなく、敵の戦艦『レトウィザン』、『ツェザレウィッチ』、『ペレスウェート』以下の巨艦が白玉山の南にあって西港錨地に碇泊しているではないか！　この光景に、黒井指揮官も亦、非常に喜ばれ「遺恨十年、遼東《りょうとう》還付の堪へがたき痛みを胸に包んで、臥薪嘗胆《がしんしょうたん》の苦しみを忍んだは今日あるを期したのだ、今偶然にも、敵艦隊の主力を双眸《そうぼう》に収むるの好機に遭遇した、この機を逸せず（後略）」と激励されたので、僕らも亦、かつて夢寝の間も忘れぬ不倶戴天《ふぐたいてん》の仇に巡りあった思ひで勇み立ち、早速、敵艦間接射撃用の標柱《ひょうちゅう》を立てたのである、（中略）午前八時五十二分、先づ、白玉山西麓の敵火薬庫推定位置に対して二、三発を見舞ってから、戦艦『レトウィザン』其他の軍艦に向って砲撃したのである」（『伯爵山本権兵衛伝』。引用に際して現代仮名遣いに直した）。

永野の放った弾は『レトウィザン』にものの見事に命中した。このとき永野修身は弱冠二四歳の中尉であるが、この回想には明治を生きた青年の躍動感がよくでている。以下はロシア海軍将校レンガートの手記である。

「八月九日、日本軍はわが錨地を砲撃したので、戦艦『レトウィザン』および『ペレスウェート』には砲弾多数命中し、『レトウィザン』は艦首の喫水部に破口を生じ、これがため、七〇〇トンの浸水をこうむり、『ペレスウェート』は多数の戦死者を出した」（レンガード『旅順篭城――剣と恋』）

永野の重砲は一二〇ミリであり、艦砲では四・七インチ砲に相当する。この砲は陸上ではともかく、海戦においては主に水雷艇対策に使われる。このとき永野は二門の砲のうち一つを膅発にみまわれ、失っていた。それでも黒井は膅発を恐れず、下瀬（火薬）を使えと命令した。この当時、膅発の原因が下瀬火薬[2]にあると疑われていた。だが下瀬火薬は榴弾向けであって、徹甲弾向けではない。一二〇ミリ榴弾で喫水線下の戦艦舷側に損傷を与えることができると思えない。セミョーノフはこれについて、

「『レトウィザン』には出撃に備え、陸上から回収した六インチ砲をのせたバージ（はしけ）が接舷していた。日本軍の弾丸はそのバージに命中し、『レトウィザン』に衝突させた。衝突箇所で装甲接合部分がゆるみ、そこから四〇〇トン程度浸水した。被害はそれほどでもなく、すぐ復旧した」（Semenoff “Rasplata”）

と書いている。セミョーノフの説明がより真相に近いと思われる。

大弧山占領による要塞の危機を察知したのは、ペテルブルグの方が現地旅順より早かった。旅順要塞全体が砲火に蹂躙《じゅうりん》されることを恐れ、ただちに旅順に緊急勅電がうたれた。

「セバストポリ修理完了あり次第、ウラジオストックへ向け出港せよ」

ウィトゲフト旅順艦隊司令長官（代理）は、永野の一二〇ミリ砲弾、勅電、『セバストポリ』修理完了により艦隊出撃を決意した。海軍陸戦重砲隊は、要塞陥落まで一二〇ミリ砲弾だけで一万七〇〇〇発を撃ち込んでおり、港内に留まる方針を続行すれば座して死ぬことになる。

ただし出撃はロシア海軍の基本方針に背反《はいはん》しており、第三軍による大弧山占領が決定的であった事実は動かない。被害はどうあれ、これから砲撃にさらされる海軍基地に止まることはできない。結局、旅順要塞の設計コンセプトに問題があり、内郭防衛線が泊地・市街地に近すぎたのだ。

**黄海海戦——一万メートルの砲戦**

ウィトゲフト旅順艦隊司令官（代理）は慎重に策を練っていた。連れて行くのは高速艦のみとした。これは輸送船を随伴しないことであり、石炭船もないことを意味する。

米西戦争でも、両艦隊は石炭船の運用に最大のエネルギーを使った。もちろん足手まといになるものを随伴しないのも決心である。

この結果、戦艦・巡洋艦・駆逐艦のうち、設計では一八ノット以上出せるものが選ばれた。『ツェザレウィッチ』『レトウィザン』『ペレスウェート』『ポベーダ』『ポルタワ』『セバストポリ』の戦艦六隻を中軸とし、『パラーダ』『ディアナ』『アスコルド』[3]の巡洋艦三隻、軽巡『ノーウィック』[4]に率いられた駆逐艦八隻である。

しかし旅順は、満潮時の朝九時前後しか出港できないという、浅水港ならではの欠陥を抱えていた。ウィトゲフトは、裏長山列島に連合艦隊が集結していることを知っていた。今回のような旅順脱出が目的であれば、本来、海戦は避けた方がよく、日没直前に会敵することを狙いたかった。

裏長山列島泊地にいた連合艦隊は湾口哨戒を担当する駆逐艦から連絡をうけ、ただちに出動した。このとき、ウラジオ警戒のため装甲巡洋艦四隻が割《さ》かれていて、東郷艦隊は『三笠』『朝日』『富士』『敷島』の四隻の戦艦、『春日』『日進』『八雲』『浅間』(ただし『八雲』『浅間』は第三戦隊)の四隻の装甲巡洋艦で編成されていた。

巡洋艦以上の主力艦は日本八隻、ロシア九隻である。ロシア巡洋艦は六インチ巡洋艦で、主砲が装備されていない。すなわち高速航行中の長距離砲戦には参加できない。したがって総合火力では、日本対ロシアは八対六に近い比率だった。

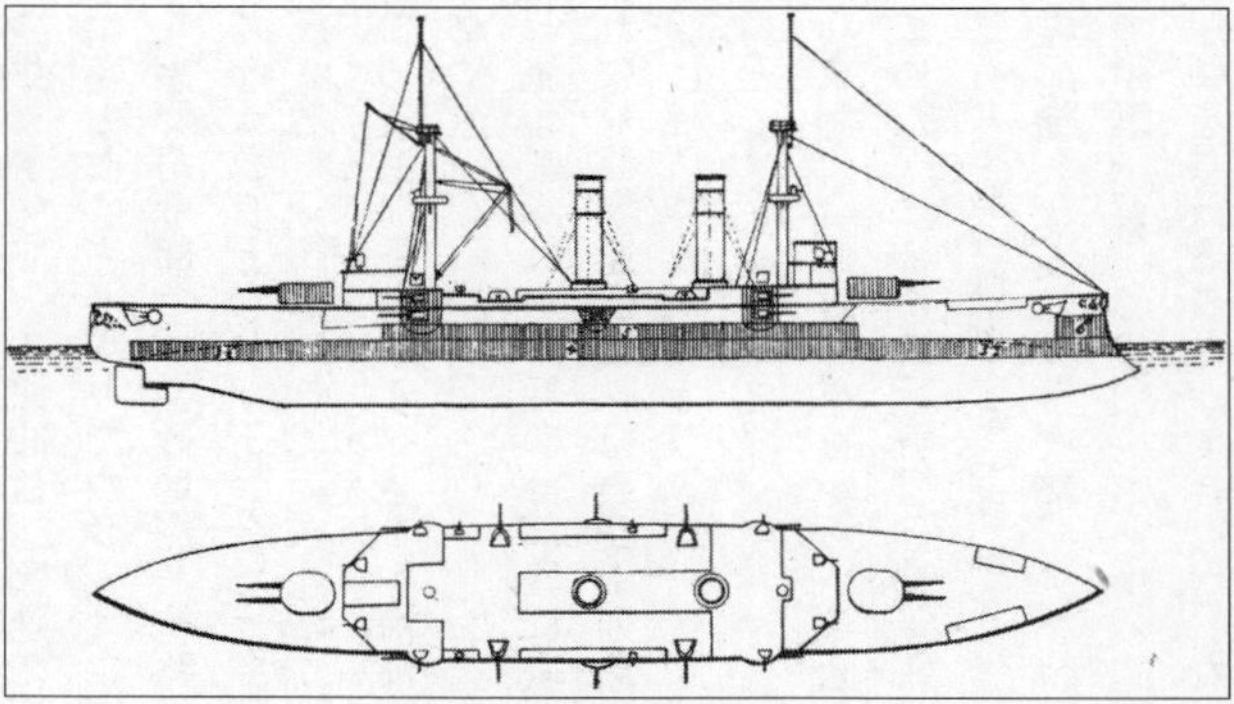

装甲巡洋艦浅間

さらに問題なのは、『ツェザレウィッチ』はバルチック艦隊主力と同様のボロジノ級であるが、『ペレスウェート』『レトウィザン』『ポベーダ』の三隻はペレスウェート級であり、『ポルタワ』『セバストポリ』の二隻はポルタワ級と一・三・二の有様で、艦型が揃っていなかったことである。ロシアは極東に造船所をもたず、外国やペテルブルグ工廠でつくられた艦を逐次回航したためだ。

『ツェザレウィッチ』の石炭積載量は七八〇トン、ペレスウェート級は二〇五〇トン、ポルタワ級は一一五〇トンである。当日は港を出ればただちに海戦を覚悟する必要があり、定格《ていかく》の石炭庫以外にむやみに石炭をおくことはできない。これは明白に航続距離に差を生じる。航続距離は、石炭積載能力が最小の『ツェザレウィッチ』に拘束されることになった。

ウィトゲフトの決心は、高速で海戦域を切り抜け、その後、夜になってから巡航速度に落とし、ギリギリでウラジオにたどり着くことだった。

東郷司令部で、会敵地点と航路選定を考えたのは秋山真之だった。秋山は戦後になって海大教官となり、「自分はこの戦争で国に奉公したのは戦略・戦術ではなく、ロジスチックス（輸送・兵站）であった」と語っている（山梨勝之進『歴史と名将』）。実際には、この黄海海戦と来るべき日本海海戦の部隊の編成と航路設定に最大のエネルギーを注いだに違いない。

旅順艦隊は八時五〇分前後に全艦隊の出港を終え、八ノットで南南東に向かった。これに対し、連合艦隊は裏長山列島泊地から南に向かい、十字型に交差するような形で会敵した。午前一一時四〇分、双方が敵旗艦を認識した。ここで、ウィトゲフトは速度を一三ノットにあげた。

東郷司令部は海軍省から、今回の海戦では「戦艦を一隻も失うな」という厳命をうけていた。このため、五〇〇〇メートル以内の砲戦は避けねばならず、まず反航戦《はんこうせん》（敵と逆行して戦う戦闘）から距離を開けたT字を切り、そのあと両側面から、後続する巡洋艦部隊とともにZ字攻撃、すなわち十字砲火にかける戦術をとろうとした。T字の段階で距離一万二〇〇〇メートルの砲戦が行なわれたが、短い時間にすぎず、双方有効な命中弾を与えることができなかった。

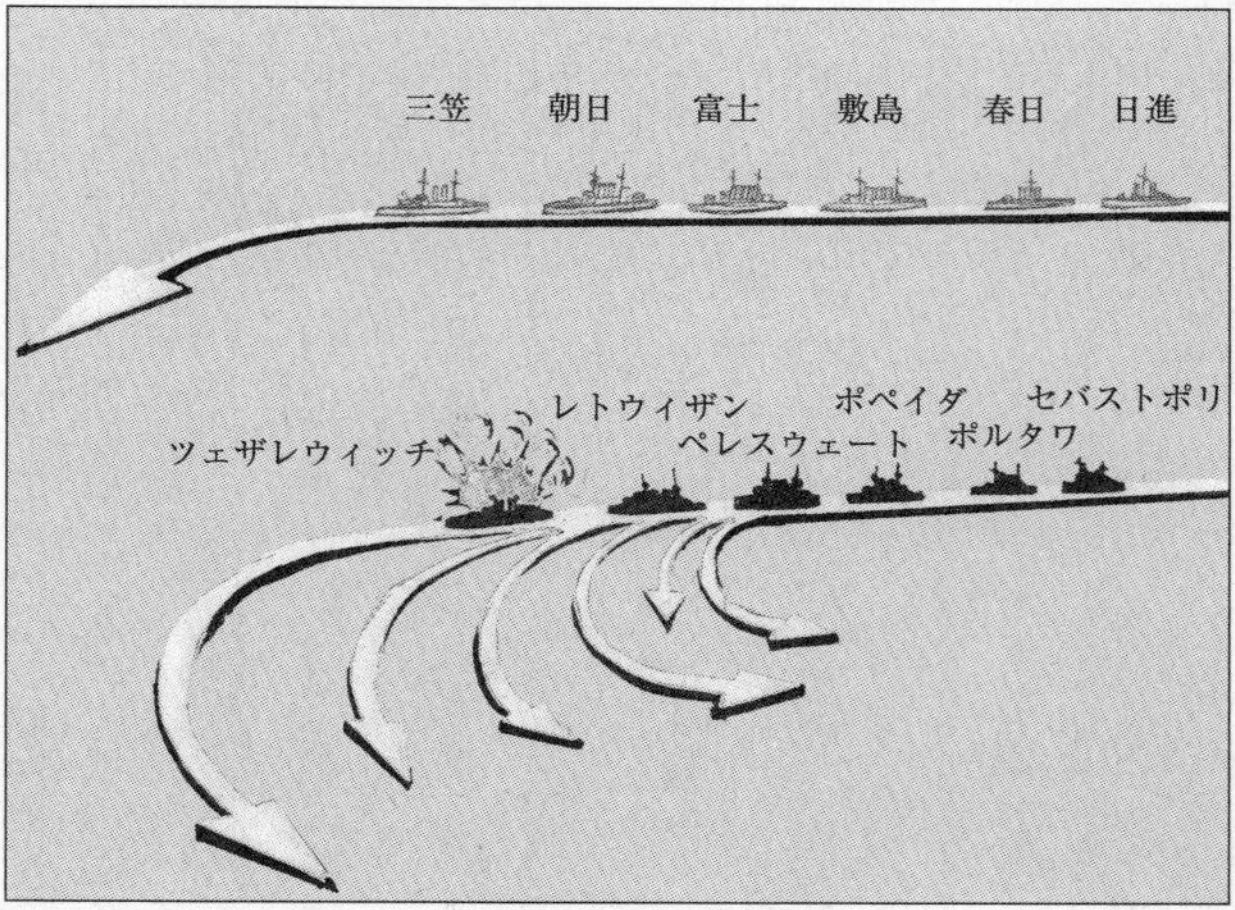


黄海海戦図（第二回戦）

連合艦隊の戦闘速度は一五ノットで旅順艦隊より速いが、一万二〇〇〇メートルもの距離を開けていたため、T字を終了したときウィトゲフトは連合艦隊の後尾をすりぬけた。旅順艦隊は予想を上回る高速で前進したため、T字から反転したとき、彼我の距離は二万メートルにもなっていた。

連合艦隊は反転して追いかける形となった。一五ノット対一三ノットで、開いた距離は二万メートルすなわち一一海里ほどであるから、二ノット差であれば、追いつくのに四時間、射程距離に入るのに三時間かかる。

これは東郷司令部にとって予想外の出来事だった。秋山真之は、石炭節約のためにロシア艦が戦闘速度に上げることは不可能だと思っていた。旅順からウラジオまでは八〇〇海里ほどある。一〇ノットで走って八〇時間かかり、石炭も八〇〇トンは費消するのである。それだけで、『ツェザレウィッチ』の常設の石炭庫にある貯炭量全部がなくなる。

午後四時四二分、連合艦隊は残り八〇〇〇メートルまでに追いつき、同航戦の形となり、双方が発砲した。連合艦隊はロシア艦隊を追い越し、取舵（左旋回）をとり、再度T字を切ろうとした。

旗艦『三笠』は徐々にすり寄る形で、敵の旗艦『ツェザレウィッチ』に接近した。東郷は露天艦橋に立ちつくしていたが、「戦艦を一隻も失うな」という命令を瞬時忘れていたに違いない。

そのとき『ツェザレウィッチ』の六インチ砲弾が『三笠』の艦橋司令塔に命中した。五人が戦死し、伊地知《いじち》彦次郎艦長以下数人の幕僚が重傷を負った。だが、露天艦橋にいた東郷はかすり傷一つ負わなかった。

両艦隊は距離七〇〇〇メートルを維持しながら、盛んに砲撃しあった。ウィトゲフトも『ツェザレウィッチ』の露天艦橋にいた。五時四二分、三笠の一二インチ砲弾がその露天艦橋を直撃した。ウィトゲフトの五体は飛び散り、わずかに片足だけ艦橋に残ったという。その後、さらに司令塔にも巨弾が命中し、舵手を吹き飛ばした。

舵手がいなくなった『ツェザレウィッチ』は、その場で回転を始めた。艦隊の指揮は

戦艦三笠

『ペレスウェート』のウフトムスキーに譲られた。だが砲撃戦が進行するものの、ロシア側の射撃はとうてい日本側に及ぶことはなかった。

ロシアの戦艦隊は東郷の戦艦四隻・巡洋艦二隻の第一戦隊に乱打され、巡洋艦隊は第二戦隊に叩かれた。砲戦は東郷が同航戦からT字を切りおわり、やり過ごすまで一時間二〇分以上つづいた。このような長期戦になると、一二インチ主砲は膅発を起こす。

主砲は連装砲塔に装備されており、一門の砲身が飛び散ると他の一門に当たり、砲身を曲げてしまうことから、二門とも使用不能になる。日本の戦艦四隻のうち三隻で膅発が起き、六門が使用不能となった。東郷は六時一二分、宵闇《よいやみ》が迫るとともに、ロシア艦隊を左舷後方におき去りにしつつ、戦場から離脱した。

ロシア側の各戦艦・巡洋艦ともに上部構造は破壊され、惨憺《さんたん》たる状態に陥った。『レトウィザン』が気罐故障を起こし速度を減じると、『ツェザレウィッチ』を除く戦艦四隻もそれに従った。だが、『ペレスウェート』のマストはすべて破壊されており、ウフトムスキーは将官旗をあげられないでいた。

戦艦隊に代わり、巡洋艦『アスコルド』が「我につづけ」とシグナルを出したが、その一七ノットの高速に追いつくことができたのは、『ディアナ』と『ノーウィック』だけだった。『パラーダ』も気罐故障を起こしていた。巡洋艦隊は戦艦隊の周りを二、三度まわったが、ついに同行をあきらめ、南をさして戦場を離脱した。

『ディアナ』と『アスコルド』も、ほとんどの上部構造は破壊され、浸水被害も激しかった。結局、修理できず、『ディアナ』はサイゴンで、『アスコルド』は上海で抑留され終わった。

ウフトムスキーは戦艦五隻と『パラーダ』を引きまとめ、朝八時の満潮に合わせ、死地旅順に戻った。落伍した『ツェザレウィッチ』は独領膠州湾《こうしゅうわん》に逃げ、そこで抑留された。旅順艦隊は砲戦でこそ一隻も沈没しなかったが、全部の主力艦を喪失した。

### なぜ旅順艦隊は敗れたか

東郷平八郎は、日本海海戦は勝つべくして勝てた戦いであるが、黄海海戦は本当に生死をかけた戦いだったと生涯を通して語った。

戦力の中心はロシア側戦艦六隻であり、日本側戦艦四隻、装甲巡洋艦四隻である。ロシアの砲術の特徴をなすのは、六インチ速射砲重視である。これを推奨したのはマカロフで、その著書『海軍戦術』には、六インチ砲の大口径砲に対する優位性が説かれている。だが、この海戦はマカロフ理論が誤りであり、主砲の有効性と六インチ巡洋艦の無能を証明するものとなった。

日清戦争の黄海海戦は距離三〇〇〇メートル以内で砲戦たけなわとなったが、日露戦争の黄海海戦では一万二〇〇〇メートルで開始されており、砲戦たけなわでも五〇〇〇メートル以上の距離があいていた。すなわち、この海戦は日清戦争の黄海海戦と根本的に異なるばかりでなく、日本海海戦よりも距離をあけ、より高速で砲戦が行なわれた。

黄海海戦は高速航行中の長距離砲戦に特徴がある。また、ロシアの長距離射撃能力は、おそらく当時のイギリスやドイツよりも進歩していた、と信じるに足る理由がある。日露戦争直前のロシアの実弾演習は、かなり長距離の動く目標を対象としていた。一九〇三年のロジェストウェンスキーによる砲術練習艦隊の演習のとき、ドイツの観察者が自国の演習よりも距離をあけていることに驚いている。

ところが、このときの演習の内容は、日本が黄海海戦で実行した斉射法より、ロシアの砲術が劣っていることも証明する。

いくら実弾演習といっても、主砲はせいぜい二発または三発しか射撃しない。なぜなら、一二インチ砲の砲身命数《めいすう》は二〇〇発ほどしかないためだ（『三笠』の原始砲身をつくったアームストロング社のマニュアルによれば一四〇発）。

演習で砲身をすり減らしては、いくら予算があっても足りない。このときロジェストウェンスキーがとった方法は、中央管制による射撃だった。

試射を一門の砲で行ない、熟練した弾着観測員が前後を的確にみてとり、距離を推定する。艦橋にいる砲術将校グループは、黒板手書きなどの方法により、距離を各砲台・砲塔に知らせ、各砲門は艦速に応じて苗頭《びょうとう》をマトの前方とみなして一発ずつ発射した。

このような中央管制による射撃は、米西戦争においてアメリカ海軍がとった方法と同一である。旅順艦隊も、この方法を採用したと推定される。ただ、動いている敵には難しい。

これに対し、連合艦隊は完全な斉射法、すなわち試射を複数の砲門で行ない、その弾着パターンを分析し、連続射撃につなげる方法を実行していた。これでは、連合艦隊と旅順艦隊の命中率の差が大きかったのは当然である。

さて、旅順艦隊旗艦『ツェザレウィッチ』は独領膠州湾で抑留された結果、その被害を全世界にさらすことになった。

黄海海戦でロシア艦が放った一弾試射

黄海海戦における戦艦敷島の斉射。手前の爆煙が後部主砲、少し開けて奥が前部主砲によるもの。四門の主砲が同時に射撃したことがわかる。

調査によると、一二インチ砲弾は十五発命中している。ところが、このうちの三発は一回の斉射で与えたものである。すなわち露天艦橋に命中しウィトゲフトを戦死させた一弾、後部艦橋を破壊した一弾、喫水線下に命中して溶接部分をずらしこみ、多少の浸水をもたらした一弾は、同一斉射の三弾なのである。

主砲四門を同時に発射して、夾叉《ストラドル》を与えたものであり（74～75頁参照）、完全な斉射法でなければ、このようなことはなし得ない。

『ツェザレウィッチ』には、ほかに八インチ砲弾が二発、六インチ砲弾が四十二発命中した。だが一二インチ砲弾は、六インチ砲弾の一〇倍の重量がある。つまり砲弾重量では一二インチ砲弾と八インチ砲弾の合計は、六インチ砲弾に対し、二倍以上の被害を与えるのに成功した。すなわち連合艦隊は世界にさきがけ、主砲が「役に立つ」ことを立証したのである。

ただ後半、日本側は徹甲弾も使用したが、一弾も『ツェザレウィッチ』の装甲を射洞《しゃどう》できていない。ほかのロシア戦艦五隻も上部構造が「蜂の巣」になるような被害をうけたが、『三笠』を除く日本の主力艦は、ほとんど命中弾をうけなかった。『三笠』には六インチ砲弾のみ、二十二発が命中した。『ツェザレウィッチ』と同様に、『三笠』の装甲は完璧だった。

これで海戦の勝敗の原因は明らかだろう。日本の砲術が上回っていたのだ。誤解してはならないが、水兵の訓練や「気合」はあまり関係がない。また主砲発射速度など機械設備に関連して説明されることもあるが、それも誤りである。ロシアのボロジノ級の砲塔設備は優秀で、主砲発射速度、二分につき一発は、日本の三笠級と同一である。

この海戦を観戦したペケナムから長距離砲戦の概況報告をうけ（当時船便のため三カ月後）、フィシャーは『ドレッドノート』と名づけられることになる副砲のない「オール・ビッグ・ガン・シップ」の構想を練った。

ただ上部構造をもがれ、攻撃能力を失ったとしても、艦の喪失とは別問題である。戦艦は上部構造が破壊されても、機関部は健全で走行に支障がないように設計されている。だが、旅順艦隊の戦艦五隻はなぜ、艦の喪失がほぼ確定的な、重砲弾の炸裂する旅順に戻ったのだろうか？　これが石炭残量と関係があることは明らかである。

当初のウィトゲフトの決心である「高速でウラジオへ駆け込む」、次の「高速航行中の長距離砲戦」が失敗だった。なぜかといえば、速度が多少不利か圧倒的に不利かで、砲撃戦において大きな差は生じない。有利な位置を占めるにはT字を切らねばならない。すなわち勝つためには、速度が敵艦隊を上回る必要がある。

黄海海戦の第二回戦では、ほぼ同数が舷側をさらしながら射撃している状態がつづいた。東郷にT字を切られたとしても、それほど不利ではない。敵艦の複数による射撃の一艦集中は後半戦で生じたにすぎない。

膠州湾で抑留された旅順艦隊旗艦ツェザレウィッチ

ウィトゲフトの海戦以降の作戦は「双方被害をうけるが、日没とともに砲戦は終了し、一日三〇〇海里進み、三日半かけてウラジオストックにたどり着く」というものだ。
高速航行は、石炭を多く使う。黄海海戦が終了した地点は、旅順から一五〇海里進んだところにすぎなかった。そこでウィトゲフトのあとをついだウフトムスキーは、ウラジオに向かうか南に向かうか、それとも死地旅順に向かうかの岐路に立った。ウフトムスキーはこのうち最悪の道、しかし苦痛の時間が最も少ない旅順をとった。おそらく一三ノットという高速を選んだため、各艦とも予想外に石炭を費消したのだろう。
独領膠州湾に逃げ込んだ『ツェザレウィッチ』は、二四時間で四八〇トンの石炭を費消していた。一時間に二〇トンの割りである。砲戦によって煙突に穴があき、蒸気が洩れるといった悪条件も加わったとみられる。『ツェザレウィッチ』がクラド中佐の説明の通り、常設の石炭庫と周辺に石炭を一一五〇トン積載したとすれば、残量は六七〇トンにすぎず、なお八〇〇海里を残すウラジオに到着することは不可能である（Klado "The Russian Navy in the Russo-Japanese War"）。

ウィトゲフトは「高速航行」が勝負の鍵とみていた。だが高速は砲戦の鍵であっても、ウラジオ到着の鍵ではない。

黄海海戦の勝利が、陸軍の力戦《りきせん》によったことも忘れてはならない。東郷平八郎が乃木《のぎ》希典《まれすけ》に会ったのは、その年の一二月二〇日だが、東郷はそのことを乃木の死後も忘れずに語った。

「まったくあの時は、感慨無量じゃった。最初は二人とも言葉が出なくてな。ただ黙って手を握りあっただけだったよ。乃木はよく戦った。まったく最善を尽して戦っていた。可哀想に二人の倅《せがれ》まで失ったが、悲しみも忘れて戦っていた。乃木はまったくいい男じゃった」（小笠原長生《おがさわらながなり》『東郷元帥言行録』）

黄海海戦は陸海共同を背景にした、鮮やかな連合艦隊の勝利であった。司馬遼太郎の言うような「ロシア軍艦は黄海では一艦も沈まないのに、すでにみずから敗北の姿勢をとった」（『坂の上の雲　四』）という状況は考えられない。石炭残量があり、艦が傷ついていなければ、どこの国の海軍も敗北の姿勢、すなわち艦を諦めたりしない。

ロシア将兵も、その海軍精神をもって祖国のため勇戦しているのであって、ウラジオに到着し、バルチック艦隊を率いるロジェストウェンスキーと合流して戦いたかったのだ。この点で、黄海海戦が連合艦隊にとり、旅順艦隊の一隻をもウラジオに入れてはならない戦いだった。

# 第10章　バルチック艦隊の東征

## ニコライ二世と日本海海戦

チャーチルは、ニコライ二世（一八六九〜一九一八）をこう評している。

「（第一次大戦の）戦後になって、ロシアのツアー制度とニコライ二世が我々に何の貢献もせず、ロシアの人民にも有害だった、という風潮が主流をしめている。とんでもない話である。ロシアが我々の側に参戦していた三十カ月の間、何があったのか想いだしてほしい。

一九一四年、パリを救ったロシア軍の絶望的なまでに献身的な攻撃、そして失敗、しかし翌年、圧倒的なまでに回復し武器弾薬を使い尽くしての攻勢、そして屈辱的な退却、さらにその翌年の全力を尽くしたブルシロフの攻勢、これらを見たら誰もがロシアの底力を認めざるをえない。確かにツアー・ニコライは気の弱い善良なだけの男かもしれない。

しかし一国の戦争指導にあたっては、成功しても失敗しても、その責任はすべてトップにある。このロシアの戦争努力にツアー・ニコライは関わっていないはずがないし、事実ツアー制度の中心として、ほとんど彼自身が一人で判断し実行したのである。彼とロシアが打ち倒されたとき、人々は彼の努力と行動に非難を浴びせ、またその思い出を辱める。しかし、それなら彼に代わってもっと良い決断ができた人物がいただろうか。小さなことをすばやく処理する役人、有能な軍人、また権力を握ろうとする野心家、こういった人物はいくらでもいた。だが、ロシアの名誉と生存がかかっている問題に回答を下したのはニコライ二世なのである。」(Churchill "The World Crisis")

第一次大戦中、ニコライ二世が同盟国との信頼関係を重視し、ひるむことなく戦争の完遂に努力し、ロシアの名誉を守るため、責任を一身に背負ったのは事実である。その結果、自身と家族の生命はボルシェビキによって絶たれることになった。しかし同時に、日露戦争の開戦責任と日本海海戦の敗北責任を第一に問われるべきなのも、またニコライ二世なのである。

ニコライ二世は、「鴨緑江で線を引き、ロシアが満州をとり、日本が朝鮮をとる」という日本の妥協案を最終的に斥《しりぞ》け、「鴨緑江の南側に砲台をつくる」という極東副王アレクセーエフの冒険的策略を裁可し、龍巌浦《りゅうがんぽ》事件(1)を引き起こした。

そのうえ二〇世紀前半では、もはや大国を運営する方法としては古くさく、王家にも国民にも不幸をもたらす絶対君主制に固執した。近代的人格をもちながら、中世の手法にこだわった。だが、美点も多く、家族を愛していた。一九〇四年八月、皇太子が生まれ、直後に血友病を患っていると知ったとき、どのような衝撃をうけただろうか。

国際人であり、英・仏・露・独の四カ国語を流暢にしゃべった。ニコライ二世は主要国の要人すべてと相手国の言葉で会話した、唯一のヨーロッパ大国の君主だと思われる。一九〇六年三月、フランス語の達者な本野《もとの》一郎(2)が駐露大使として赴任してからは、日本人と直接会話できるようになり、日露関係は急速に好転している。

ニコライ二世

敬虔《けいけん》なロシア正教徒でもあった。ニコライ二世が日本人を「猿」と呼び、イギリス人を「ユダヤ人」と呼んだのは有名である。さらにユダヤ人を「狂ったユダ公」と呼び、ボルガ河下流におけるポグロム(ユダヤ人迫害)を放置したこともあった。このなかに、宗教的偏見を見るのは容易だろう。ニコライ二世が、単に信心深かったのか、ロシア社会の維持には宗教的なことが好ましいとみたのか、判断がむずかしい。

それに加え、ニコライ二世は、宗教者によくみられる「一度言い出したらきかない」という性格ももっていた。だが、それは必ずしも復讐心が強いということではない。ニコライ二世の日記には毎年必ず、五月一一日に大津事件を記念する記事がある。これについては、命を永らえた幸運を神に謝するという意味が強く、復讐心をもちつづけたのではないという解釈が主流なようだ。(保田孝一『ニコライ二世の日記』)[3]

海軍軍令部長ロジェストウェンスキーが、戦争勃発直後、最初にバルチック艦隊の東征を言い出した。両艦隊「合流戦略」により東郷の艦隊を打倒し、「極東制海権の確保」による戦争勝利を主張した。

一方、ニコライ二世は人事、すなわち旅順艦隊司令官スタルクをマカロフに代えることによって局面打開をはかろうとした。ところがマカロフは、赴任後一カ月にして四月一三日、旅順港外で戦死した。

ニコライ二世がロジェストウェンスキーの主張を肯定し、バルチック艦隊派遣を決心したのはこのときである。だが「合流戦略」、すなわち両艦隊を併せて東郷の艦隊に当たるというロジェストウェンスキー案を、真剣に理解していたのか疑わしい。

極東回航と海戦勝利は意味が異なる。単に極東回航であれば、海戦は避けるにしくはない。ところが、ニコライ二世は常に「極東制海権の確保」を要求した。これは東郷艦隊に海戦で勝たねばならないことを意味し、単なる回航による合流や艦隊温存策以上の好戦的、または決戦主義的な主張である。そして戦力において、バルチック艦隊単独でも東郷の艦隊を凌駕《りょうが》しなければならない。この姿勢は、日本海海戦における大敗北の全貌が判明するまで変化がなかった。

ロシア海軍は、ロマノフ家の「大公」が世襲する海軍総裁が統括した。この時代の総裁は、ニコライ二世の叔父のアレクセイ大公である。まぎらわしいが、極東副王アレクセーエフ大公はこの人物と別で、ニコライ二世の非嫡出の伯父にあたる。

従兄弟にアレクサンダー大公がおり、提督の肩書きをもち、宮廷内部で海軍戦略や外交政策についてサークルを形成していた。極東で穏和な漸進策《ぜんしんさく》を説くウィッテと対立したのはこの人物であり、龍巌浦事件の黒幕ベゾブラーゾフの友人でもあった。

そして、軍令部長と並列するかやや高い地位の海軍大臣はアベランである。アベランは海に出ない提督だが、長年デスクワークにたけ、アレクサンダー大公が主宰する海軍宮廷サークルと軍事・軍政とを調整する立場にあった。

一九〇四年四月三〇日、ニコライ二世はロジェストウェンスキーを第二太平洋艦隊司令長官に任命した。バルチック艦隊回航のための手続きが開始されたのはこのときからであり、事実上すべての決定がロジェストウェンスキーの双肩にかかっていた。

五月から八月まで、ロジェストウェンスキーは一日一八時間働き、希望に燃え、もって行くべき艦を選定し、それらの艦に必要な資材を入れ、乗組員を補充し、よいコンディションにおくことにすべてのエネルギーを注いだ。

「合流戦略」の下では、回航すべき艦隊が単独で東郷艦隊に勝利する必要はなく、旅順・ウラジオ艦隊と合一した条件で勝てればいいわけである。ロジェストウェンスキーは、ボロジノ級戦艦四隻を中軸として、戦艦『オスラビア』と巡洋艦隊、駆逐隊があれば十分と考えた。

ところが、六月ごろから旅順の陸の戦況が悪化した。すなわち南山《なんざん》を抜かれ、旅順が外部との連絡を断たれるとともに、ロシア満州軍主力は遼陽《りょうよう》方面に退却した。乃木第三軍は前進をつづけ、七月二六日、旅順内郭防衛線の一部である大弧山への攻撃を開始した。

これはペテルブルグの海軍当局に大きな衝撃を与えた。その距離まで迫られると、市内と港湾は重砲の射程距離に入ってしまううえ、大弧山から港内を瞰制されてしまう。ニコライ二世の出撃を求める緊急勅令電報が、旅順艦隊司令官(代理)ウィトゲフトに打たれた(203頁参照)。

基地がなければ艦隊は維持できないと、海軍軍人はしばしば主張する。しかし勅電の内容=出撃が、基地よりも艦隊を重視しているのは明らかである。ニコライ二世は、バルチック艦隊東征により極東制海権を確立し、戦争そのものを勝利に導びこうとした。ニコライ二世は艦隊を長駆《ちょうく》攻撃しうる手段とみなしており、ロシア海軍省は陸上基地を艦隊にとり必要不可欠と考えていて、両者には相違があった。

それから十年後、ドイツ東洋艦隊のシュペー提督は山東《さんとう》半島の青島《チンタオ》から太平洋を横断し、マゼラン海峡を過ぎるところまで行くことに成功している。要所に石炭船や民生品を積んだ貨物船を配置できたためであり、自国商船隊があれば長距離航海は不可能ではない。

ところがロシアは、極東までの間、ギリシャのクレタ島以外、基地を保有しない。ロシアは商業海運に遅れ、この時点で自国商船隊に値するものをもっていなかった。黄海海戦においても、石炭船を東シナ海やバシー海峡に遊弋させることができなかった。バルチック艦隊は基地からも自国商船隊からも、補給をうけられないことが確実だった。

だが陸戦とそれにつづく黄海海戦の結果は無残で、旅順艦隊は全滅し、交通線を回復できない旅順要塞は風前の灯となった。極東に二つしかない海軍基地が一つとなり、そのうえ合流すべき艦隊の全滅は、海軍作戦全体を狂わすことは必至である。しかしニコライ二世は、そう思わなかった。

八月二四日[4]、ニコライ二世はペテルホフ（夏宮）にバルチック艦隊東征の可否を決める御前会議を招集した。

夏宮はフィンランド湾に面した東京・赤坂迎賓館に似た建物で、内部は金ピカのロココ趣味で統一されている。そこに、アレクセイ海軍総裁、アレクサンダー大公、アベラン海相、サハロフ陸相、ラムスドルフ外相、ロジェストウェンスキー海軍軍令部長の六人が参集した。

ロジェストウェンスキーは、旅順艦隊の全滅は確実で、東征の前提がもはや成立しないことをよくわかっていた。だが、皇帝の一度言い出したらきかない性格を知っており、自分が発案した東征をやめると主張することはできなかった。

その代わり、アルゼンチンとチリの装甲巡洋艦七隻の購入を冒頭から主張した。諜報網から、イタリアで建造されたアルゼンチンの二隻（『春日』『日進』）が、どうやら、こともあろうに日本に買われたことは確実だとうすうす知らされていたが、確証がとれていなかった。

アルゼンチンは、この二隻のほかに、『日進』と同型の『サンマルチン』、六インチ巡洋艦の『プエイルドン』『ベルグラーノ』をイタリアで建造したが、すでに本国に回航ずみだった。

イギリスで建造されていたチリの二隻（実際には戦艦二隻であり、チリは日露戦争中、「売り物」ではないと言いつづけた。戦争終了後、イギリスが買い取った）についても、交渉はあまり進んでいなかった。

もし七隻が購入できれば、戦艦三隻（機雷による二隻喪失を三隻と取り違えていた）と装甲巡洋艦六隻からなる東郷艦隊に対し、バルチック艦隊主力だけでボロジノ級戦艦四隻と装甲巡洋艦八隻（戦艦『オスラビア』を装甲巡洋艦にみたてたうえで）となり、十分対抗できる。ロジェストウェンスキーの本意は、アルゼンチンとチリからの購入が可能でなければ、東征を取りやめるべきだという点にあった。

次に、ロジェストウェンスキーは、「出港を多少遅らせるべきだ」と述べた。というのは、当時のウラジオは結氷が厳しく（現在は厳冬期三週間に限られるが、当時は、場合によると一二月から三月の四カ月間結氷した）、極東到着は三月以降にしなければならない。「出港を多少遅らせるべきだ」＝「到着は三月以降」と主張することによって、バルチック艦隊を東征させても、旅順要塞の陥落以前に到着することは不可能だと示唆したわけである。

ロジェストウェンスキーは「出港を多少遅らせ」、仏領マダガスカルに一二月から一月までに到着し、そこでアルゼンチン・チリ艦を待てばよいと結論づけた。

予想外にサハロフ陸相が反対した。サハロフは、「陸軍が総反攻に出ることができるのは来年の三月になる（クロパトキンの九月遼陽攻勢は失敗だと予想している）、したがってそれに合わせ、艦隊も三月に出ればよい」というのである。

アレクサンダー大公もサハロフに賛成した。アレクサンダー大公は、陸軍はウラジオストックも持ちこたえることができないのでは、と疑っていた。それならば、来年の春まで様子をみた方がよい。

ロジェストウェンスキーは、この議論に賛成すべきだったのだろう。だが、ニコライ二世がそれでは納得しないと思ったのか、マダガスカル先行案を再度主張し、理由を二つあげた。

第一に、マダガスカル先行案は主力を喜望峰回りとし、小艦艇をスエズに行かせることにより、危険分散を図ることができる。ロシア海軍は、日本がイギリスの了解を得て、狭い運河の両側に水雷発射施設をすでにつくっていると疑っていた。第二に、ハンブルク＝アメリカン汽船[5]に石炭購入の手付金を支払済みのため、不測の損害をうけかねない。アベラン海相が手付金問題をとくに強調して、賛成にまわった。これに全員が了解するにいたった。だがニコライ二世は、この会議の参加者の「旅順艦隊が全滅した以上、バルチック艦隊東征そのものを中止すべきだ」という真意を、ついにわからずじまいだった。

ロジェストウェンスキーはダメ押しのつもりか、「中国の一部を占領し、基地とするのはどうか」と提案した。これは、旅順・ウラジオの両基地をともに喪失したことを想定しての議論である。ラムスドルフ外相が、「それはイギリスまたはアメリカの介入を招く」と反対した。

それでは、「ペスカドーレ島（澎湖《ほうこ》諸島）はどうか」と再度提案した。だがこれも、サハロフが、「日本の領土を占領するというなら、それはペスカドーレでも長崎でも函館でも同じこと、すなわち、そこで陸戦をやるしかない。それは海兵団（陸戦隊）を乗せない計画である以上、不可能だろう」と反論した。会議はこれをもって終了した。

ロジェストウェンスキーの真の狙いは、とりあえずマダガスカルまで行けば、旅順艦隊全滅と要塞陥落が明確となり、またアルゼンチンとチリからの装甲巡洋艦購入の難しさもはっきりするので、東征は中止になるだろうというものだった。

**クロンシュタット出港**

御前会議の一九日後の九月一一日、ロジェストウェンスキーはバルチック艦隊を、クロンシュタットからレーベリ（現エストニア領タリン）に向け、出港させた。そのときまでに、マダガスカルまでの航路が決定された。彼の主張通り、主力部隊は喜望峰回りとされた。公式発表の理由は、スエズ運河が浅いため、主力艦であるボロジノ級戦艦が擱座しかねないためだとされた。

これは、真っ赤なウソである。ボロジノ級一番艦の『ツェザレウィッチ』はフランスのツーロンで建造され旅順に回航されたが、そのときスエズ運河を通過しているのである。ロジェストウェンスキーの不安は、日本の単なるスエズ運河水雷攻撃に止まらず、日英共同作戦にあった。すなわち、イギリスが中東にもつ植民地を、日本へ海軍基地として提供すると疑った。

日英同盟は公開条約であり、条文の適用範囲は東アジアに限定されている。これと離れても、第三参戦国が出現してからの防守同盟であり、局外中立を宣言したイギリスが日本に海軍基地を提供できるはずがない。露仏同盟は秘密条約であるが、同様に日本を対象としていない。

その結果、局外中立を宣言したフランスは戦時国際法が定める範囲、すなわち領海内(三海里以内)に二四時間以上、ロシア艦隊をとどめることはできない。ところが、ロシア人はフランスの了解なしに、仏領マダガスカルを基地として使用することを決定しているのである。ロシア人は法治観念が欠如していたのか、日本人も同様のことをやると曲解した。

ただ司馬遼太郎は、膠州湾で『ツェザレウィッチ』が抑留された件について、「ドイツ官憲としては、同盟国としてたとえ国際法を犯してでもこれをいたわるべきであった」(『坂の上の雲　四』)と書いている。司馬も法治観念が欠落していると考えざるをえない。そもそもロシアとドイツは、同盟関係になかった。

局外中立国が、交戦国に基地を提供したり敗残艦を匿《かくま》ったりするのであれば、初めから交戦国になればよい。そうなると、日英同盟が適用となる。これが軍事同盟による戦争抑止効果である。

一〇月九日、ニコライ二世はロマノフ家一族、生後二カ月の皇太子アレクセイ、皇后アレクサンドラ、皇太后マリア＝フョロドーブナ、妹であるギリシャ王妃オルガ、アレクサンダー大公夫妻、妹のクセニア内親王を連れ、汽車でレーベリに到着した。

翌日、壮行観艦式が挙行された。ニコライ二世は水雷艇に至るまで二二隻を訪問した。ギリシャ王妃オルガはそれに同行し、エルサレムの聖ゴルゴダ教会作成の真珠で飾られた聖母十字架を護符《ごふ》として各艦に配り、ロシア正教のしきたりで、各艦長の頰に三回接吻した。

だが、ニコライ二世が主宰した晩餐会は、必ずしも良い雰囲気ではなかった。ロジェストウェンスキーは「バルチック艦隊が極東に到着した暁には、旅順艦隊は存在しない」とくり返し説明した。ニコライ二世はうなずいたが気分を悪くすることなく、ロジェストウェンスキーをそのつど励ますのだった。

一〇月一二日レーベリを出発、二日後リバウ（現ラトビア領リエパヤ）に到着し、真水《まみず》・石炭・食料を積み込んだ。だがその最中、『シソイ』が錨を失った。ロジェストウェンスキーは、その長い航海の出発予定日に起きた事故に激怒した。

だがこれは、トラブルのほんの第一回目であって、長い航海中、予定を遅らせる数十度の事故が発生した。予定より一日遅れ、一〇月一五日、バルチック艦隊はロシア領最後の地リバウを出発した。クロンシュタットから一カ月以上かかったわけだが、ウラジオの結氷明け待ちのため、急ぐ必要がなかったからである。

この日、ニコライ二世は非常に感傷的な記事を日記につけている。「今日、正午ごろ、わが第二太平洋艦隊がリヴァウ軍港を出港し、多難な長い航海に出た。神よ、途中が平安で、無事に目的地に到着し、ロシアの幸福と利益のために、その困難な任務を遂行するよう助け給え」(保田孝一『ニコライ二世の日記』)

一〇月一八日、皇太子アレクセイの誕生記念日に、ロジェストウェンスキーは中将に昇格した。

ロシア人の誰もが、七つの海を支配するイギリスと同盟を結んだ日本は、バルト海であろうが北海であろうが、水雷艇を出没させることができると想像した。すなわちリバウから向こうは敵の海なのである。

ロジェストウェンスキーはさらに慎重を期して、内務省＝海軍省経由でヨーロッパ各地の日本の軍事展開をスパイ組織によって調査させた。ところが、ロシアの軍事情報のとり方、すなわちスパイ組織は全部エージェント方式なのである。

このエージェント方式とは、在外公館の駐在武官や外交官が直接情報を取得するのではなく、エージェントすなわち金銭などで雇われたスパイに任せることである。ソ連時代のKGBもこの方法を踏襲した。

ところがロシアは、国外亡命した社会主義者や無政府主義者の取締り目的のものしか、在外スパイ組織をもたなかった。このためヨーロッパからシンガポールにかけてのスパイ組織は、従来の反政府主義者の取締り目的のものをそのまま流用した。これは完全な失敗だった。

エージェントは報酬を多額に受け取るため、ヨーロッパからシンガポールのあらゆる地域に日本の水雷艇が出没していると、内務省＝海軍省に情報をおくった。これは奇怪なことだが、一方で当然である。

なぜならエージェントは、日本水雷艇の「発見」「確実」「予想」という情報ごとに金銭を与えられる。したがって、発見できませんでしたというのでは、エージェントの存在価値は失われてしまう。与えられている命令は「日本水雷艇を発見せよ」なのである。

## ドッガー・バンク事件

ロシアのスパイ＝エージェントは北海への出口、スカゲラック海峡に日本水雷艇がいる可能性があるとの情報をもたらした。スカゲラック海峡を通過し、そこにいないとなると、イギリス本土の東海岸グレート・ヤーマス近辺から日本の水雷艇が出撃してくることが「確実」と知らせてきた。

ロジェストウェンスキーは、スカゲラック海峡通過のときから露天艦橋に立ち、自ら哨戒にあたった。旗艦『スワロフ』は最先頭にあり、もし日本水雷艇がいれば最初に発見できるはずだった。

北海は、朝夕いつも霧におおわれている。一〇月二一日午後八時四五分、霧が晴れたころ、工作船『カムチャツカ』が突然、「敵艦に襲撃された」と無線で伝えてきた。

「全方向から攻撃をうけている」

「水雷艇が一ケーブル以内に接近してきた」

「水雷艇から逃れるためジグザグ運動をとる」

「一二ノットで東に向かう」

ロジェストウェンスキーは、『カムチャツカ』が何か誤認したのだろうと思い、西に戻れと返電した。敵も、最後部にいる戦略価値のない船を奇襲したりしない。

一一時二〇分、ロジェストウェンスキーは『カムチャツカ』に情況説明を求めた。すると、「何も見えない」という怒りに足る返事がきた。

一二時五五分、ロジェストウェンスキーは、黒い数隻の影が次第に近づいてくるのを発見した。瞬間に魚雷が発射されたと判断し、左旋回とサーチライト点灯を命じた。海面は突如、日中のように照らし出された。

イグナチウス艦長、コロン参謀長は射撃命令を求めた。ロジェストウェンスキーは返事をせず、右舷を双眼鏡でながめた。そのとき、確かに水雷艇を発見した。「射撃開始」と叫んだ。ただちに艦砲が火を吐いた。『スワロフ』の巨体が揺らいだ。

これはロジェストウェンスキーの生涯の判断ミスだろう。ただ、ロジェストウェンスキーは死ぬまで、この判断を誤りと認めなかったばかりでなく、水雷艇は実在したと信じていた。その三〇分後、ロジェストウェンスキーは漁船を確認し、「射撃止め」を命令し、かたわらの七五ミリ砲の砲手が聞こえず射撃を継続するのをみて、投げ飛ばして制止している。

その結果、イギリス漁船一隻が「撃沈」され、二隻が大破した。「戦死者」は二名だった。これがドッガー・バンク事件である。

ただちにイギリス政府はことの詳細を発表し、ロシアに抗議した。イギリス海軍は、すぐに本国および地中海艦隊の一部出師準備発動を命令した。イギリスの新聞はロジェストウェンスキーを「狂犬」、その艦隊を「狂犬艦隊」と呼んだ。ただ当座の情勢はイギリスに利がなく、ドイツやデンマークの王室はニコライ二世に、「不当なイギリスの言動に怒りを覚える」という激励電報をおくった。

結局、「イギリスの局外中立発表」「日英同盟」「スパイ＝エージェントによる水雷艇発見」という三種の情報をどう分析し判断するか、「慧眼」が問われるところなのだろう。ロジェストウェンスキー司令部に情報を統合して分析する力はまったくなく、単に与えられたスパイ情報に一対一の対応を示すだけだった。

事件のあと、ロジェストウェンスキーは迂回路をとらず、大胆にもドーバー海峡通過を選んだ。イギリス本国艦隊は、サザンプトンやプリマスを出て、バルチック艦隊の前後左右を取り囲み、示威を開始した。

このあとバルチック艦隊は、二四隻の戦艦を含むイギリス本国・地中海連合艦隊に包囲されたまま、スペインのビゴに寄港した。スペインはロシアに好意的でなく、初め給炭をいっさい拒否したが、その後、一艦につき四〇〇トンに限り認めた。艦隊は二四時間に限られた石炭積み込みに追われた。

リバウからビゴまで、デンマーク沖で洋上給炭するほか、どこにも寄港せず、常時日本の水雷艇を警戒しつづけた。ロジェストウェンスキーもスカゲラック海峡を出たあと、四日間連続、艦橋に立ちつくし、食事はパンと紅茶のみ、睡眠は椅子の上で仮眠しただけだった。その間、操艦を誤った艦長には叱責を浴びせ、また艦内規律維持を厳格に追求した。

フランス保護領タンジールに到着すると、フェルケルザムの老朽艦部隊を分離した。フェルケルザムはロジェストウェンスキーよりも一期上で、ニコラエフ海軍士官学校を首席で卒業した。フェルケルザムは姓の上にフォンをもつバルト・ドイツ人であるが、ロジェストウェンスキーと不思議にウマが合った。その長い航海中、ロジェストウェンスキーが唯一信頼を寄せた将官だった。

フェルケルザム分遣隊は、『シソイ』『ナワーリン』の戦艦二隻、『スベトラーナ』『アルマーズ』『ゼムチューク』(6)の軽巡三隻、計五隻からなっていた。戦艦二隻は旧式であり、長距離砲戦に耐えることはできない。軽巡のうち『スベトラーナ』と『アルマーズ』は元王室クルーズ用のヨットで、機帆船にすぎない。

ロジェストウェンスキーはこの二隻のヨットを、速度という点から第二太平洋艦隊に加えることを決定すると(ロジェストウェンスキーは巡航速度を重視した)、ただちに大公のための豪華施設を引きはがし、四・七インチ砲を数門装備させた。しかし、ヨットはヨットにすぎない。

フェルケルザム分遣隊うちで、近代海戦に役立つのは『ゼムチューク』だけだった。この艦隊は囮《おとり》であり、地中海＝スエズ＝紅海における日本の水雷戦隊の能力を試すものだった。ロシア人は、とりわけ紅海に日本の水雷艇基地があると信じて疑わなかった。

イギリスはタンジールに軽巡『ダイアナ』(7)を碇泊させ、ロシア艦隊の観察にあたらせた。『ダイアナ』の艦長はロシア軽巡『オーロラ』を訪問し、観察を報告している。

「艦のローリングが激しい。乗組員の誰もが十分に栄養をとっており、健康的にみえる。だが、よく訓練され、戦争に対して準備ができているようにみえない。将校のうち少数はよい出身のようにもみえるが、大多数は下層階級出身ではないかと思う」

ウラジオストック
旅順
対馬(5/27)
最終洋上給炭
(温洲沖200海里)
バン・フォン湾
カムラン湾
(4/13～5/14)
シンガポール(4/8)

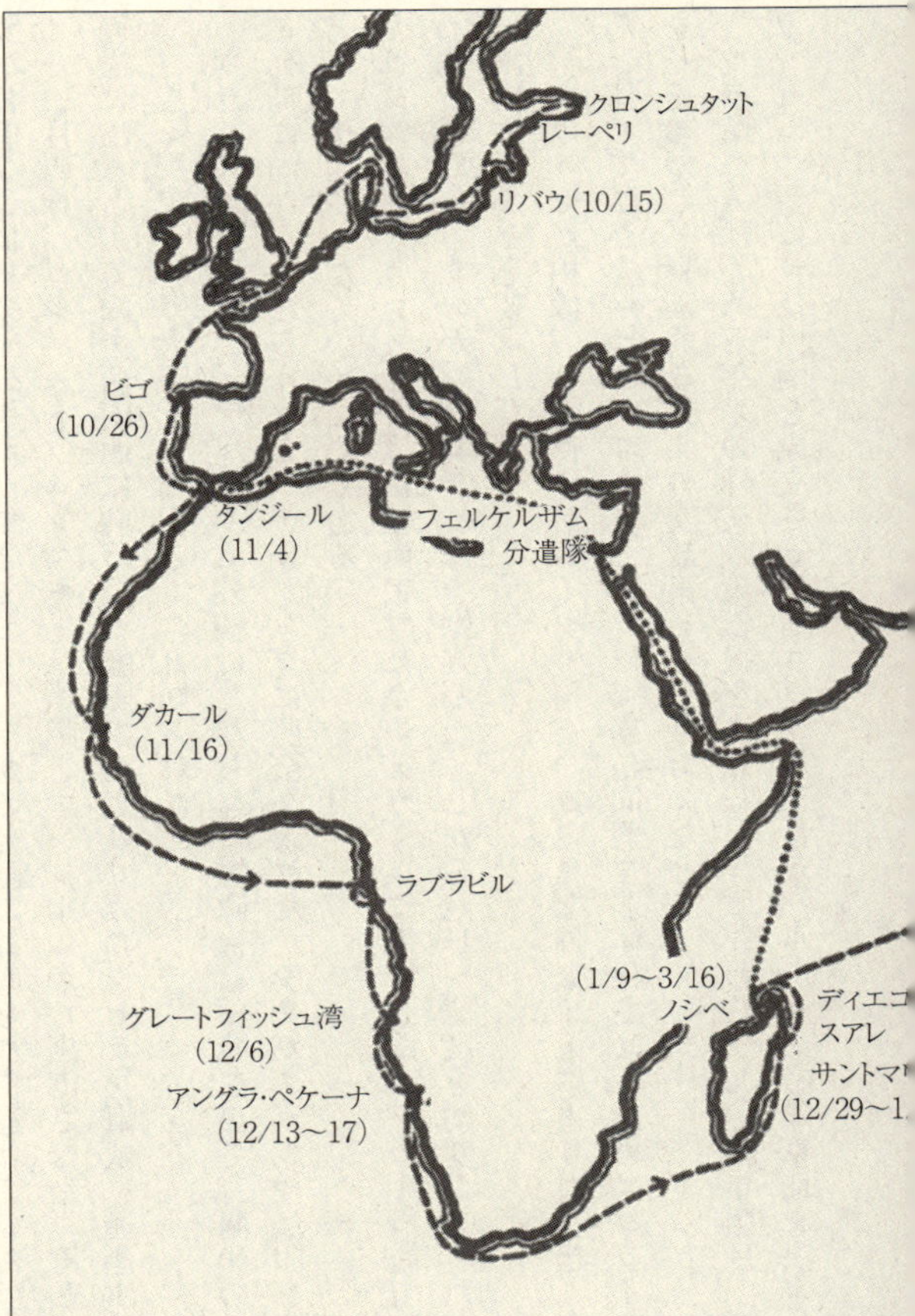


バルチック艦隊の航海図

一方、ロジェストウェンスキーの率いる戦艦部隊については、別の観察を伝えている。「強力な戦闘力をもち、健康的にみえる多数の乗組員により維持されている。この部隊だけは戦争に向けて十分準備ができており、ほかの部隊とは明らかに違っている」

一一月四日、ロジェストウェンスキーは艦隊をタンジールから出港させた。そして大西洋に出ると、方向を西南西に向けた。艦隊は南アメリカのマゼラン海峡を通過するのではなく、アフリカ大陸を一周するものと知られた。

フランスは驚愕した。デルカッセ外相(8)はただちに、艦隊は喜望峰を出て、蘭印のスンダ列島に向かうのだろうかとペテルブルグに照会を入れた。マダガスカルや仏印を基地として使用されたくないためである。

ロジェストウェンスキーは仏領西アフリカのダカールに寄港した。ダカール総督は初め購買を期待したのか、ロシア艦隊を歓迎した。しかし翌日、態度を豹変させ、ただちに出港することを要求した。

デルカッセ外相は、日露戦争がドイツ外務省の無定見な外交政策により引き起こされたと信じて疑わなかった。つまりドイツは、露仏同盟を弱体化させるためニコライ二世をそそのかし、冒険的な極東外交政策をとらせたのだと。

フランス人は、八百年来の外交政策転換を決意した。すなわち一九〇四年四月、デルカッセはついに英仏協商を成立させた。ニコライ二世がバルチック艦隊東征を決定したのと同時である。フランスは日露戦争の勃発以降、ロシアが大兵を満州に集中したため、ドイツに両面作戦を強いることができなくなった。やむをえずイギリスを味方につけることにより、ヨーロッパにおける軍事バランスを回復しようとした。

フランスは植民地問題で、イギリスに大幅な譲歩をした。譲歩の中心は、ナポレオンがオリエント征服の基地とした、またレセップスが運河の夢を描いたエジプトを、イギリスの勢力圏として認めることだった。一〇六六年、ノルマン公ウィリアムがイングランドを征服して以来、ようやく両国の対立関係に終止符をうったことになる。

本国から遠く離れた植民地獲得など、本国の安全保障と比べれば物の数にも入らない。フランス本国はエジプトやサハラよりはるかに重大である。フランス人は、ニコライ二世が極東にかまけている間に、ドイツの魔の手がヨーロッパ・ロシアやフランス本国に忍び寄っていることを気づかせたかった。

フランス人にとり、日露戦争はロシアという盟友を失いかねず、本国の安全保障を脅かす悪夢だった。さらにイギリスとの協調を考えれば、ロジェストウェンスキーとその艦隊は、咽《のど》に刺さったトゲにほかならない。

デルカッセ外相は、ダカール総督に同盟国の誼《よしみ》ではなく、イギリスが範《はん》を示しているように、戦時国際法に従うことを訓令した。だが一方で、本国の訓令にもとづいていることを、ロジェストウェンスキーやロシア帝国官吏には知らせないことも内密に命じた。

困難をきわめたアフリカ周回

一一月一六日、フランス官憲から追われるようにしてダカールを発ったあと、仏領ガボンのラブラビル、ポルトガル領アンゴラのグレート・フィシュ湾、独領南西アフリカのアングラペケーナの三カ所に給炭のため立ち寄った。アフリカ西海岸一周の航海であり、南回帰線に近づくまで、暑熱は耐えがたいものだった。戦艦においても、将校と水兵の区別なく裸で甲板に寝た。

ロシアの雪原に育ったものにとり、このときの苦痛は誰にも忘れがたいものだったようだ。このアフリカ周回に参加した将兵は七五〇〇名といわれる。そのうち二二〇〇名以上がなんらかの病気にかかり、一八名が病死または自殺した。病気のうち、恐ろしいのはノイローゼだった。陸兵がノイローゼになっても上官を射殺するくらいだが、水兵は船一隻を丸ごと沈めることができる。

ロジェストウェンスキーは、就寝・起床・食事時間の厳守、および艦内の整理整頓を要求した。信条は、兵は常に忙しい状態におかねば、士気が維持できないというものだった。水兵・将校ともに、ロジェストウェンスキーの厳格さに怨嗟《えんさ》の声をあげた。

一二月一三日、アフリカ大陸最後の寄港地、独領アングラペケーナに到着した。そこには、ドイツ人は一〇人しかいなかった。港湾管理局長はロシア人に好意的であり、翌日、ケープの英字新聞を持参した。「二〇三高地が占領され、旅順要塞は陥落の危機に瀕している」と新聞にあった。ロジェストウェンスキーにとり、旅順情勢は予想通りと思われた。

一二月一七日、アングラペケーナを出発してからは、二五〇〇海里のマダガスカルまでの長丁場である。ロジェストウェンスキーは、本国との連絡のため病院船『アリヨール』をケープに向かわせた以外、残りの艦は一路、喜望峰回りでアフリカ東海岸に向かった。

ところが日本側は、バルチック艦隊本隊の位置をかなり正確に把握していた。すなわち一二月一二日、アングラペケーナ到着の前日、病院船はケープに向かったのだが、その翌日、情報は東京に入っていた。イギリス海軍はケープ艦隊から巡洋艦を哨戒にあたらせており、そこからの情報がケープ電信局経由で配信されたものだろう。

南回帰線付近は波の荒いことで有名である。この付近では海上に風がなくとも、四〇フィートを超える高波が襲った。バルチック艦隊の乗組員は、暑熱の次に襲ってきたこの試練に震えあがった。

ロジェストウェンスキーは一二月二九日、フェルケルザムと示し合わせていた、マダガスカル島中部にある邂逅地セントマリーに到着した。だが、そこにフェルケルザム分遣隊はいなかった。

## 囮となったフェルケルザム分遣隊

フェルケルザム分遣隊は一一月二日、タンジールで本隊と別れ、地中海に入った。この目的は囮《おとり》だが、アフリカ大陸一周よりも快適さは約束されていた。

ロシア外相ラムスドルフは、ドッガー・バンク事件の処理に追われていた。そして、ある当然の確信をもった。すなわち、イギリスが日本水雷艇を匿《かくま》わなかったという事実である。ラムスドルフは、スパイの目もロジェストウェンスキーの目も信用できず、イギリスが正しいと密かに思うようになった。

やがて英・仏・露間で、仏海軍中将フォルニエー（30頁参照）を座長とするドッガー・バンク事件国際調査委員会（第一回会合、一九〇五年一月一一日）の設置に合意すると、いよいよその感を深くした。ラムスドルフは、ロジェストウェンスキー司令部から証人として責任者を喚問することに同意すると同時に、スエズ運河の警察権をもつイギリスに、フェルケルザム分遣隊のスエズ運河通行について安全を保障できるか否か打診した。

ロシア人にとっては意外だが、イギリスは運河両側に軍事施設がないことを保証し、破壊活動を防止する義務があることを認めた。

一方、フェルケルザムは、ガンとおぼしき病魔に侵されていた。将兵の過剰飲酒や勤務規律違反を厳しく見張るエネルギーはもはや残されていなかった。

フェルケルザム分遣隊は一一月九日、ギリシャのクレタ島スダに入港した。

一八九七年の希土戦争において、ギリシャは大敗した。イスタンブール講和条約により、クレタ島の宗主権はトルコに残され、歳幣《さいへい》が支払われることが約束された。反面、トルコに指名されたギリシャ人がクレタ総督に任命されることになった。

初代総督になったのは、ニコライ二世の従兄弟ゲオルギオス（380頁参照）だった。ゲオルギオスは戦争中発生した『シソイ』の事故を口実として、英・仏・伊の複雑な利害関係を泳ぎ切り、ロシア砲艦のスダへの常駐を各国に認めさせた。三国は、ロシア黒海艦隊の地中海進出を望まなかったが、トルコによるエーゲ海支配も避けたかったのだ。

このときも、スダにはロシア砲艦『ハラブリー』が常駐しており、ロシア人にとり、馴染みの深い場所だった。

水兵は一カ月間の洋上生活にあきていた。そして、前途に横たわる死の影に脅え、司令官の放任主義をいいことに、一一月一一日、クレタ島主邑《しゆゆう》カニアの売春宿で、地元民との間で大喧嘩を引き起こした。喧嘩はイタリア人憲兵がかけつけるまで収まらず、ギリシャ人五人が殺害され、四〇人の水兵が脱走して艦に戻らなかった。ロイターがニュースを全世界に配信した。「狂犬艦隊洋上だけでなく、陸上でも暴れる」と。

フェルケルザムは事件の翌日から翌々日、乗組員の帰還を待たず、順次出港させた。

そして一一月二四日までにポートサイドに到着した。そこでは、各国の外交使節が待ちうけ、歓迎レセプションが開催された。スエズ運河警察は小船舶の通行を禁止し、運河をロシア艦隊専用として開放していた。フェルケルザム分遣隊は、一五時間かけて無事運河を通過した。

だが、出口のスエズで驚くべき命令が待っていた。分遣隊はマダガスカル島北部のノシベに向かえというのだ。

フェルケルザムはタンジールで分離するとき、ロジェストウェンスキーとセントマリーで落ち合い、北端のマダガスカル随一の名港ディエゴ＝スアレ（アンツィラナナ）に碇泊することを決めていた。

ロシア海軍省は、いったんロジェストウェンスキーの案を受け入れ、ラムスドルフ外相にディエゴ＝スアレの使用をフランスのデルカッセ外相と交渉させた。

しかしデルカッセは譲らなかった。ラムスドルフはいち早く、英仏協商の成立によるフランス外交戦略の転換を嗅ぎとったが、ロジェストウェンスキーやロシア海軍省は事態について行けなかった。だが海軍省もフランスと対立できないことを理解し、デルカッセの言う目立たない場所、ノシベを受け入れた。

フェルケルザムは、いったんノシベを拒否したが、仏領ジブチに着いてみると、そこのフランス官憲は二四時間以内に立ち去ることを要求した。しかも電信所にはフェルケルザム宛の、「あくまで反対すれば抗命とみなす」との海軍省の電報がおかれていた。フェルケルザムにもはや選択の余地はなかった。一二月一〇日、あわただしくジブチを去り、アデンで給炭ののち一二月二八日、ノシベに到着した。

一方、ロジェストウェンスキーともフェルケルザムとも別に、一一月一六日、ひっそりとリバウを発った艦隊があった。ドブロトワルスキー大佐が指揮する一隊である。艦隊は六インチ巡洋艦『オレーグ』[9]、軽巡『イズムルード』[10]および五隻の駆逐艦、二隻の仮装巡洋艦『リオン』と『ドニエプル』からなっていた。実際には巡洋艦『オレーグ』が率いる駆逐隊である。『オレーグ』と『イズムルード』の艤《ぎ》装《そう》が遅れ、このように遅れた出発となった。

ロジェストウェンスキーが発った一〇月から一カ月後の一一月、ヨーロッパの政局は大きく変化していた。彼がデンマークに立ち寄ったときは大歓迎された。ニコライ二世の母、フェドローブナ皇太后はデンマーク王家の出身だからである。デンマークは、サービスとして海軍艦艇に沖合を哨戒させ、また日本の駐在武官を国外追放処分にする処置に出た。

しかし今回、ドブロトワルスキーが沖合給炭のさい、デンマークは二四時間で終了せよと命令し、威嚇のため水雷艇を派遣した。英仏協商の成立、フランスの国際法遵守の姿勢をみて、デンマークは態度を豹変させた。

結局、真水の補給が間に合わず、ドブロトワルスキー分遣隊は思い出の地、ドッガー・バンクで真水の枯渇に直面した。ドブロトワルスキーが次に選んだ寄港地は、なんとイギリスのドーバーだった。すると商業的に大歓迎をうけた。そしてドーバーを発ちタンジールに寄港し、それからは一路クレタ島のスダに向かった。

分遣隊は地中海ですでに問題を抱えていた。ドブロトワルスキーは故障したと連絡があった駆逐艦を最寄りの港に向かわせ、応急修理させた。自分の座乗する『オレーグ』と『イズムルード』は、委細かまわずクレタ島スダに向かった。だがどの駆逐艦も、スダに着くと改めてエンジントラブルを表面化させた。予定出港日にスダを発てず、海軍省は矢のような催促をおくった。しかし、それでも修理は完了しなかった。

ドブロトワルスキーはとにかく遅れず、ロジェストウェンスキーの艦隊と合流することを目指したに違いない。だがドブロトワルスキーは野心家であったが、肝心の統率力がなかった。彼はロジェストウェンスキーの厳しさによる統制、フェルケルザムの自由放任のどちらもとれず、結局、将校にも水兵にも信頼を得ることができなかった。

スダには二八日間滞在したあげく、一月七日、修理が完了しない駆逐艦三隻を残し、出発することにした。なんと五隻のうちの三隻である。紅海をさまよったのち、ドブロトワルスキーは二月一四日、独領東アフリカのダルエスサラームから無線によって、ノシベにいるロジェストウェンスキーとようやく連絡をつけることに成功した。

セントマリーについたロジェストウェンスキーは、一カ月以上ペテルブルグと連絡がとれておらず、八〇マイル離れたタマテブにある無線所から、到着を知らせる至急電報をおくった。ケープから戻った病院船がもたらした英字新聞には、予想された「旅順陥落」とともに、「ペテルブルグで暴動」のニュースも掲載されていた。

この直前、ニコライ二世は、アルゼンチンとチリからの巡洋艦購入が困難であることを悟った。これをうけ、アレクサンダー大公は黒海艦隊を極東におくることを提案した。しかしこれは、実現不可能なものだった。露土戦争を終結させたベルリン条約は、ロシア軍艦のダーダネルス・ボスフォラス両海峡の通行不可、および英・仏・伊・独・墺の軍隊の黒海進入不可を取り決めていた。これに従えば、黒海艦隊は外に出られない。ラムスドルフ外相は「日本はベルリン条約の当事国ではなく、日露戦争の交戦水面に行くため海峡を通ることは差し支えない」という論陣を張った。だが、イギリスとトルコは断然これに反対した。

従来であれば、いかなる口実を設けてもトルコとの開戦を辞さなかったロシアであるが、このときにはもはや両面作戦をやる国力はなかった。ニコライ二世はヨーロッパ情勢の変化に伴い、ロシアはイギリスと敵対関係を維持できるかどうかにも自信がもてなくなっていた。

そこに現れたのがクラド中佐である。クラドはロジェストウェンスキー司令部の主任情報参謀で、ドッガー・バンク事件国際調査委員会（244頁参照）に出席のためスペインのビゴで下船し、ペテルブルグに戻っていた。クラドは以前、宮中にいた経験があり、いくらかコネをもっていた。

クラドは新聞ノーウォエ・ウレーミア（新時代）に、第三太平洋艦隊結成論を署名記事として書いた。内容は、「東郷艦隊対ロジェストウェンスキー艦隊の勢力比は一・八対一で、勝ち目はない」「老朽艦隊を派遣すれば、敵艦隊は、まず弱いその艦隊を狙うだろう。その分だけ、主力艦隊はうける砲弾が少なくなる」と論じたもので、大きな反響を呼んだ。

ニコライ二世もこの記事を読み、即座にバルチック艦隊の残余の艦を集め、第三太平洋艦隊を結成し、ロジェストウェンスキーと合流させることを決心した。[11]

一九〇四年一二月一九日、第三太平洋艦隊司令長官にネボガトフが任命された。この経緯を、ロジェストウェンスキーはもちろん知らない。アレクセイ海軍総裁やアベラン海相も、これには反対だった。なぜならば、第三太平洋艦隊の中心となる戦艦『ニコライ一世』、装甲海防艦『ウシャーコフ』[12]『アプラクシン』『セニャーウィン』は、ロジェストウェンスキー自ら、東征艦隊からはずしたからだ。

余談だがその後、クラドは勢いづいて海軍行政をも批判した。だが、今度は厳しい査問をうけ、いったん翌年四月一五日、黒龍江河川艦隊司令官を命ぜられたが、海軍服務規律違反に問われ、免職されている。

旅順陥落の知らせは、ニコライ二世よりも早くフランス外務省が知った。ステッセルの降伏電報は、芝罘《チーフー》にあったフランス領事館経由だったからだ。デルカッセ外相は、「まさか、ロジェストウェンスキーはそのまま航海をつづける気か？」「当然、バルト海に戻るんだろう？」「このままマダガスカルに止まる気はないだろう。そんなことをされたら、日本から最後通牒が来るぞ」とパレオログら下僚に怒鳴り散らした。ロジェストウェンスキーも、実はデルカッセと同じ意見だった。旅順が陥落した以上、目的はウラジオストックに行くしかなく、成功は覚束《おぼつか》ないと同時に、戦略的に無意味と思われた。だが海軍省からの電報には、驚くべき内容が記載されていた。「第三太平洋艦隊が結成され、ネボガトフが司令長官に任命された」というのだ。

すぐさまロジェストウェンスキーは、ニコライ二世がアルゼンチンとチリの装甲巡洋艦七隻の約束を果たせず、代わりにネボガトフ艦隊を加えることに決めたと察知した。つまり、これはあくまで東征をやれという皇帝の意思表示だ。

ロジェストウェンスキーは『ニコライ一世』以下の艦をよく知っていた。それらは砲術練習艦隊（176頁参照）に属しており、自ら指揮したことがあった。これらの艦は海戦において負債にこそなれ、財産にはならない。

なぜ皇帝が東征にこだわるのか、それはペテルブルグにおける暴動が背景にあると簡単に理解できた。マダガスカルから戻ることは、取り返しのつかない統帥の失敗と国民は受け取るだろう。ロジェストウェンスキーは保守的な男であり、革命運動に反感以外の興味を抱いたことはない。だが革命運動鎮圧は海軍提督の仕事ではない。

ニコライ二世の思いつきを変える方法はあるのだろうか？　ロジェストウェンスキーは考えあぐねた。正面から皇帝と戦略を論じるわけには行かない。またタイミングがよくない。即刻、マダガスカルを発ち極東に向かうといえば、二月に着くことになり、ウラジオストックはまだ結氷中である。

しかしマダガスカルに留まることは、ネボガトフを待つことと同じである。一月五日、ロジェストウェンスキーは怒りを殺しながら、「ただちに出発し、二月五日、スンダ海峡通過。そこで東郷艦隊と決戦を期す」と至急電をおくった。海軍省は驚愕した。これは抗命にあたる。

同じ日、フェルケルザム分遣隊と合流するため、艦隊はノシベに向かった。一月七日は露暦一二月二五日にあたり、クリスマスだった。ロジェストウェンスキーはミサに出席したあと、ウォッカのグラスを片手で握り締め、スワロフ乗組員にクリスマスの祝辞を述べた。

「すべての乗員の刻苦《こっく》奮励《ふんれい》に感謝する。私はあなたがたを信じている。さあ、祖国に、ロシアに乾杯」

ウォッカを飲み干すと、乗組員は「ウラー」と歓声をあげた。そのとき間近にいた数人の将校は、提督の目に涙が浮かんでいることを見逃さなかった。

一月九日、日本の水雷艇を警戒しながらのマダガスカル島東岸北上の航海は終わり、ノシベに到着した。ロジェストウェンスキーはフェルケルザムと抱き合った。二人は、フランスがディエゴ＝スアレを拒絶し、ノシベを強制した理由は、本国の外務省および海軍省の無能に違いないという意見で一致した。


**「貴官の任務は日本海の制海権を得ることにある」**


ノシベは広い湾をもち、大艦隊が碇泊するのに十分だった。しかし教会・行政府・総督官邸・学校・郵便局を除くとヨーロッパ風の建物はなく、椰子の葉を葺《ふ》いた竹製住居があるだけだった。原住民はヨーロッパ人を肩輿《けんよ》で運んでいた。

一月一四日の新年祭になると、「ロジェストウェンスキー抗命電報」への返事が、海軍省を手始めとして各所から舞い込んできた。アベラン海相は「ドブロトワルスキーもネボガトフも待つつもりはないのか」と聞いてきた。

ロジェストウェンスキーの返事は簡潔だった。「一週間以内にここを発ち、スンダ海峡に向かう」というもので、実際に出港の準備を開始した。海軍省・外務省はあわててオランダ政府との交渉を開始した。スンダ海峡は幅一〇マイルほどしかない地点があり、かつ国際海峡ではない。

だが、オランダ政府の回答は冷たいものだった。すでにオランダは戦後を考え、蘭印保持のためには、決して日本を怒らせてはならないと決意をかためていた。初めの回答は、「バリ・ロンボク海峡の通過は認めるが、石炭補給は認めない」という素っ気無いものだった。

アレクセイ海軍総裁は激怒した。オランダ政府と再度交渉したが、オランダ海相の返事は、「領海内でなくオーストラリア北岸を通過し、ニューギニアを迂回することが望ましい」と、初めのものよりいっそう厳しくなった。

ロジェストウェンスキーは海軍省からオランダ政府の返事を受け取ると、行き先については海軍省にあらかじめ報告しないことを決めた。海軍省に交渉させたところで、外国政府からよい返事が来るはずがない。それならば、すべて秘密にして、突然出現するに限る。ただちに石炭船を二集団とし、蘭印バタビア周辺と英領マラヤ周辺に遊弋させることを依頼した。

一月一六日、アベラン海相は「皇帝陛下は、次の命令があるまで、マダガスカルを離れてはならないと命令した」と伝えてきた。それでもロジェストウェンスキーは、ノシべを発とうとした。だがハンブルク＝アメリカン汽船のドイツ石炭船は、日本水雷艇の襲撃を恐れたのか就役拒否を始めた。ロジェストウェンスキーは、これにはドイツのなんらかの意志が働いていると疑った。

ドイツ石炭船は「同行拒否・中立確保・給炭場所の事前通知」の三点を要求した。ロジェストウェンスキーはドイツもロシアを見限りつつあるのではと思いながら、この条件を呑んだ。しかし、この石炭船との揉めごとは、ある意味で艦隊の運命を決めた。

ニコライ二世は一月二五日、次の電報をおくった。

「貴官の任務は、単に五～六隻の艦でウラジオストックに到着することではなく、日本海の制海権を得ることにある。この点で、貴官のマダガスカルにある艦隊では不十分である。ドブロトワルスキー分遣隊の増強を待つことは絶対に必要である。ネボガトフ艦隊について、インド洋で落ち合うよう拘束するつもりはない。艦隊の予定にあわせ、どこで落ち合うのか知らせて欲しい」

この文面は、ドブロトワルスキーとネボガトフの艦隊が増強されれば、東郷艦隊を撃滅できることを前提としている。クラド中佐はともかくロシア海軍の大部分の将領は、艦隊は引き返すべきだと考えていた。ニコライ二世は十分な知的資源はもっていた。しかしアドバイザーの意見をよく聞かないか、または不適当なアドバイザーの意見に従うことが多かった。

ロジェストウェンスキーは屈服した。「ドブロトワルスキー分遣隊を待って行動を起こし、アジアのどこかで落ち合うことは可能だろうか？」と海軍省に電報をおくった。

これへの返事が一月末に届いたとき、副官スベントルツェツキーはロジェストウェンスキーから、「一人にして欲しい。返事は一人で書く」と指をふるわせながら言われたことを覚えている。その後、鉛筆が折れ、「裏切り者め」という嗚咽《おえつ》気味の声が聞こえたという。

マダガスカルでは雨季が始まった。ノシベはロシア大艦隊出現にともない大変貌をとげた。マダガスカル全島から商人と売春婦が集まり、竹の小屋を建て、即席の商売を始めた。フランス人が多かったが、ほかにアラブ人、インド人、ユダヤ人がいた。彼らは一攫千金《いっかくせんきん》を夢み、ここで金を儲けて故郷に戻り、安逸《あんいつ》に暮らすんだと言い合った。

多くの水兵は、レーベリを出港してから船外に出ることがなかった。すなわち昨年一〇月一二日以来の陸地だった。数日を経ずして、軍隊の士気は弛緩《しかん》した。得体の知れない博打《ばくち》も始まったが、ロジェストウェンスキーはただちに禁止し、艦に戻る門限を設けた。

上陸した場所は、北部ユーラシアと似ても似つかぬ、海洋性熱帯気候のジャングルだった。初めは原色の鳥やカメレオンを見て驚いたが、そのうち「蚊」に脅かされ始めた。当時マラリヤにかかると治療薬のキニーネがなく、治療は絶望的だった。そのうえ美味な熱帯性の果物、パイナップルやマンゴーを生まれて初めて口にすると、多くの水兵はそのあと下痢に襲われた。軍医や法務官は再三注意を喚起したが、水兵のバカ騒ぎは収まらなかった。

しだいに羽目をはずすようになり、上官を殴打する、地元民と喧嘩する、泥酔して門限に戻れないといった者が続出した。ロシアの軍制では、営倉《えいそう》処分以上はすべて艦隊司令長官ロジェストウェンスキーの裁可が必要だった。ロジェストウェンスキーは刑罰を科すことはためらわなかった。しかしいかなる重罪でも、銃殺や絞首刑を科すことはしなかった。ある艦長が見せしめのため銃殺を主張すると、ロジェストウェンスキーは「営倉に入れた者も、海戦の直前には釈放するつもりだ。彼らはその結果、英雄になれるかもしれない。それならば、それでいいではないか」と反論した。

だが処刑はなくとも毎日、病気で亡くなったり自殺する者が出た。そういった場合、屍体は麻袋に入れられて両足に重しをつけられ、セント・アンドリュース海軍旗を巻かれ、駆逐艦にのせられた。死亡者を出した艦は登舷礼《とうげんれい》をとり、軍楽隊が国歌と賛美歌を演奏した。駆逐艦が沖合に達し弔砲が一発ならされると、そこで海中に埋葬され、式はすべて終了する。そのあとは、「某死亡により兵員リストから削除」という通知が回覧された。

一月二六日、一月三一日、二月一日には、砲術練習が実施された。主要艦艇すべて参加しての実弾演習は、レーベリ以来のことだった。ロジェストウェンスキーは、「言うも恥ずかしいくらいの成績だ」と書き残している。

二月二一日には艦隊行動演習も行なわれたが、巡洋艦戦隊を率いたエンクィスト少将の出来がとりわけ悪かった。ロジェストウェンスキーはエンクィストを「変人売女」と呼んだが、この日は朝から晩までそれを絶叫してやまなかった。

ロジェストウェンスキーは、シーマンシップ・父性的な秩序・素早い男性的な行動を好んだ。国旗や海軍旗掲揚のさいは、一気に上がる手早い動きを求めた。カッターは素早く下ろし、素早く乗り込み、離船せねばならない。

バルチック艦隊は旅順艦隊と異なり、予備役から補充されたり、ほかの艦から配属替えとなったりした水兵が多かった。予備役兵は場合によっては五年以上も軍務についておらず、その間に船の構造も機械の操作方法も大きく変化していた。一九世紀後半の技術革新は、ほかのどの時代よりも早かった。

ロジェストウェンスキーは自らが率いる艦隊が、東郷艦隊より戦力で劣ると考えていた。役に立つバルチック艦隊の戦艦五隻に対し、東郷は戦艦三隻（機雷による撃沈を三隻と過大評価していた）、装甲巡洋艦八隻をもっていた。

これを打開する方策を砲術に求めた。彼は「独立打ち方」から「中央管制による射撃」に移行させ、砲術全体を革新しようとした。この方法では、個々の砲員の能力はそれほど重要ではない。だがこれほどの低い成績では、果たして効果が出るか危ぶまれた。

ロジェストウェンスキーは二月半ばから体調を崩した。以前から患っていた海軍軍人の持病、リューマチが悪化したのだ。この病気は患部に激痛が走る。副官は患部にあてる氷の調達におわれた。二月二一日の艦隊行動演習では、歯を一日中食いしばって艦橋に立ちつくしたという。

二月一四日、ドブロトワルスキーが来着すると、ロジェストウェンスキーは司令部幕僚と全艦長を集めてペテルブルグとの交信を明らかにしたうえで、今後の方針について訓辞した。

「一番よいシナリオを描いても、日本海の制海権を得ることは不可能だ。ネボガトフが連れてくる艦は重荷にすぎない。できる唯一のことは全力をあげて、「かなりの損害をうけながら」ウラジオストックに飛び込むことだ」

二月一五日、ネボガトフ艦隊がリバウを出発したことを知らせてきた。同時に、モスクワ総督セルゲイ大公が暗殺された凶報も伝えられた。

ロジェストウェンスキーは、そうすれば必ず信頼関係を失うとわかっていたものの、ニコライ二世にセルゲイ大公への弔意を表すと同時に、バルチック艦隊の力の限界を示し、いまやウラジオ遁走しか方法がなく、それならば艦隊を戻すべきだと哀訴することに決め、至急電を発した。だが二月二一日、ニコライ二世は、

「貴官の任務は五～六隻でウラジオストックに到着することでなく、日本海の制海権

を奪うことだ。ネボガトフの艦の修理は現在の技術水準の限りをつくした。決定を知らせること」

と返電してきた。ロジェストウェンスキーはやや長い返事を書いた。

「旅順艦隊とウラジオ艦隊には三〇隻の軍艦と二八隻の水雷艇がありましたが、日本海の制海権を得られませんでした。我々の艦隊は二〇隻の軍艦と九隻の水雷艇をもっているにすぎません。そして極東には、もはやウラジオに装甲巡洋艦『ロシア』しか残っていません。我々の艦隊は日本海の制海権を得るのに十分ではありません。ネボガトフは四隻の旧式艦と八隻の輸送船を加えるにすぎません。(中略)そして、黒海艦隊の派遣が不可能であれば、輸送船を捨てて、軍艦だけでウラジオストックのみへの突入を目的とすべきです。そうすれば、その後、通商破壊戦を挑むことは十分可能と思われます。艦隊は現在良好な状態になく、今後その能力はますます落ちかねません。来月初頭を期して出発したいと思います」

皇帝からの返事はなかった。ロジェストウェンスキーは「戻る」「待つ」「進む」のうち、「戻る」ことが反逆罪にあたることはわかったが、残る二つのオプションのうちどれをとるか煩悶《はんもん》した。三月一五日、ロジェストウェンスキーは突然、以下のような命令を下した。「出港。四五日間の生活資材準備。翌日より外海に出る」。

バルチック艦隊のノシベ出港を知ったのは、ペテルブルグよりも東京の方が早かった。

フランス外務省は三月一七日、「かねてから照会のロシア艦隊の件、マダガスカルに現在存在しないことを断言できる」と本野《もとの》駐仏公使に知らせてきた。

### マラッカ海峡の白昼通過

ロジェストウェンスキーはペテルブルグを含めて、行く先を誰にも告げなかった。インド洋の中央はほとんど民間船舶の通行がない。日本側がバルチック艦隊の行方を知ったのは四月六日、スマトラ島北部マラッカ海峡入り口で、日本郵船のチャーター船英国船籍『ハスパー号』と遭遇してからである。

ロジェストウェンスキーはシンガポールに寄港することなく、四月八日、全艦に警戒態勢をとらせながら南シナ海に入った。この行動は各国を驚かせた。ニコライ二世さえも、マラッカ海峡を白昼通過するとは思っていなかった。「誰もこのようなルートをとるとは思っていなかっただろう」と日記に書いている。多くの軍事専門家は、北オーストラリア方面に出て迂回するだろうと予測していた。

ロジェストウェンスキーがなぜこのルートをとったかといえば、仏印に到着し、そこでリフィット（修理・整備・補充など）すること、待機姿勢をとりペテルブルグと方針について討議することだった。

ニコライ二世の性格は情緒的・女性的であり、反対にロジェストウェンスキーは理性

鎮海湾に碇泊する連合艦隊

的・論理的な判断を優先させる男だった。ニコライ二世は男性的な行動をとる提督・将軍を、そして戦場での勇気ある果敢な行動を好んだ。一般に、そうした行動は科学や論理性により保持されているが、実際のところ、両者が折り合うことはかなり難しい。君主と臣下の間ではなおさらである。

ロシア海軍省はそのとき、東郷艦隊がどこにいて、どのような状態にあるのかまったく知らなかった。実際には一月中旬よりリフィットが終了した艦艇から、朝鮮半島の鎮海湾、対馬の竹敷《たけしき》要港、佐世保と、朝鮮海峡中心に配備されていたのだが、この情報をつかむことはできなかった。

ロシアの情報網は「情報を得る」エージェントに頼っており、「情報を分析する」エージェントは、ほとんどもっていなかった。戦後になり、わが国の海軍省は、秘密保持に協力してくれたとして、鎮海湾情報を報道しなかった在京各新聞社に感謝状を出している。

五月二六日の『朝日新聞』一面には、「洛東江（鎮海湾に注ぐ大河）その他の河川漁業が有望なので、多数の福岡県漁民が派遣された」などと、カモフラージュと思しき記事が突然掲載されており、公開情報だけである程度の分析はできたと思われる。

四月一三日、バルチック艦隊はベトナムのカムラン湾に入港した。しかしロシア政府は、サイゴンにすら領事館をおいていなかった。ロシアは戦前には、アジアにおける海底電線を旅順＝芝罘《チーフ》間にしかもたず、それも開戦直後切断されたから、旅順のステッセルも芝罘のフランス領事館のもつ回線でペテルブルグと断続的な連絡をとるしかなかった。

ロジェストウェンスキーは、英仏が接近していること、フランスがバルチック艦隊に好意的でないことを感づき始めていたが、ここでも通信をフランスに頼るしかない。

その結果、黄海海戦でサイゴンに逃れた軽巡『ディアナ』の艦長リベンを、フランスとの連絡員にした。リベンはロマノフ家出身の公子だが、これは宣誓違反である。ただ『ディアナ』の副長セミョーノフは本国に戻り、なんと旗艦『スワロフ』に乗船し、ロジェストウェンスキーのアドバイザーを務めた。

セミョーノフは日本海海戦のあと再度捕虜となり、絞首刑を覚悟したというが、日本政府は赦免《しゃめん》した。セミョーノフはのちに、『殉国記』という日露戦争についての好読み物を残したが、そこに出てくるセミョーノフのロジェストウェンスキーへの戦術上のアドバイスは、ほとんど正しくない。軍人というより詩人にすぎなかった。

これに気づいたためか、戦争が勝って終了したからか、日本政府は戦争犯罪に寛大だった。

さて、パリではデルカッセ外相が、バルチック艦隊の仏印到着を聞いて、「椅子から転げ落ちそうになり」、「奴は落ち合うつもりか」「長くなるな」「日本が最後通牒をもってきたら、仏印は終わりだ」「モロッコをどうするか」と頭を抱えていた。（パレオログ『犠牲の艦隊』）

独帝ウィルヘルム二世は、三月三一日、タンジールを訪問し、フランスによるモロッコ植民地化に反対する演説を行なった。その後のヨーロッパを震駭《しんがい》させたタンジール事件の勃発である。デルカッセは、独宰相ビューロウの要求により、この六月、罷免される運命にあったが、英仏協商・バルチック艦隊東征・タンジール事件と息もつかせぬ激動の狭間《はざま》にいたことになる。

ところが仏印艦隊司令官ドジョンキルは、名うての日本嫌いだった。ドジョンキルの頭は常に、仏印に日本艦隊が攻撃してきたケースへの対策で占められていた。四月一四日、ロジェストウェンスキーと面会すると、滔々《とうとう》とロシアの大義を誉めそやし、旅順の将兵の英雄的な戦いぶりを賛美した。「日本人が攻めてくるならば、くるがよい。領海に入ったとたん、わが弾丸の嵐を浴びることになろう」と劇団の主役のようにフリをつけてしゃべった。

だが四月二一日、ドジョンキルはデルカッセ外相の訓電をうけ、前とはうって変わって、二四時間以内にカムラン湾を立ち去ることをロジェストウェンスキーに哀願した。一方、わが国の外務省はパリの本野一郎公使に「中立違反となれば、わが国は国交を断絶せざるを得ない。その結果、日英同盟により、英仏両国は交戦状態になることも予想されるがよいか？　と強硬にデルカッセに苦情を申し入れよ」との訓電を入れた。さすがの本野もこのときは弱りきり、戦争にいたる文言は削除したともいわれる。

ロジェストウェンスキーはドジョンキルの示唆をうけ、いったんカムラン湾を出てバン・フォン湾に移った。数日後、ドジョンキルの軽巡が来ると、隣接のホンコーヘ湾に移るという具合である。バルチック艦隊の将兵は、ベトナム沖でさまよう自らの艦隊を「さすらいの艦隊」と名づけた。

### 「バルチック艦隊も旅順艦隊の二の舞になる」

ロジェストウェンスキーはマダガスカルを出発して以来、クロンシュタットに戻ることがベストであり、カムラン湾到着までに、ニコライ二世の意志が変わるのではないかと期待していた。サイゴンの新聞やシンガポール領事は奉天の敗報を伝えており、講和機運が盛り上がることも予想された。

これに先立ち、奉天の敗報をうけて、四月四日、アレクセイ海軍総裁の主宰で海軍作戦についての会議がペテルブルグでもたれた。出席者は、アベラン海相・ココウツェフ蔵相・ラムスドルフ外相・サハロフ陸相である。

アレクセイ海軍総裁は冒頭、次のように述べた。「私はロジェストウェンスキーの能力と勇気を信頼している。だが艦隊は海戦に勝てず、制海権を得ることはできないだろう。皇帝が講和を決心する前に何隻かの艦が失われるかもしれない」。

さらにココウツェフ蔵相は、それに同意して次のように付け加えた。「あるいは旅順が失陥したように、ウラジオストックも失われるかもしれない」。

残りの出席メンバーは二人の発言に暗黙の了解を与えながら、そのまま散会した。全員が一致したことは、「バルチック艦隊がウラジオに着くまでに海戦が発生し、そこで東郷艦隊を決定的に撃滅することはできず、各艦は相当の損害をうけながらウラジオにたどり着く。だが、それから制海権を得るような再戦を挑むことはできない。あるいは、ウラジオも地上から攻撃され、バルチック艦隊も旅順艦隊の二の舞になる」という点であった。

ロジェストウェンスキーはこの会議のことを知らされなかったが、結論には賛成したことだろう。だが、ペテルブルグでただ一人これに賛成しない男がいた。ニコライ二世である。ニコライ二世は日露戦争全体について、「勝つ」という希望を棄てきれなかった。その見通しの根拠は、仏印にさまようバルチック艦隊なのである。

すでに、日本の封鎖によってシベリアのカムチャツカからオムスクまで飢餓に見舞われ、とりわけ沿海州は太平洋からの輸送船が遮断され、ヨーロッパ・ロシアへの逃散民が続々と発生していた。中央アジアでは慢性的に反乱が起きていることに変わりがなかった。都市では労働者が決起しており、鎮圧の見通しは立っていなかった。すべての臣下、とりわけラムスドルフ外相は日本との講和をニコライ二世に訴えたが、耳をかそうとしない。ニコライ二世はバルチック艦隊というより、ロジェストウェンスキーならば、何かやってくれると確信していたのである。

四月二二日、ロジェストウェンスキーはカムラン湾に着いて以来、第二回目の艦長会議を主宰した。ロジェストウェンスキーはそこで、前回までの命令を再確認した。

「砲手は来るべき戦闘でゆるやかな射撃を旨として、照準操作に正確を期すこと。弾丸を無駄にしないこと。砲手は毎日、装塡訓練を励行すること。水雷攻撃があってもあわてず、とりわけ友軍砲火に注意すること。大破した艦のみ戦列を離れることができる。もし東郷がカムラン湾を攻撃してきた場合、事前計画に従って行動すること。ペテルブルグは、ネボガトフをカムラン湾で待てと命令してきた。ウラジオストックに到着する石炭の残量がある限り、ここで待つことにする。だが、もし石炭がつきたならば、その時点でここを出発する。我々は前進あるのみだ。これを忘れるな」

今回は、いつものロジェストウェンスキーの即興的なしゃべり方と違い、棒読みの調子だった。多くの艦長はペテルブルグを恨んだ。将校の多くはロジェストウェンスキーを好きではなかった。だが、その孤高の姿勢、それまでに示してきた勇気、決断力を信頼していた。その将校たちも二分の一は対馬で落命《らくめい》する運命にあるのだが、このとき「頼むのはロジェストウェンスキー唯一人だ」と故郷へ手紙を書いている。

仏印滞在が長引くにつれ、兵員の士気は急低下していった。五月九日、イースターの日、アリヨールで水兵の反乱が起きた。斃死《へいし》した牛が食事に給されるというのを聞きつけ、抗命に及んだものである。

翌日、今までに一度も例がないが、ロジェストウェンスキー自らアリヨールを訪れた。目撃者によると、このように激怒した提督は見たことがなかった。ロジェストウェンスキーは将校も水兵も同様に怒鳴りつけ、「恥ずべき将校のもとに、恥ずべき水兵がいる」と叫び、八人の水兵を逮捕して輸送船に放りこんだ。そして艦長のユング大佐に、水兵の取り扱い方がリベラルにすぎると叱責した。

外には出さないが、ロジェストウェンスキーはリューマチや皇帝との方針の相違のため、精神的にも肉体的にも限界にあったようだ。そのうえ唯一信頼できる将官フェルケルザムは、カムラン湾に着いて数日して、ガンのため人事不省に陥っていた。

第三太平洋艦隊司令長官のネボガトフは、人当たりのよい気楽な人物だった。ネボガトフを知る誰もが、艦隊を率いると聞いて、「あの平凡な男が」と驚嘆した。ネボガトフ自身も同じ思いだった。ネボガトフはスカゲラック海峡を出てから、ロジェストウェンスキーと同じように水雷艇に対する警戒が必要となった。だが対策はまったく違った。夜間防御のため灯火管制を常に実施し、またイギリス本島と離れ、ヨーロッパ大陸の海岸線に沿って航行した。ビスケー湾で大嵐に遭った以外、艦隊は順調に進み、地中海の入り口タンジールに到着した。ここからは、ロシア海軍基地のあるクレタ島のスダまで一直線である。

スダには、旅順艦隊の『セバストポリ』艦長を務めたエッセンが待ち構えていた。エッセンは旅順降伏後、宣誓帰国を認められ、マルセイユ経由でパリまで行ったところを、ロシア海軍省はスダに向かえと指令したのである。これも宣誓違反である。

エッセンは「『セバストポリ』が触雷したとき水兵がパニックに陥り、拳銃でもとの配置に戻さねばならなかった。東郷艦隊は高速航行中の長距離射撃が非常によい」ことなど、ネボガトフが気落ちすることのみ語った。ネボガトフは砲手の訓練方法について聞いたが、エッセンの方法は一世代古く、応用が効くものと思われなかった。

司令長官は戦術について洗練された会談を行なったが、上陸を許された水兵はフェルケルザム分遣隊到着のときと同じく、地元民と殴り合いを始めた。喧嘩は五日以上つづき、ヨーロッパ各紙はセンセーショナルに伝えた。

ロシア外務省は弱り果てた。アベラン海相はネボガトフに説明を求めた。

その回答は、「水兵の上陸中の行動として異常なものではない。新聞記事は誇張されすぎている」という愚かなものだった。だが水兵の間でネボガトフの人気は急上昇した。追い立てられるようにポートサイドに着くと、ネボガトフはイギリス官憲の指示のままに運河を通行することに決めた。やったことは灯火管制だけである。最も危険地帯とされた紅海沿岸、ジブチでも同じだった。フランス官憲に従い、危険とされた三海里外の公海に停泊し、水雷艇警戒は不必要として省略した。

四月八日、ジブチから目的地を決めないまま出発した。ジブチで、行き先をペテルブルグに聞くと、

「ロジェストウェンスキーは目的地に向かっている」という返事だけが戻ってきた。

ジブチからも同様に海岸線に沿い、日本の基地があるとされたセイロン島沖合で洋上給炭することも平気だった。そこでロジェストウェンスキーがマラッカ海峡を通過したことを新聞で知り、マラッカ海峡に進んだ。シンガポール沖合では幸運なことに、シンガポール領事の手紙をもった元旅順艦隊の水兵バブーシキンと落ち合うことができ、行き先をカムラン湾と決定することができた。

五月八日、シンガポール領事からの急報をうけ、ロジェストウェンスキーはネボガトフ出迎えのため駆逐艦を差し向けた。翌日午後二時二五分、『スワロフ』の哨兵はネボガトフ艦隊の煤煙を発見した。

両艦隊は再会を祝して祝砲を交し、ネボガトフは『スワロフ』に赴き、その航海を報告した。ロジェストウェンスキーは早急にウラジオストックに向けて出発する方針を伝え、航路や戦術などの意見を求めた。その場でネボガトフは、エッセンの「東郷艦隊は高速航行中の長距離射撃が得意」という説明を開陳《かいちん》するとともに、思いがけない意見を述べた。

## ウラジオへの三つの針路

五月一四日朝一一時、ロジェストウェンスキーはバン・フォン湾を出港した。彼は、すでにある決心を固めていた。すなわち、「日本海制海権確保」でなく、「ウラジオストック遁走」だけを目標とすることである。華南や台湾・沖縄などの陸地を占領し、東郷艦隊の来着を待ち、決戦に臨む、という方針は早いうちから断念した。

また、思い切って北上し、カムチャツカのペトロパブロフスクを基地とする方法も、その亜流であり、同じとみなした。これらは実は、クロンシュタットをたつ前のペテルホフにおける会議で、ロジェストウェンスキーが主張した方法でもあった。

なぜ断念したかといえば、東郷艦隊には有力な装甲巡洋艦八隻があるためである。巡洋艦隊は急造の、または遠隔地の海軍基地の周囲を簡単に封鎖できる。すなわち陸上からのルートがなければ、海軍基地は海から、つまり輸送船の受け入れができなければならない。バルチック艦隊のもつ軽巡では、日本の装甲巡洋艦に対抗して輸送船を護衛することはできない。

チリ・アルゼンチンからの装甲巡洋艦七隻の補強が幻となった以上、呼び込んだうえでの艦隊決戦は、量のうえからも勝つことはできない。それであれば、一挙にウラジオに着くしかない。その場合、朝鮮海峡、津軽海峡、宗谷海峡の三つの航路がある。

まず計算に入れねばならないのは、石炭補給である。石炭推進の艦は第二次大戦の石油推進の艦と比べ、航続距離が五分の一程度しかない。ボロジノ級戦艦は巡航速度一〇ノットで走っても、一時間に石炭を一〇トン消費する。

これは一日に二四〇トン消費することを意味する。そして石炭積載能力は一一五〇トン程度しかない（常設の石炭庫には七八〇トン）。つまり五日程度走れるにすぎない。一〇ノットで五日走ると、一三八一海里進むことができる。ところがバン・フォン湾からウラジオまで、対馬経由で二五〇〇海里ある。

余裕をみれば、どうしても二回、途中で洋上給炭する必要がある。ただ乗組員はインド洋で洋上給炭を五回経験しており、慣れている。作業としては、石炭船から麻袋に石炭を入れ、一人ずつそれを肩にかつぐという原始的な方法によるしかない。バルチック艦隊では将校・水兵の分けへだてなく、この作業を行なった。

ロジェストウェンスキーはまず、バシー海峡で一回目、台湾沖（台湾海峡でなく）を通過して、宮古島沖でいったん西に向きを変え、上海沖（温州東方二〇〇海里地点）で二回目の給炭をすることにした。ここまで行けば一五〇〇海里を稼げたことになる。ただし駆逐艦は輸送船に曳かせた。

上海沖の給炭地点から対馬経由、ウラジオストックまで、距離は一〇〇〇海里程度である。三回目の給炭は不必要と見込まれる。津軽経由であれば、最も石炭積載能力がない水雷艇は洋上補給の必要があるが、残りはその必要はない。宗谷経由であれば、絶対に必要である。仮に樺太《からふと》南岸のコルサコフ（良港と小規模の石炭デポがあった）を給炭地として利用したとしても、同じように必要である。

そして五月一日の段階で、津軽経由は消えた。ウラジオ艦隊の水雷艇四隻は、津軽海峡入り口に決死の強行偵察を行なった。艫作崎《へなしざき》（青森県深浦町）から北方に向かい、津軽海峡の索敵を行ない、白糸崎（北海道後志支庁島牧郡）で五月五日、漁船を襲撃し、ウラジオに戻った。ロジェストウェンスキーは、津軽海峡に機雷敷設船が集中していることを知った。

これと同時に、ネボガトフから思いがけない意見を聞くことになる。それは、「宗谷海峡を目指すべきであり、石炭補給の問題は戦艦などを連繫して輸送船に曳かせればよい」というものだった。

ロジェストウェンスキーにとっての宗谷コースの最大の問題は、丸二日かかる給炭を太平洋上の、しかも東京湾の目の先で行なうことにあった。もし給炭日以前に海戦が発生し、石炭船が狙われ撃沈されたとき、石炭切れと同時に漂流ということになる。

しかも、輸送船に曳かれた戦艦が敵の首都の前面を横切って行くというのは、どうしてもとれない。これではカルガモの群れである。ネボガトフの意見は、ロジェストウェンスキーの対馬東水道突破の決心をむしろ固めたに違いない。

ロジェストウェンスキーは、対馬東水道経由でウラジオストックへ直行することを決心したが、海戦は必至だと予測していた。それでも近代戦艦は不沈であると信じ、改良された射撃法――「中央管制による射撃」により、砲戦で勝つことができると考えた。

つまり、短期間の砲戦に勝利し、東郷艦隊をやりすごし、ウラジオに到着する戦略を選択した。そのためには、速度は重要でない。東郷の砲力を削《そ》ぐことができれば、追いかけられたところで意味はない。もちろん、東郷艦隊に匹敵する被害をうけることは覚悟のうえである。

実際のところ、石炭残量の不足が予想され、石炭を大量に消費する高速突破作戦をとるわけにはいかなかった。旅順艦隊全滅の最大の理由は、昨年八月一〇日の黄海海戦のさい、一三ノットの高速で走ったことにより、ウラジオまでの石炭残量が確保できなくなったためだとロジェストウェンスキーは考えた。

戦闘速度一三ノットで走った場合、巡航速度九ノットと比較して、石炭消費量は六五

%ほど多い。上海沖から対馬までは二日半の行程である。海戦が予想される対馬までは、常設の石炭庫以外にある石炭を使えばよい。[13]

旅順艦隊は、出港するとただちに敵に遭遇することを覚悟する必要があったため、常設の石炭庫以外には積載できなかった。

戦いながら、高速（一三ノット）で黄海を横断しなければならなかった旅順艦隊に比較して、バルチック艦隊は、常設の石炭庫にある石炭残量で対馬からスタートできる。甲板に石炭を積みながら海戦はできない。そのうえ、対馬―ウラジオの距離は、旅順―ウラジオと比較して短く、相対的に有利である。

黄海海戦が終了すると、海軍省は本格的にバルチック艦隊への対策を検討し始めた。一九〇四年九月、海軍省は隠密裏に、津軽海峡封鎖の作戦計画の策案を小田喜代蔵に命令した。もっとも海岸砲は陸軍に属した。

封鎖せよという命令の本旨《ほんし》は防御水雷敷設にある。小田は封鎖の方法について昼夜を問わず熟考した。最も困難な点は、津軽海峡の水路部の水深が二〇〇メートル以上あり、小田自身の考案になる二号機雷（190頁参照）が敷設できなかったことである。

さらに情況次第では、連合艦隊は津軽海峡を通過して、高速で太平洋方面に出る必要が生じるかもしれない。また、できるだけ沿岸水運を遮断したくない。つまり永久敷設となり、かつ敷設作業に時間がかかる機雷原という方法はとれない。

小田の出した結論は、太平洋に面する汐首岬《しおくび》―大間崎に浮標機雷を敷設し、竜飛崎《たつぴ》沖には電気水雷を敷設することだった。

小田は機械水雷を二種類考案した。一号機雷と二号機雷であり、一号機雷が通称「浮標機雷」と呼ばれるものである。特徴は総重量一〇〇キロと、二号機雷（係維式機雷）の四分の一ほどであり、水兵二人または三人で運ぶことができた点である。これだと専門の機雷敷設艦がなくとも、駆逐艦や商船を使って人力で海中に投下できる。

また一号機雷は水面に「浮き」をつけ、水雷本体を垂らすもので、水深と無関係に敷設できた。ただし敵艦に浮標機雷一つを触雷させたとしても、小型であり、撃沈することはむずかしい。このため小田は、浮標機雷をロープで連繫させることにした。これならばロープに当たった艦はそのまま進むしかないので、二個以上命中させることできる。これは前年、ペトロパブロフスクを撃沈したのと同じ方法である。（192頁参照）

一九〇四年一二月、海軍省は津軽海峡防衛隊を発足させ、函館に水雷艇を配備した。さらに津軽海峡の海流や風向きを徹底的に研究するため、造兵大監《ぞうへいたいかん》の種子田《たねだ》右八郎が防衛隊所属となった。種子田は浮標機雷の線状敷設のため、海峡に対し、どういった角度で、どういった量が適切か調べ上げた。

汐首岬―大間崎線を六ブロックに分け、おのおの六線の浮標連繫機雷を、敵艦侵入阻止の命令あり次第、竜飛崎沖に待機している六隻の仮想巡洋艦が前進させ、敷設することにした。また掃海をあざむくため大量のダミー水雷を浮流させ、さらに副次的手段として海岸砲と組み合わせ、管制機雷をより浅い竜飛崎沖に張りめぐらせる計画が最終案とされた。

**連合艦隊、動かず**

バルチック艦隊発見までの東郷の決心は、連合艦隊「不動」だった。バルチック艦隊の所在とネボガトフ艦隊の合流の様子は、日本側によく知られていた。そして五月一四日、バン・フォン湾から大挙出港のニュースもフランス外務省から伝えられた。「フランス領インドシナ領海内には、ロシア艦船は一隻も所在しない」。

このパリからの電報は翌一五日に東郷司令部に伝えられた。このときもクロンシュタットへ引き返したのではないかという説も出たが、バシー海峡付近で三井物産のチャーター船に遭遇し、北上していることが確実となった。

新聞には世界地図の販売広告が急に出始め、国民は地図をにらんでバルチック艦隊の航路を予想しだした。

東郷平八郎は一月半ばに鎮海湾に移ったが、そこから動こうとしなかった。昨年五月一五日、「連合艦隊最悪の日」以来、主力艦隊は裏長山列島、そして鎮海湾へと根拠地を変えた以外、個艦ごと本土に修理に向かったこと、旅順艦隊の出撃に合わせ出動したことに限り、動いたにすぎない。

近接包囲の失敗を反省したためであり、ウラジオ包囲についても結氷期ということもあったが、三月に入り、機雷を敷設しただけであった。この背景には、会敵予想地点までの航路設定に自信がもてたことがある。これは秋山先任参謀の功績が大きい。それと何よりも、朝鮮海峡は「我らが海」だった。

東郷司令部の方針は遠隔包囲を踏襲したもので、黄海海戦のときと同じく、敵発見から行動を起こして十分な体制をとった。当然、無聊《ぶりよう》にならざるを得ない。

砲術長の安保清種《あぼきよかず》（一八七〇～一九四八）はのちに海相になり、大将にいたった人物だが、日本海海戦についての砲術については生涯、口を閉ざした。部下や同僚の功績に傷をつけたくなかったためである。その代わり、戦闘と関係のない漫談は大量に残した。

前述（67頁）のように、近代砲術の世界では大中口径砲手の腕や目や神経は、命中率と関係がない。砲手を訓練すれば事故を防ぐことはできるが、命中率をあげることはできない。六インチ砲や主砲を命中させることができるのは砲術長、すなわち安保清種なのである。安保は部下の砲手を機械の一部として活躍させたことについて、公言することを潔《いさぎよ》しとしなかった。

主砲訓練で重大なのは船体動揺周期の確認である。動揺はピッチング（縦揺れ、縦動《じゆうどう》）とローリング（横揺れ、横動《おうどう》）の二種類があるが、水兵を艦の縦横に走らせ実験した。

これの例外は小口径砲であって、主として水雷艇対策である。鎮海湾で実弾訓練が行なわれたのは「内膅砲」訓練と呼ばれるもので、小口径砲に小銃をくりつけ、洋上を走行するマトを狙ってうつものである。小銃の実効射程距離は五〇〇メートル以下にすぎないが、小口径砲の弾道に似ているといえば似ている。

それでも砲と小銃の弾道は同一でなく、気休めに近いものだっただろう。ただ日本の小口径砲にはすべて照準望遠鏡が設置されており、使い勝手を知ることはできた。そして六インチ砲の訓練の中心は弾丸装塡の模擬訓練であり、これは一日一回、必ず実施し、かつ鎮海湾には乗組員と同数の予備兵も待機しており、その訓練も交代で行なわれた。

安保は内膅砲訓練に注力し、かつ砲手のためロシア艦にあだ名をつけたと語っている。あだ名とは、ロシア戦艦『アレクサンダー三世』を「呆《あき》れ三太《さんた》」と覚えさせたような類である。だが大中口径砲の砲手は目盛り操作と弾丸装塡のみに集中しており、敵艦を見るチャンスはない。見えたとしても目標は砲術長が決定するのが原則である。

この鎮海湾訓練の間、東郷は「弁当持参で訓練見学」もやったには違いないが、ロジェストウェンスキーのとる航路を真剣に考えたに違いない。おそらく大正年間と思われるが、この間に何を考えたかを語っている。

「バルチック艦隊は、北海を迂回してウラジオへ行くかも知れぬという説もあったが、自分は断じて北へは行くまいと考えていた。

その理由の第一は、北の宗谷海峡あたりは非常に霧が深いので、大艦隊の航行には不向きであること。第二には、敵艦隊は長途の航行で大分航脚《こうきゃく》がにぶっているから、もし太平洋を回って、我が軍に発見されたら、速力の速い日本艦隊に、直ちに追いつかれることは自明の理であったこと。第三には、燃料の問題である。船の石炭の積量には制限がある。その石炭を多く使って太平洋を回り、もし敵と打《ぶ》つかって、幾日も戦うような場合には、到底石炭が間に合わなくなる。これ等《ら》の理由で、敵艦隊は決して迂回はしないで、朝鮮海峡を通るものだと信じていた」（小笠原長生『東郷元帥言行録』。現代かな遣いに修正）。

この東郷の説明から注目されるのは、津軽海峡を初めから捨てていることだ。期せずしてロジェストウェンスキーと一致した判断である。

東郷平八郎は一八九八年ごろ、海軍技術会議議長を務めており、防御水雷については十分な知識をもっていた。日本海海戦で勝利したため、東郷は砲術の権威のようにもとられるが、それは誤りである。もともと航海術が専門であり、その延長から水雷に造詣が深かった。

津軽海峡の防御は、技術会議でいつも熱弁をふるったあの男、『ペトロパブロフスク』を撃沈した小田喜代蔵が熟考した以上、万全であろうと確信をもった。

宗谷に向かうことは、石炭補給を必要とすることや、国後《くなしり》海峡は濃霧また暗礁が多いため、多少とも北太平洋の航海を知っている人間ならば選ばないと推定した。そのうえ日本まで洋上二回、日本近海でさらに一回、石炭補給するとなれば、バン・フォン湾からの距離から推定すれば石炭船への石炭補給が必要となり、日本列島を真横に見て石炭船を動かすことは至難である。

このときまでに日本側は、バルチック艦隊の石炭補給体制について概ね把握しており、ハンブルク＝アメリカン汽船は日本列島近海での石炭船運用を拒否していた。東郷平八郎がバルチック艦隊は対馬東水道にくると確信し、連合艦隊主力が鎮海湾から動かなかったことは明白な事実であり、それには十分な根拠があった。

ところが、「幸運な男」東郷平八郎が率いた連合艦隊が、動揺したと主張する人物が絶えない。最近における代表例は野村實で、次のように書いている。

「待ち受ける連合艦隊の動揺」

「津軽海峡か、対馬海峡か。可能性は五分五分であり、情報の少なさが東郷ら連合艦隊司令部の判断を困難にさせ、同時に苛立《いらだ》たせていた」（野村實『日本海海戦の真実』）

以上の表現は全面的に誤っている。なぜならば、「連合艦隊の動揺」と表現するためには、東郷や幕僚の心の中ではなく、実際に艦隊が動いたことを示さねばならない。だが「連合艦隊が鎮海湾から動かなかった」ことが動かしようのない史実であって、真実なのである。

さらに東郷や幕僚（の心の中）が動揺したというのも疑わしい。野村は例として、連合艦隊（幕僚）と軍令部の交換電報をあげる。この件は実は戦前から出ており、直接東郷に聞いた剛の者もいる。答えは「そんなものは知らん」だった。

日本でよく起きることだが、本部人間の軍功誇りというのがある。東京や広島の大本営でデスクワークをしていた参謀は、軍功をあげることはできない。軍令部の参謀が「連合艦隊が動こうとしたが俺が止めた」と主張する根拠が、交換電報であるにすぎない。それでいくばくかの軍功を主張したいわけである。

つまり、東郷の裁可をとったわけではなく、連合艦隊司令長官名で東郷司令部の幕僚と軍令部の参謀が、「津軽海峡か朝鮮海峡か」と論争し、ヒマつぶしをしたものにすぎない。経験がない若手参謀というのはどうしても、石炭残量・機雷・航海上の問題など実際上のことを考慮できず、蜃気楼《しんきろう》のような議論を展開しがちである。情報の多さと判断の的確さには何の関係もない。少数の質の高い情報が分析において決定的である。

さらに野村は、密封命令《みっぷうめいれい》（封緘命令《ふうかん》）についても論じている。津軽海峡大島付近に集結し、その後「北海」に向かうという命令が存在したことをもって、「動揺」の根拠としている。だが、これも理由がない。参謀が次の手を策案し、密封命令とするのは普通のことであって、日常業務である。実行されたか否かが戦史であって、歴史なのである。

つまり、鎮海湾から動かなかった理由をまず検討すべきであって、密封命令発見＝「新史料」というならば、連合艦隊が動いたことを示さねば、史実に関連するものとしては「新」にはならない。連合艦隊が動かなかった理由は、東郷が「動くな」と命令し、「敵艦見ゆ」以外では連合艦隊を鎮海湾から出動させなかったからだ。

東郷平八郎は、日露戦争直後、外国人記者団から動かなかった理由を聞かれ「そう思ったからだ」とだけ答えた。このような「木で鼻をくくったような」説明から、揣摩憶《しまおく》測《そく》を呼んだわけだが、戦争直後の東郷には、東郷なりの事情があった。

戦艦『三笠』はポーツマス条約締結後、佐世保港内で大爆発を起こし沈没した。このとき司令長官室にあった東郷の私物も海に沈んだ。そのなかにマカロフ著の『海軍戦術』があり、至るところ、東郷の書き込みがあったという。

『三笠』が引き揚げられたさい、その本も発見された。そして私邸に届けに行った将校は「記念に持ち帰れ」、と東郷に言われることを期待したらしい。ところが東郷の返事は、「ありがとう。押入れの奥にしまっておく」というものだった。

東郷平八郎は、自分の心の動きを見て取られるのを嫌った。すなわち書き込みを分析し、東郷のとる方針を敵に予想されるのを警戒したのだ。なんと突慳貪《つっけんどん》な、と思われるかもしれない。しかし東郷は、日露戦争が終わっても再役の可能性に備えていたのだ。

つまり東郷は、イギリスのネルソンやビーティなどサイレント・ネービーの提督の系列に属し、戦後よくしゃべるドイツやフランスの提督とは異なっていた。もっともマカロフは本を著し、東郷にロシア海軍のエスプリをつかまれることになったが、ロジェストウェンスキーはいっさいの回想録出版の依頼を断っている。

# 第11章　日本海海戦

## ロジェストウェンスキーの決心

ロジェストウェンスキーの目的は一つだった。すなわちウラジオに遁走することである。マハンの書いたように目的を二つもったわけではない。

東郷の艦隊に遭うことも避けられず、海戦は発生する。そして速度に優る日本の艦隊がイニシアチブをとることも、これまた避けられない。戦艦と装甲巡洋艦を中心とする東郷の艦隊と、旧式戦艦を含む戦艦中心のバルチック艦隊が速度競争しても意味がない。それであれば石炭消費が多くなる戦闘速度は避け、巡航速度を多少上回る一一ノットで、戦闘海域を単縦陣で一直線に進めばよい。

ロジェストウェンスキーは各艦長の操艦能力をまったく信用していなかった。演習でうまくやれない艦隊が実戦でうまくやれるはずがない。東郷との海戦はどうなるだろうか？ ロジェストウェンスキーが出した解答は「敗北」だった。

有力な艦が撃破されるのは誠に仕方がない。これはバルチック艦隊をクロンシュタットに戻さないニコライ二世の決心に伴う、論理的帰結である。そのなかでベストをつくせるのは「長距離砲戦」である。黄海海戦と同じく、東郷は長距離を維持しながら主砲で戦うに違いない。

ロジェストウェンスキーは、マカロフ理論＝六インチ速射砲優位説を古くさいと感じていた。バルチック艦隊はバーアンドシュトラウト社のトランスミッターを装備しており、中央管制による主砲射撃が可能だった。少なくとも旅順艦隊より有利な長距離砲戦ができるだろう。

また、エッセンがネボガトフに伝えた情報に基づき、東郷の艦隊は一五ノットの戦闘速度をもって、後方からT字を切ってくると予想できた。砲戦の時間は一時間程度だろう。四ノットの速度差で後方からT字を切った場合、一時間一五分程度で砲戦は終了する。速度差が開いた方が砲戦時間は短いのである。

主砲発射速度が二分に一発とすると、砲戦一時間で三〇発を使う。主砲四門として一二〇発であり、当時の砲術教範では一～二％しか命中しないとされていた。すると一隻あたり、一発から二発しか命中しない。

もちろん『スワロフ』は集中打を浴びることになるから、敵戦艦三隻（ロシア海軍省は東郷が戦艦三隻を喪失したとロジェストウェンスキーに知らせていた）と装甲巡洋艦から大口径砲弾一〇発以上の命中は覚悟せねばならず、撃沈あるいは航行不能の可能性はあるが、残りは助かる。

当時の戦艦の建艦思想は「不沈」なのであって、黄海海戦でも『ツェザレウィッチ』は上部構造を大部分破壊されながらも、独領膠州湾に着くことができた。『スワロフ』以下四隻の戦艦は『ツェザレウィッチ』と同級であり、いくら破壊されても、同じことができるはずだ。

対馬東水道からウラジオ直進コース（真北から二三度東、バルチック艦隊は「コース二三」と呼んだ）を保持し、途中多少の艦が撃破され「敗北」しても構わず、できるだけ多数の艦をウラジオに遁入《とんにゅう》させることが最善策だ、とロジェストウェンスキーは決心した。

自身が倒れたときの対策として、二番艦『アレクサンダー三世』が嚮導《きょうどう》（先頭艦となり、リードすること）し、その後は三番艦『ボロジノ』が嚮導し、艦長が全艦隊の指揮をとれと命令した。しかし、これが発生するのは、対馬東水道を過ぎたあとであり、以降は単に「コース二三」を守ればよい。旅順艦隊の愚をくり返してはならない。南に戻ることは艦の喪失である。

なぜこのような異例の命令系統にしたかといえば、『オスラビア』以下の第二戦隊を率いるフェルケルザムが急死し、その死を秘したためである。ロジェストウェンスキーは、第三戦隊司令官ネボガトフと巡洋艦隊司令官エンクィストには、この計画を完遂する意志力がないとみなしていた。これは爾後《じご》、的中することになる。

ロジェストウェンスキーは、東郷の艦隊が待つ位置を北部九州または南部朝鮮半島と、かなり正確に予想していた。すると、互いの主力艦同士が会敵するのは自分の目指す海峡、対馬東水道だろう。

だが、東郷司令部がつくった作戦、最初に主力艦で敵の主力に当たるという方針までは見通すことはできなかった。すなわち東郷は初めに水雷艇をおくり、陣形を崩しにかかるだろうと予想した。

ロジェストウェンスキーは途中、二列縦陣のまま対馬東水道に入ることにした。主力を左列前方、輸送船などを右列後方にするもので、水雷艇対策としては理想的な陣形である。

そして、対馬東水道の通過時間を五月二七日正午に設定した。水雷艇撃退のためには昼間の方が有利である。東郷の主力艦との砲戦時間も、日没狙いで短縮することができるかもしれない。

## 東郷平八郎の決心

海軍省は東郷に、今回の海戦は連合艦隊の全滅を賭《と》して構わないと連絡してきた。すでに戦艦二隻、巡洋戦艦二隻を建造中であり、今年度中に竣工できる。さらにイギリスに発注した二隻も竣工しており、いつでも回航可能である。

内海の黒海を除くと、ペテルブルグ・レーベリ・ヘルシンキの三カ所にしか造船所をもたないロシアより、日本は造船能力がすでに上回っていた。ロシアも翌年以降に完工予定の戦艦二隻と戦艦『スラバ』を極東に派遣できるが、それまでである。

東郷平八郎は一月、旅順艦隊全滅の復命のさい、明治天皇に「かならずこれ（バルチック艦隊）を撃滅いたします」と奏上している。このときすでに、バルチック艦隊の編成を知り、勝利できると確信していた。「敗北（勝利）必至」という点で、ロジェストウェンスキーと一致しており、両提督とも（極東艦隊と協力なしの）バルチック艦隊東征が無謀であるとの認識は共通していた。

ただ、撃滅が「全部撃沈」を意味していたかどうかは疑問である。東郷のいう「撃滅」が日本海海戦の結果と結びつけられることも多いが、巡洋艦隊がマニラに遁走するなど、史実も「全部撃沈」ではない。また用語の変遷としては、以降「撃滅」は陸軍用語の撃破と似た意味をもつようになった。

東郷もロジェストウェンスキーと同様、戦艦が砲戦によっては沈まないと信じていた公算が強い。それまで歴史上、戦艦と名前がつけられた艦が砲戦で沈んだことは一度もなかった。司馬遼太郎は日本の戦略について、こう述べている。

「こちらがたとえ半分沈んでも敵を一隻のこらず沈めなければ戦略的に意味をなさないという困難な絶対面を東郷とその艦隊は背負わされていた」(『坂の上の雲 八』)

東郷司令部は、本当に、こういった絶対面を背負わされていたのだろうか? 両提督とも、連合艦隊がバルチック艦隊を戦力で上回っていると認識していた。ところが司馬は、一九〇五年五月一九日付けの英『エンジニアリング』誌を引用し、双方の戦力は同じであると書いている(ただし、翌年の『水交社記事』の訳によると思われる)。

「決戦兵力である双方の戦艦の比較からはじめている。ロシア側が戦艦八隻(うち新鋭艦は五隻)であるのに対し、日本側が戦艦四隻しかもたないというのが日本の劣弱点であろう。もっとも日本の戦艦のうち『三笠』『敷島』『朝日』は一万五千トン強という巨艦で、ロシアの四隻の新鋭戦艦が一万三千五百十六トン(『オスラビア』は一万二千六百七十四トン)であるという点でややまさっている。ただし日本のその戦艦四隻の艦齢が、ロシアの新鋭五隻よりも古くなっているという点で日本側がおとる。要するにロシア側は戦艦の数と九インチ以上の巨砲において日本側よりも優位に立っている。これに対し日本側は、巡洋艦の数と八インチ砲以下の速射砲においてまさっているから、双方の物質的戦力はほぼ同じということができる、とその論評にいう。そのとおりであった」(『坂の上の雲　八』)

この記事をそのまま信じることは、明治の軍記物語にでてくる「弱い者が、強いものをやっつけた」を誇る類に似ている。この記事は根底から誤った評論である。同時代のジャーナリストの評論は十分な情報が得られず、表面的になりやすい。実際の艦の性能諸元が明らかになった後代において、軍事評論なり軍史を書く人間は、あやふやなデータにもとづいた同時代のジャーナリストの想像を根拠にすることを避けねばならない。

この記事だけでなく、司馬が多用する「艦齢が若い」という表現は、この時期多用されたもので、技術革新があまりにも早いことから必要となった。すなわち数年ごとに画期的な発明が出ており、新造船であればそれを取り入れることができるという意味であって、双方の性能諸元が明らかな現在では意味がない。

すなわち、バルチック艦隊の四隻のボロジノ級戦艦は『三笠』より艦齢が若いが、技術革新の内容はむしろ『三笠』の方が取り入れているのであって、ボロジノ級四隻は「若い」からといって何か有利なことがあるわけではない。

さらに『エンジニアリング』誌の重大なミスは、八インチ速射砲と書いていることだ。アメリカ戦艦は副砲として八インチ速射砲を装備したが、砲弾重量は、一人でも辛うじてもつことができた四五キロ程度に制限された。

ところが日本の装甲巡洋艦の八インチ主砲は、揚弾機などを備えた本格的な砲塔に装備されており、米艦の六インチ速射砲強化版と異なり、砲弾重量が一〇〇キロを超える。こうなると威力は格段にまさり、また「斉射法」により命中率が向上する。すなわち「デイファクター」に左右されない。

「高速航行中の長距離射撃」を前提とするならば、「砲弾に相当の威力がある」「発射速度が二分に一発以上」「装薬が黒色火薬でない」「四〇口径以上」の砲塔に装備された八インチ以上の主砲で比較すべきである。日本海海戦では、それ以下の艦砲は、あるいは距離が届かず、あるいは威力不足で、あまり役に立たなかった。

要するに、主砲火力は日本側四七門、ロシア側二〇門であって、大差をつけて日本側優位なのである。両提督の決心はこれに根ざしているので、この側面を無視すると、とられた戦略をまったく理解できないことになる。

それでは仮に、相当数がウラジオに遁走できた場合、何が起きるだろうか？　東郷は、連合艦隊によるウラジオに対する遠隔封鎖を実行するだろう。駆逐隊を湾口二カ所でパトロールさせ、本隊を鎮海湾または若狭湾に配置するだろう。そして史実同様に樺太が占領されると、ロシア艦隊の宗谷海峡からの脱出はコルサコフ（大泊《おおどまり》）を利用できず、反面、連合艦隊は水雷艇を配備できることになり、きわめて困難である。軽巡洋艦など高速艦を出撃させても、日本の装甲巡洋艦の餌食になるだけだ。

朝鮮海峡に出ることは、日本海海戦の再戦を挑むことにほかならない。それでは、なんのためにウラジオに遁走したのかわからない。

一九〇四年六月までウラジオ艦隊が活躍できた理由は三点ある。日本側に駆逐艦の余裕がなくウラジオをパトロールできなかったこと、津軽海峡を機雷や海岸砲で封鎖できなかったこと、上村艦隊は巡洋艦四隻しかなく九州沿岸を右往左往したことである。すでに、この三つの条件とも消えている。そのうえ、ウラジオは陸地からの攻撃に弱く、また要塞施設も整っていない。バルチック艦隊は、とるに足る装甲巡洋艦がなく、ウラジオについても、日本の装甲巡洋艦八隻の封鎖に対抗できる速力・砲力をもつ艦がない点が根本的問題である。

ロジェストウェンスキーは、アルゼンチン・チリ装甲巡洋艦七隻購入を「鍵」とみなしたわけだが、両国の設計が主砲火力を重視し、日本の装甲巡洋艦に対抗できる速度をもっていることが理由となったのだろう。

実は黄海海戦のときこそ、連合艦隊は「敵を一隻のこらず喪失させなければ、戦略的意味をなさない」局面におかれていた。すなわち、もしウラジオに取り逃がした場合、バルチック艦隊が朝鮮海峡に現れると、ウラジオ方面に艦隊を割かねばならない。

日本海海戦のとき、もはやロシアに後詰の艦隊はなく、ウラジオ入港をどうしても阻止せねばならない絶対面を背負わされていなかった。ただ東郷平八郎は、バルチック艦隊が対馬東水道にくると疑っていなかったし、砲戦において勝利できると確信していた。

だが、どのように？

砲戦でイニシアチブがとれるのは速度が上回る艦隊である。これは当然のことであって、どこの国の海軍教範でも教えていた。そして艦隊決戦の勝利への陣形は単縦陣であり、これは日清戦争の遊撃隊司令官、坪井航三がすでに説いたことである（48頁参照）。

それでは、敵も単縦陣できた場合どうするか？　それへの解答がT字戦法である。これまた各国海軍でよく知られた事実であって、イギリス海軍は一九〇一年から毎年この戦法に沿って操艦演習を行なっていた。

当然、相当する英語もあり「T Formation」で戦い、「Cut the Enemy "T"」することが勝利の方程式とされていた。第一次大戦のドッガー・バンク海戦やユトランド海戦でも、より速い艦隊を率いたイギリス海軍の提督ビーティ（一八七一～一九三六）は、実際に実行した。

「T字を切る」とは、速い艦隊が上の横線の航跡をたどり、遅い艦隊が下の縦線の航跡をなすことからいわれた。目的は、横線の艦隊（速い艦隊）がやにわに、縦線の先頭にいる敵旗艦一隻に集中砲火を浴びせ討ち取ることにある。

旗艦が列外に退けば、指揮系統が混乱する。また日本は六・六艦隊なので六が主力艦においても基本運用単位であるが、普通は四が多い。旗艦を倒せば、四分の一の戦闘力が失われるわけで、爾後の戦闘は有利になる。

それではどのようにT字に持ち込むのだろうか？

普通、速い艦隊が後方から追いついて、敵艦隊にすり寄るように距離をつめるのである。この形は黄海海戦の第二回戦において生じた。海軍では、同航戦からT字戦法に持ち込むと、これを表現した。

東郷は、『連合艦隊戦策』という印刷された小冊子を、一九〇五年一月に連合艦隊の全兵科将校に配布している。これの「(四) 戦法」に「単隊の戦法はT字戦法、二隊の協同戦闘はZ字戦法に準拠するものとす」と書かれている。

『連合艦隊戦策』自体は印刷されたものであり、かつ相当数が配布されたことから、それほど重大な機密に属することではなかった、とみるべきだろう。なぜかといえば、東郷は敵国人に心の内を読まれることを極度に警戒しており、印刷物が敵の手に落ちることを警戒しないはずがない。『連合艦隊戦策』の内容は当時の軍事常識であり、東郷はまた、そういった軍事常識に逆らう男ではない。

「(四) 戦法」では、単隊と二隊にケース分類している。二隊のケースを想定したのは、東郷のすぐれた着想である。ただ速力に応じて艦隊を分けるのは、日本の伝統でもあった。連合艦隊は一つの海戦、たとえば日清戦争の黄海海戦や日露戦争の黄海海戦においても艦隊を分割しており、各艦隊司令官は広範囲な自由裁量が認められていた。

ロジェストウェンスキーは、バルチック艦隊全部を統帥している建前を崩さず、一部でも独立した行動を認めなかった。

巡洋艦隊を率いたエンクィストは、日本海海戦において戦いの途中、南方に逃亡することを独断専行で決定した。これは連合艦隊の軍紀ではあるいは認められたかもしれないが、ロシア艦隊においては、抗命ないしは敵前逃亡に相当する。

もっともエンクィストがロジェストウェンスキーの命令のまま「コース二三」をとり、ウラジオに突き進んだら全滅していた公算が強い。これがあって、ニコライ二世はエンクィストを軍法会議にかけなかったが、皮肉なことといわざるを得ない。

『連合艦隊戦策』に書かれたことは戦術の中心課題ではなかった。では東郷とその幕僚にとり何が重要だったかといえば、同航戦ではなく反航戦の場合どうすべきかという点だった。つまり後ろから追うのではなく、正面から当たった場合である。

前述のようにT字戦法は当時の海軍界の常識であるが、それは同航戦におけるもので、これをうけた側の戦法も確立していた。

それは、速い艦隊は後方から並航して追いつきにかかるので、その先頭にある艦すなわち旗艦一隻に集中射撃を浴びせ、航行不能に陥れればよいというものだ。つまり速い艦隊は後ろから来るのであるから、遅い艦隊は全砲門を敵の先頭艦に集中できる。

第一次大戦のドッガー・バンク海戦において、ヒッパー（一八六三〜一九三二）の率いるドイツ巡洋戦艦隊は実際にこれで対抗し、ビーティの率いるイギリス巡洋戦艦隊の旗艦『ライオン』に集中射撃を浴びせ、航行不能に陥れた。最後尾の『ブルーヒャー』は撃沈されたものの、逃げ切りに成功した。

黄海海戦の第二回戦では、『三笠』は六インチ砲弾ばかりではあるが、かなりの集中打を浴びた。そのとき旅順艦隊は予想外の高速で航行した。バルチック艦隊がどの程度の戦闘速度で臨むか、日本側は知ることができなかった。

とにかく敵の速度がわからない以上、後方から追う方法はとりにくく、反航戦からT字を切る戦法を発見せねばならなかった。

簡単な方法——右とか左にいったんふくらんで、右旋回なり左旋回なりするというやり方は、ふくらんだ段階で反対方向に行かれ、距離を開けられる。すると、後ろから追いつく形となり、同航戦からのT字を切るのと同一になってしまう。

東郷司令部は鎮海湾にいた四カ月間、事前に徹底的に研究したと思われるが記録にない。ただ、どういった結論が出たかははっきりしている。

ロジェストウェンスキーは砲戦が行なわれる前、水雷攻撃があることは必至だと予想したが、五月二六日の夜間、敵襲はなかった。しかし、一時すぎ日本艦艇の無線の点呼が突然変わり、発見されたことを知った。それでも引きつづき九ノットの巡航速度のまま、対馬東水道を突破することを決心した。

現在、釜山と対馬の間を朝鮮海峡、対馬と壱岐の間を対馬海峡、壱岐と福岡の間を玄海灘と呼ぶのが普通であるが、当時の国際海図は、釜山と福岡の間すべてを朝鮮海峡と呼んでいた。海軍は国際海図表示をそのまま使い、そのうち対馬と壱岐の間を対馬東水道と呼んでいた。本書もそれに従うことにする。

この直後、幕僚が仮装巡洋艦『ウラル』のもつマルコーニ社製の強力無線機による電波妨害を助言したが、ロジェストウェンスキーは不必要だとした。これは「不可解な謎」(『坂の上の雲　八』)ではない。日本の電波交信を傍受することによって、電波妨害以上の情報を得ることができると思っただけだ。

すでに対馬東水道最狭部まで八〇海里に迫っていた。ロジェストウェンスキーは司令塔の肘掛け椅子に座りながら、徹夜で水雷攻撃を待った。

一九〇五年五月二七日の朝が明けた。だが海面には濛気《もうき》がたちこめ、視界は五〜六海里もなかった。バルチック艦隊は隊列を変えることなく、二列縦陣のまま対馬東水道に向かっていった。六時半、対馬の手前五海里で巡洋艦『和泉《いずみ》』を発見した。

ロジェストウェンスキーは『和泉』が通報しか任務を帯びていないと判断し、意に介さなかった。気がかりなのは濛気を利用しての水雷艇の襲撃であり、このための二列縦陣を変更するわけにはいかない。左前方また左後方から旧式艦を集めた巡洋艦隊や軽巡中心の出羽艦隊も見えてきたが、重要な敵ではない。

巡洋艦『オレーグ』または戦艦『アリヨール』が誤って応戦し、各艦もそれに従ったが、ロジェストウェンスキーは「無駄玉をうつな」と止めた。

九時、ロジェストウェンスキーは、速度を一一ノットに上げることを命令した。

バルチック艦隊は、先頭を行く偵察を目的にした巡洋艦『ゼムチューク』から最後尾の病院船『アリヨール』まで海里の長さに伸び、上海沖から直線で対馬東水道に向かって進んでいた。

午前一一時、「コース二三二」の信号があげられ、正午になると総員食事の命令が出た。濛気は徐々に晴れてきたが波浪は高く、船首は大きく波に洗われた。当日はニコライ二世の戴冠式記念日のため、士官にはシャンペンが振る舞われた。

食事が終わると、ラッパ手が戦闘準備の合図を全艦隊におくり、総員は決められた配置についた。そこで、ロジェストウェンスキーは水雷艇襲撃の恐れがなくなったとして、二列縦陣を単縦陣に修正する艦隊運動を命令した。ところが、この命令は『アレクサンダー三世』が信号を見誤り、その是正のため、後続の三隻が再度同様の回頭をくり返すという不手際となった。その結果、『オスラビア』を旗艦とする第二戦艦隊が気罐を落とし、第一戦艦隊四隻の艦隊運動を待たねばならなくなった。

このロジェストウェンスキーの単縦陣への変更について、司馬遼太郎は、「(ロジェストウェンスキーが驚愕し)「かれらはわれわれの進行方向に機雷を撒いた」と誤認したのである」と書いている。(『坂の上の雲　八』)

これは司馬の誤認である。機雷をロープでつないでも、海に落とせばグニャグニャになってしまいコントロール不可能である。そのうえ予定戦場に機雷を落とすと、味方被害の可能性がある。こういった発想にもとづくものは、初めから武器とならない。

機雷をまくという海軍戦術は、どこの国の海軍にもない。機雷とは径〇・七四メートル、四〇〇キロに達する大きなものであって、それを浮流させたならば簡単に発見されてしまう。それゆえ海底の重しからワイヤーを伸ばして沈置《ちんち》する。それをコントロールできるのが魚雷なのであって、機雷まきが戦術になるのであれば魚雷はいらない。

これを言い出したのはセミョーノフである。黄海海戦中の出来事として、次のように書いている。

「日本人にとって、極小のチャンスであっても、何事も無意味であることはない。日本人は我々の方向に向かって浮流機雷(重しなし)を投下したのだ。旗艦がコースを変えたことは、浮流機雷原から我々を救った。我々の艦隊はごく近くを通ったに違いない。『ノーウィック』は停船し、『浮流機雷注意』との信号をおくった。浮流機雷二個が右手に漂流していった」(Semenoff “Rasplata”)

日本人はたいそう高価な機雷を、「行方知らず」「味方被害の可能性」も省みず、極小のチャンスにかけたりしない。これについて、日本側に記録がないばかりでなく、『ノーウィック』は機雷を発見しながら、当時の掃海の常套手段――小銃や機関銃による射撃を加えていない。機雷は小銃弾が命中すれば、爆発せずとも沈むのである。（188頁参照）

セミョーノフはさらに、ロジェストウェンスキーが単縦陣に変更せよと命令したことについて次のように書いている。

「「彼らの意図するところは、あるいはわが艦隊の前方に浮流機雷を敷設しようとするのではあるまいか」と考えた提督は、急ぎ第一主戦艦隊をして敵の右前方に出でしめ、最良戦艦五隻をもって、彼らを駆逐せしめようとする策を立てた」（セミョーノフ『殉国記』）

駆逐艦対策のため戦艦をあてたということだが、ロジェストウェンスキーはこの水深で機雷が敷設できると信じなかっただろうし、浮流機雷のような戦術であれば軽巡なり駆逐艦を先行させれば十分だとわかっており、『ゼムチューク』を現に先行させていた。

これのほかに『連合艦隊戦策（八）奇策』に連繋機雷が出てくるため、それとセミョーノフの浮流機雷を同一に近いとみなす見解が昭和の海軍将校から出ているが、まったく根拠がない。連繋機雷とはロープで浮標機雷（一号機雷）を複数つなげたものだが、

戦法は浮流機雷とはまったく異なる。（194～196頁参照）

「敵艦見ゆ」


連合艦隊の泊地である鎮海湾・加徳水道から対馬東水道最狭部まで、対馬で直角に曲がっても六七海里ほどである。時速一〇ノットで走っても七時間かからない。

信濃丸が二〇三地点で「敵艦見ゆ」と発見し、無線で報告したのは、ロシア側記録では一時一五分ごろとなっているが、『公刊戦史』では四時半とされている。ロシア側が偽りをなす理由がないので、一時一五分が正しいと思われる。

『公刊戦史』もロシア側の『露日海戦史』も同様であるが、デスクワークに専念する少壮官僚の作文であって、実際的な問題を精神主義的なことに置き換えることが多い。連合艦隊が日没による砲戦時間の終了を考慮すれば、早めの出撃をなすべきだったとの批判に備え、信濃丸の通報時刻をわざと遅らせたものだろう。

東郷平八郎にとり、この海戦の主題は「主砲射撃」だった。つまり六インチ速射砲で勝つのではなく、主砲射撃で勝ちに行こうとした。

砲身命数から、一二インチ主砲は一門あたり一二〇発ほどしか弾丸を積載していない。主砲発射速度は二分に一発であるから、余裕をみて九〇発発射が限界とみなせば、砲戦時間は三時間しかない。ゆえに朝から砲戦をやっても意味がない。日露戦争から第一次

出撃図

大戦の間の、不定期遭遇戦を除くすべての海戦は、正午以降に始まり日没で終っている。
明治三八年五月二七日『三笠戦闘詳報』によれば、六時五分航進《こうしん》を起こし、同一五分原速《げんそく》（普通航行用の速力）一二ノットをなした。七時一五分加徳水道を出た。東郷はここから、『和泉』からの無線による報告と出羽艦隊からのものが食い違ったため、西水道に来るのか東水道に来るのか迷ったようである。結局、出羽艦隊が誤りだったのだが、情報ソースを複数もった場合、避けられないミスだろう。いずれにせよ時間に相当の余裕があり、迷走したものの、九時三九分には韓崎《からさき》（対馬の北端）の対州三島灯台を南南西1／4西一〇海里に見るところまできた。

沖ノ島沖でバルチック艦隊に会敵することを目論み、ここで南東1／2南に変針した。その後、一〇時五分、『浅間』を旗艦とする水雷艇からなる奇襲隊を竹敷要港に戻した。バルチック艦隊の先頭が巡洋艦『ゼムチューク』であるため、旗艦『スワロフ』への連繋水雷による奇襲ができなくなったためである。

食事が一一時五五分に終わると、『三笠』

の伊地知艦長は総員を後甲板に集合させ、一時間後に会敵の予定である旨、訓示した。実際には交戦は二時間後（発見は一時間五〇分後）であり、東郷司令部は艦長にも航路方針を伝えていなかったことがわかる。

東郷は韓崎から、いったん南東1／2南に針路を定め、対馬東水道の壱岐《いき》寄りに進み、そこから鋭角を描いて、沖ノ島方向に向かうことを目論んだ。つまり距離を開けながら、バルチック艦隊から見て右から左へ横切ろうとした。この操艦のために一時間をかけた。○時三八分、針路を南西1／2西に変え、同時に一二インチ、六インチ砲に鍛鋼榴弾装塡が命令された。イギリスの観戦武官ペケナムは戦艦『朝日』にいたが、南西西への変針をみて驚いた。

「もし右側にバルチック艦隊を発見すれば、コースをすぐ変針するつもりではないかとみたが、姿が見えないうちに南西西に変針した。しかし突然（実際には一時三九分）、左側に巨艦の列が見え出した。バルチック艦隊の先頭だった。先頭にある四隻の戦艦はほかの艦をすべて小人のようにみせた」（以下、Packenham “British Naval Attaches Reports”）

二時二分、バルチック艦隊は南1／2東九〇〇〇メートルにあった。そして二時五分、東郷平八郎は一六点の取舵を命令した。『三笠』を先頭に、定点で順次に反転を開始した。『三笠』が取舵をとったとき、バルチック艦隊旗艦『スワロフ』との距離は八〇〇

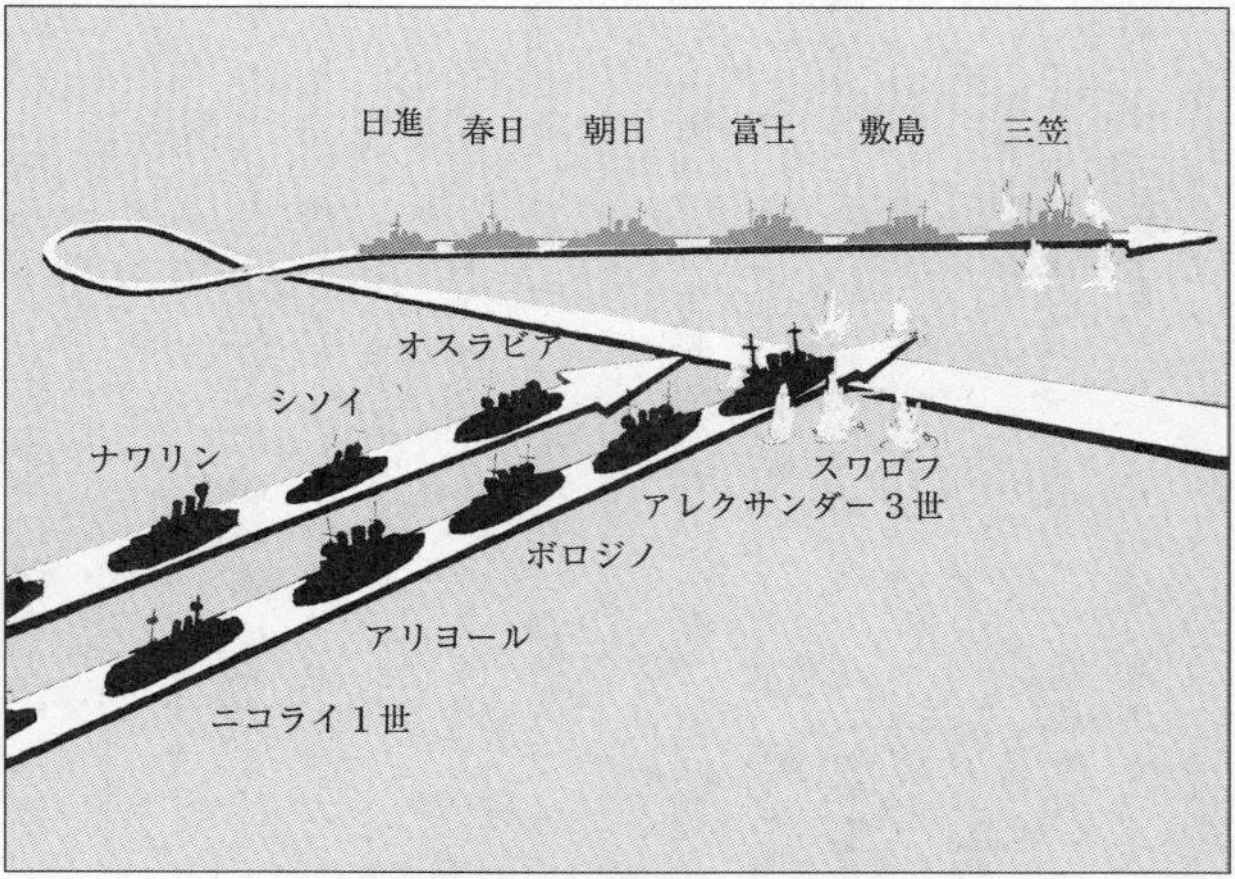


日本海海戦（第一回戦）敵前大回頭

○メートルだった。

**敵前大回頭**

東郷平八郎の反航戦からT字にもちこむ秘策は、敵前大回頭だった。この作戦は敵味方ともに驚かせた。ペケナムは次のように書いている。

「日本艦隊の回頭はこれ以上悪いものはない、と思わせるものだった。五〜六分はつづくとして、このとき日本の運命は先頭の数艦にかかっていたのだ」

ロジェストウェンスキーの記録係セミョーノフは、これの直前、次のように具申した。

「閣下ご覧ください。敵の主力艦隊は全部で六隻です。かねて申し上げたとおり、あとの六隻はかならず別に一枝隊を編成してやってくるにちがいありません」(以下、セミョーノフ『殉国記』)

これに対し、ロジェストウェンスキーはセミョーノフを見向きもせず、じっと望遠鏡をのぞいたまま静かに頭を横にふって言った。「いや六隻でない。もっと多いぞ。見ろ、あとから次々と現れてきたではないか」。このあとロジェストウェンスキーは、「さあ諸君、位置につくんだ」と命令した。

その後、記録係セミョーノフは後部艦橋に移ったため、ロジェストウェンスキーの敵前回頭についての、その場におけるコメントは残されていない。その代わり、セミョーノフは次のように書いている。

「突如、日本艦隊は左舷へ順次に回転、逆航をはじめたのである。説明するまでもないが、この順次回転というのは、後続艦が先頭艦の回転した位置に来て、同じく回転することをいうのであって、したがって、この回転位置はいわば海上における一つの動かざる点も同様であるから、砲撃する側にとっては、まるで先方からわざわざ標的を作ってくれるようなもので、こんな都合のいいことはないわけである」

これは奇怪な論説であって、砲術を知らない人間の頭に入りやすいが、少しでもこの時代の砲術を知れば、このようなことは成立しないことがわかる。

なぜならばセミョーノフの方法は、『三笠』から順番に『敷島』『富士』『朝日』『春日』『日進』と、射撃目標を変更する方法である。これ自体かなり難しい。一つの動かざる「点」は事実にしても、その「点」に目標がいるかいないかは重大なことである。すなわち敵艦がいない「点」に射撃しても意味がない。

司馬遼太郎は黛治夫の著作から、次のように引用している。

「戦史を調べると東郷長官が「取舵」を命じてから百四十五度回頭（一二点のこと、太平洋戦争時の海軍将校は角度について九〇度法を使う）するまでに約二分間を要する。その間、『スワロフ』以下敵の新式戦艦五隻から、大口径砲はおろか中小口径砲の一発さえ射っていない。二番艦『敷島』が新針路に入ったころ、やっと射ち出したのである。（中略）『三笠』が取舵を取ってから三分間は全く射撃されていない。そして始めて十五サンチ砲（六インチ砲のこと、太平洋戦争時の海軍将校はメートル法を使う）の小さな弾丸が『三笠』に命中したのは回頭開始から実に八分後の午後二時十三分。三十サンチ（十二インチ）弾が命中したのはそれよりさらに一分後である。（中略）目標が回頭中、一点に集弾させることはジャイロコンパスのなかった昔の軍艦ではできない芸当なのである」（『坂の上の雲　八』157頁。（　）は筆者）。

黛＝司馬は、ロジェストウェンスキーが定点射撃を実際に試みたが、失敗したと論じている。これは誤っている。『三笠』は黛の論に反して、実際には相当の命中弾をうけた。

『三笠』は一六点の回頭を終了し定針するのに五分かかっている。なぜ黛が一二点を論じる必要があるのか不明である。『三笠』と『敷島』の距離は四五〇メートルあるから、一五ノットで進むと、『敷島』が『三笠』の地点に到着するのに一分かかる。すなわち第一戦隊六隻が定針するのに全部で一一分かかることになる。ところが、『オスラビア』の一弾試射が『三笠』の近く（オーバー）に落ちたのは、二時七分である。つまり、二時五分の回頭開始から二分後である。

黛は、『敷島』が新針路に入ったころ（敵戦艦五隻が）うちだしたとしており、六分後を意味する。しかし『三笠戦闘詳報』では二分後であり、「戦史」を調べていないとしか思えない。

敵の六インチ砲弾が『三笠』にはじめて命中したのは二時一二分であり、このときでも、まだ第一戦隊はすべて回頭を終えていない。ジャイロ・コンパスなどという変距率計算のため、第一次大戦以降に現れた器物を持ち出すまでもなく、バルチック艦隊は「定点」でなく『三笠』に集中打を加えようとしたのだ。

つまり、セミョーノフの言うように「定点」に狙いをつけるのではなく、ロジェストウェンスキーは『三笠』を狙おうとしたのであり、倒れるまで、その方針を貫いた。つまり遅い艦隊の定石《じようせき》――「全砲門を旗艦に向ける」を、『三笠』回頭直後から維持しつづけようとした。

バルチック艦隊は中央管制による射撃を砲術の原則としており、各艦の砲術長は旅順艦隊からの申し送り事項（東郷の戦艦隊の戦闘速度は一五ノット）から苗頭を計算し、一弾試射により距離の当たりをつける方法を採用していた。

弾着をもとに距離を算出すると、目標は動く艦を前提とすることになり、「定点」射撃という方法はとれないのだ。ロジェストウェンスキーは回頭開始直後に、『三笠』を目標とする「射撃開始」を命令した。

東郷のとった「敵前回頭」の砲術上の問題は、『三笠』回頭中の五分間、そして後続艦が回頭中で射撃できない一一分間、一方的に旗艦『三笠』が集中打を浴びるリスクをとったということができる。しかし反航戦から理想的なT字を切るためには、この方法しかないのも事実である。以降の歴史で、「敵前回頭」をやった提督はいない。

司馬＝黛の「東郷のえらさは大冒険をやったことではなく、それを知りきって「不安なく回頭を命じた大英知」にある」（『坂の上の雲　八』157頁）といった表現が適当とは思えない。

敵前回頭は、司馬＝黛の言うように「弾が当たらないこと」を、英知をもって計算して実行したものではない。東郷司令部は、これがT字の理想であり、「弾が当たること」を覚悟して実行した。

東郷平八郎は「大」や「英知」が似合う男ではない。むしろリサ海戦のテゲトフやトラファルガー海戦のネルソンに似て、「鉄の心をもつ提督」だった。東郷は自分の死を覚悟したものの、『三笠』が撃沈されてはならないことをよくわかっていた。しかし東郷は、ロシアの一二インチ徹甲弾が戦艦の装甲を射洞できないと確信していた。これは黄海海戦で十分な裏づけがあった。

東郷は海軍技術会議の出した結論――「現行の徹甲弾は十分な戦果をあげることができず、下瀬火薬の重量比一〇%充塡の鍛造榴弾がもっとも効果的」を実行した。当時、世界の海軍界では、次の海戦で使用されるべき弾丸は徹甲弾だという見解が流行していた。東郷司令部はあえて、その流行に逆らったのである。

反対にロジェストウェンスキーは、六インチ砲弾を含め徹甲弾を使用することを命令した。第一次大戦になると、被帽《ひぼう》(キャップ)付き徹甲弾[1]が実用化され、ロジェストウェンスキーのとった方法は正しいものとなった。技術評価は新奇なものに取り組まねばならないが、取り上げないこともまた決心である。

黛は日本海海戦の評論として、T字を切ることはやめ、主力となる戦艦・装甲巡洋艦は好敵を求めて、徹甲弾による一対一の砲撃戦で臨む(対艦射撃という用語を使っている)べきだったと書いている。

太平洋戦争における海軍将校の技術評価が、どのようなものかわかって興味深いが、評論するからには、太平洋戦争時の徹甲弾ではなくて日露戦争当時の徹甲弾がどのようなものか、まず調べる必要がある。黛のようにしたら、バルチック艦隊の大部はウラジオ遁走に成功していただろう。

さて東郷の敵前回頭に戻ると、四分間一方的にうたれ、その後、七分以上にわたり第一戦隊六隻全部が射撃できないリスクは、やはり大きいとしなければならない。

第一次大戦で使用された被帽付き徹甲弾で攻撃されたとするならば、『三笠』は撃沈されていただろう。海戦における勝敗は常に紙一重であり、紙一重を実行する「鉄の心」が勝負の明暗をわけることになる。「敵前回頭」はほかの名戦術と同じく、日露戦争のその一瞬の光芒にのみ成立する戦術だった。

東郷の艦隊が反撃を開始したのは二時一〇分、『三笠』の六インチ砲による一斉試射からである。つまり定針《ていしん》したと同時に試射を行なった。このとき六四〇〇メートルで、二時一一分からは一二インチ砲も加わったが、一二分に距離が五五〇〇メートルとなったのち、距離はむしろ開いた。

『三笠』が命中弾をおびただしくうけたのは、この二時一〇分から一四分の間で、一九弾うけている。日本海海戦の全期間中、『三笠』に一二インチ弾一〇発、六インチ弾二一発が命中したが、砲戦開始五分で三分の二弱をうけたことになる。

一方、『三笠』の一二インチ主砲は、二時一五分の第三斉射で夾叉《ストラドル》を与えたものと推定される。そこからは命中弾は連続する。東郷平八郎は「だいたい五〜六発目が一番よく当たる」と後年語ったが、まさにこのときである。

二時一六分、第一戦隊の六隻すべてが砲撃を開始する態勢になった瞬間、『スワロフ』は紅蓮《ぐれん》の炎に包まれ、黒煙があがるのが望見された。『三笠戦闘詳報』によると、それ以降、一二インチ砲および六インチ砲毎発は、ほとんど空弾《くうだん》なく命中したという。これが斉射法の威力であるが、二時四二分にはあまりにも黒煙が激しく、砲撃を中断した。

東郷が敵前回頭を終わらせ定針し、六隻が『スワロフ』一隻に向かうようになると、もはや勝負にならないのは明らかである。T字を切れば、日本の六隻は縦貫《じゅうかん》射撃（縦一線に並んだ敵に射撃すること）できるが、ロシア第一戦隊旗艦『スワロフ』の後方にある三隻は、『スワロフ』が邪魔になり、『三笠』を打ちづらくなる、そのうえ『三笠』がT字の接合部に近づくと、前部主砲のみしか打てない。

ロシア側記録によると、六インチとみられる弾丸が士官食堂に命中したのが『スワロフ』の被弾第一号で、その瞬間から命中弾が殺到し、数えることができなくなった。艦の周辺の海水は煮えたぎるようになり、双眼鏡からの視界はほぼゼロになった。その二〜三分後には司令塔に命中し、砲術長ベルセネフ大佐と水兵二名が戦死、ロジェストウェンスキーの周りは飛び散った血と脳漿《のうしょう》で一杯となった。

イグナチウス艦長が「敵の照準が合ってきているようです。向きを変えましょうか?」と尋ねたところ、ロジェストウェンスキーは「バシリエビッチ、落ち着け。敵も合っているかもしれないが、味方も合ってきている」と答えた。イグナチウスは砲術にうとかったのだろう。

中央管制による射撃では、自らの艦が方向を変えると、やはり命中しなくなるものだ。だが主砲だけだと二四門×一六門の戦いであり、かつT字を切られ、不利な位置関係にあることを考えれば、ロジェストウェンスキーは決然としすぎたのかもしれない。

喫水線下に命中弾をうけたと報告があったとき、ロジェストウェンスキーは初めて面舵、すなわち右旋回を命じた。だが、その五分後、巨弾が再度司令塔に命中し、破片がロジェストウェンスキーの頭と足に命中した。これは二時二一分ごろと推定される。

この五分後、前部主砲は破壊され、二時三〇分には舵機に命中し、『スワロフ』は操艦不能となってしまった。『三笠』の一二インチ初弾命中から一五分後にすぎなかった。東郷平八郎の作戦は完全に的中した。

### ロジェストウェンスキー昏倒

『スワロフ』は舵機が破壊され、火災がすべての上部構造をなめつくし、マストが飛ばされ、しかも上部甲板から水が滝のように流れ落ち、艦は左に傾いた。

それでも機関は正常であり、二個あった測距儀は破壊されたが、残った備砲は火を吐きつづけた。司令塔で生き残った者は、重傷を負ったロジェストウェンスキー、イグナチウス艦長、航海長と水兵二人だけだった。炎はしばしば司令塔まで上がり、視界はなく、ついに下部指揮所に下りることになった。

屍体をよけて司令塔の床にあるハッチを開けると、下部指揮所に通じているシャフトがある。ロジェストウェンスキーは頭と足から出血していたが、気丈にも梯子を一人で下り、下部指揮所にたどり着いた。だが、着いたとたん意識が朦朧《もうろう》となり、あたかもうわ言のように命令した。「いかなることがあっても、「コース二三」を維持せよ」。

意識がはっきりしたとき「どこか見える場所はないか」と言いながら、上甲板に一人で歩きだした。上甲板に着いたが立っていることができず、よろめき、座り込んでしまった。ちょうどそのとき、近くで炸裂した一弾の破片が左足のかかとに命中し、骨を砕き、大量出血させた。

ロジェストウェンスキーは、装甲でおおわれている右舷の六インチ砲塔内にかつぎこまれた。そこでロジェストウェンスキーは「なぜ射撃しないのか」と問い、砲手に「もはや砲塔が回転しない」と言われると、「そうか」と黙った。

ボロジノ級戦艦の特色は、連装砲塔に装備された四五口径の六インチ砲である。ところが砲塔付近に弾丸が命中すると装甲板がゆがみ、そのまま回転不良を起こすことが多かった。ケースメートに格納した場合でも、付近に命中すれば相当の損害をうけるのは必定であり、命中弾が多すぎたのだろう。『スワロフ』は『三笠』砲撃開始から一五分間で、一〇〇発以上の命中弾を浴びた。

ロジェストウェンスキーが、いつ六インチ砲塔にかつぎこまれたのか、ロシア側の記録は一定しない。その後、五時三〇分、駆逐艦『ブイヌイ』に移乗するまで、彼は意識を失った状態にあった。

事前に命令されたとおり、『アレクサンダー三世』の艦長ブハウォストフがバルチック艦隊を率いることになった。ブハウォストフは二時三〇分、『スワロフ』が舵機を破壊され、回転し始めたころに異変を察知し、後続艦を率いながら「コース二三」を維持しようとした。

## なぜZ字戦法はなかったたか?

『スワロフ』が列外に出て、代わって『アレクサンダー三世』が嚮導艦になると、『三笠』以下六隻は『アレクサンダー三世』に砲撃を集中した。砲戦は一五分間つづき、『アレクサンダー三世』は猛火に包まれた。

ところが、『三笠』以下第一戦隊の四艦は二時五七分、「打ち方やめ」の号令とともに、左八点の一斉回頭を行なった。この段階で第一戦隊はT字を切り終わり、『アレクサンダー三世』が率いる『ボロジノ』『アリヨール』は『三笠』の右後方にいた。『連合艦隊戦策』によれば、この段階以降はZ字戦法によるとされている。

Z字戦法とは、連合艦隊が主力を二つに分け、東郷平八郎が直率する第一戦隊と上村彦之丞の率いる装甲巡洋艦のみからなる第二戦隊を独立して運用する方針に基づいたものである。具体的にはT字を切りおわったあとの方法で、敵艦隊を第一戦隊と第二戦隊で挟み込み、両側から十字砲火にかける艦隊運動である。

このためには、T字を切り終わった第一戦隊は、敵艦隊をやり過ごし、再度、同航戦に持ち込む必要がある。左八点の一斉回頭はそれに沿った運用である。

ところがこの回頭のあと、東郷は再度左八点の一斉回頭を命じた。この時の一斉回頭は順次でなく、その場の一斉回頭であり、艦の順番が変わる。すなわち『日進』が先頭になり、『三笠』は最後の六番艦となった。この艦隊運動は猛火に包まれた『アレクサンダー三世』と『ボロジノ』『アリヨール』の後ろで行なわれ、後続の『ナヒーモフ』との距離は二六〇〇メートルにすぎなかった。

そして最後尾の『三笠』は三時一五分から、一二ポンド砲(2)で『ナヒーモフ』に砲撃を開始した。三時二四分には海面が再び濛気でおおわれ、「敵の主力幽かにして、ついにその姿を失いたるをもって発砲を中止す」としている。

この意図的ともみえる、敵の主力と遠ざかる艦隊運動は何を意味するのだろうか？

司馬遼太郎は「戦いはたけなわで、いわば敵をにがすか殲滅するかの正念場であるはずだのに、東郷はそののんびりした艦隊ダンスに熱中していなければならなかった」と書いた（『坂の上の雲　八』）。

これほど勝利した提督に対する悪罵《あくば》も珍しい。だが敵艦隊主力はともかくとして、東郷から一部は明らかにみえていたのであり、なぜ遠ざかり、なぜZ字運動をとらなかったのかを検討しなければならない。

戦艦アリヨールの膅発

## 魔の二八発目

日露戦争で海軍首脳を一番悩ませたものは膅発だった。黄海海戦でこれが多発した（202頁参照）。じつは、司馬遼太郎が書く、海戦における日本側がうけた残虐な場面の描写の大半は膅発事故である。

「後部の主砲である十二インチ砲に敵弾が命中し、一門を破損した。兵一名が体をタテに割られるようにして戦死したほか、士官以下十八人が一挙にたおれた。負傷者のひとりに、海軍少佐博恭王《ひろやすおう》（3）という皇族がいた」（『坂の上の雲　四』）。

これは黄海海戦における『三笠』の膅発事故であり、

第二回戦で起きた。腫発は日本の軍艦に限らない。ロシアの戦艦『アリヨール』でも発生した。

「いきなり、砲廓の間隙のあたりが目も眩むようにパッと明るくなったと思うと、怖ろしい音響が耳朶を打った。五、六名の砲部員がばたばた倒れた。パウリーノフ大尉は、がっくり前踞みになって、負傷した頭を両手で抑えていたが、まるで頭が転げ落ちるのを心配しているようだった。やがて部下と周囲のものを見ようとして、用心深く後を振り向いた時、その眉の黒い顔には、嬉しそうな驚きが浮んだ。——彼は生きていたのだ。

「『畜生！　砲廓なんて、これじゃ何の役にも立ちませんよ、分隊長』砲部員の一人が叫んだ。

だが、パウリーノフ大尉の耳にはその声がはいらなかった。彼の両耳からは血が流れていた。——鼓膜をすっかり破られてしまったのだ。（中略）さてふたたび火蓋をきろうとしたとき、砲手ウォルコフの魂消るような声が響いた。

「や、や——あれをみて下さい！」

みると、左方の砲身がかなり大きく欠け落ちていた。」（ノビコフ・プリボイ『バルチック艦隊の潰滅』）

それまでにも腫発は発生したが、原因はなかなか究明できなかった。現在では原因が一つでないことがわかっているが、黄海海戦のあまりの惨状に、日本の艦砲だけに起きると疑われ、下瀬火薬や伊集院信管[4]が怪しいとされた。

現場では「魔の二八発目」とささやかれていた。すなわち膅発は、試射第一発目から数えて二八発目に起きることが多かった。

東郷司令部は、この原因についてさまざまな仮説をおいたと思われるが、有力なものとして残ったのが「砲身赤熱説」だった。つまり、大口径砲ほど装薬の量が多くなるが、その熱エネルギーを吸収すべき砲腔面積は比例して広くはない。このため一二インチ砲では、二〇発前後から砲身の付け根が赤熱してしまう。そして弾丸がそこを通過するとき、信管が作動してしまうのだ。

日進前部砲塔の膅発

だが、第一次大戦の直前に信管誤作動防止装置が発明されるまで、砲身赤熱による膅発を防ぐ手段はなかった。
そして、普通、膅発は一門で起きる。例外は、日本海海戦の初日午後五時すぎ、『日進』の前部砲塔で起きた両門斉射時の、同一タイミングでの膅発である。このときの事故は、山本五十六（一八八四～一九四三）に重傷を負わせたことでも有名である。腔発を知るどこの海軍当局も極秘にした。この事実を知らないと「魔の二八発目」で砲塔一つの戦力が失われるわけだから、知った方は秘密にしないはずがない。

連装砲塔であれば、一門が破壊されると、切断された砲身が別の一門にも当たって砲身を曲げてしまい、使い物にならなくなる。それが連装砲塔の欠陥である。それが三連装になれば、打撃はもっと大きくなる。

第一次大戦終了まで、日・英・独は、弩級戦艦に三連装砲塔を搭載することをあくまで拒絶した。ドイツがどのように腔発の秘密を知ったかは不明である。ただ友邦オーストリア＝ハンガリーが三連装砲塔を計画したとき「理由はいえないが、やめた方がよい」と説得につとめたといわれる。

東郷は、二五発前後で主砲射撃をやめ、ホースで海水をかけ砲身冷却をはかることにした。このための時間稼ぎで、ロシア艦隊主力をやりすごしたのだ。また、腔発の少ない小口径の一二ポンド砲を活用することにした。この結果、二時一一分の一二インチ砲試射開始から、二五発前後をうった二時五七分に「打ち方やめ」の命令が出され、Z字戦法も実行に移されなかった。

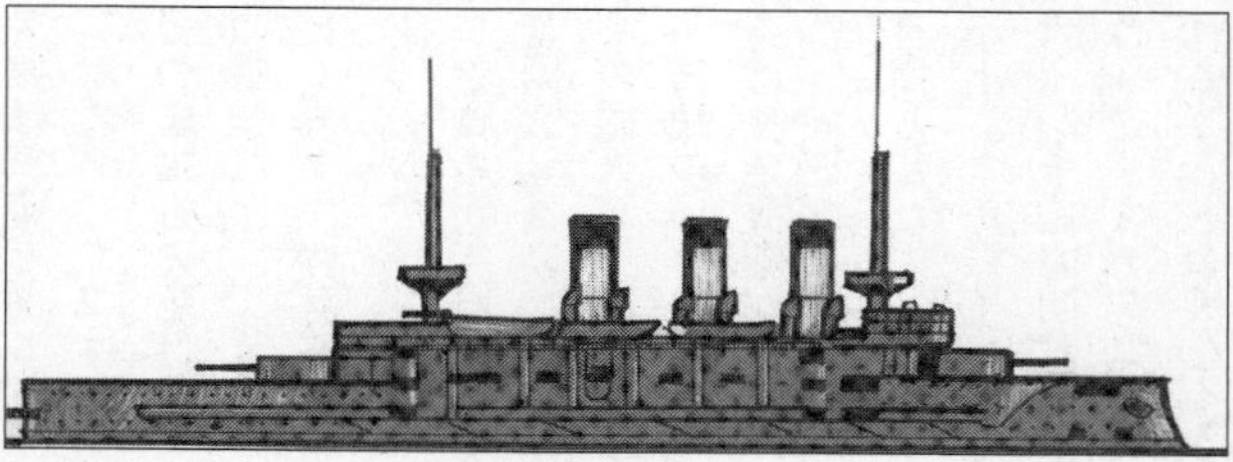

戦艦オスラビア

**戦艦『オスラビア』の最期**

戦艦『オスラビア』は、四隻つくられたペレスウェート級二番艦で、二重甲板、タンブル・ホームの舷側という、ボロジノ級と同じフランス式の設計でつくられていた。タンブル・ホームは上部構造を重くしても重心が上がらない工夫であるが、重心がある限度を超えて喫水線に近づくと、急速に復原性が悪化する。

『オスラビア』もほかのボロジノ級戦艦四隻と同じく、長途の航海のため過剰積載となり、重心があがっていた。

『オスラビア』は、ロジェストウェンスキーの直率である『スワロフ』以下四隻の第一戦隊の次に進む、第二戦隊の旗艦の役割を与えられた。

当日一一時半、水雷艇防御のための二列縦陣から、砲戦のための単縦陣に切り替えようとしたとき、第一戦隊が操艦に失敗した。結果は単縦陣どころか『スワロフ』以下、不整陣になってしまった。この影響をうけて『オスラビア』は気罐を落とし、減速した。そこで東郷艦隊が一六点の順次大回頭を始めた。『オスラビア』はこのとき、『三笠』に一番近い位置にあった。『オスラビア』はほかのどの艦にも先駆けて、『三笠』に発砲した。これにつづいたのが『スワロフ』以下四隻の戦艦だが、『オスラビア』の率いる戦艦『ナワーリン』と『シソイ』、装甲巡洋艦『ナヒーモフ』も射撃を開始した。日本の第一戦隊は『スワロフ』に砲火を集中した。『オスラビア』も減速したまま『三笠』を狙いつづけた。

ところが二時一七分、上村の率いる第二戦隊の旗艦『出雲』が回頭を終え、『八雲』『浅間』『吾妻』『常盤』『磐手』とつづいた。今度は、第二戦隊の装甲巡洋艦六隻のすべての砲火が、『オスラビア』に向かうことになった。

後続の『ナワーリン』『シソイ』『ナヒーモフ』のもつ大口径砲は砲身が短いうえ、装薬は黒色火薬だった。それでも手はずの通り、『オスラビア』は『三笠』を目標とし、『ナワーリン』など残り三艦と『ニコライ一世』を先頭とする第三戦隊は、上村艦隊を目標とした。

『出雲』が六インチ砲による試射を終え、次に『八雲』とつづき、三番目の『浅間』の六インチ砲六門試射は第一回目から『オスラビア』に夾叉弾を与えた。『ニコライ一世』の一二インチ砲弾も『浅間』の舵機に命中した。このため『浅間』は一時、戦列から離れることを余儀なくされた。

六隻の巡洋艦による『オスラビア』への砲火は、すさまじいものだった。二時二〇分ごろ、一弾が左舷の錨鎖口《びょうさこう》に命中し、錨が海中に落ちると同時に艦首の一部が飛び散った。この頃から八インチ砲弾は無数に飛来し、そのほとんどが命中した。ペレスウェート級は、タンブル・ホームを除く乾舷の装甲は三インチ尋常鋼板にすぎなかった。乾舷に六インチ砲弾が命中しても穴があいた。そして複数の幹線電気配線に同時に弾丸が命中し、艦前部の電気の供給が止まると前部砲塔の回転も止まってしまった。その瞬間、八インチ砲弾二発が同時に砲塔に命中した。装甲板が飛び、砲塔を動かす歯車から砲塔の回転部分を浮き上がらせてしまった。

さらに司令塔・六インチ砲塔にも命中弾が相次ぎ、二時半までのわずか一〇分間に、『オスラビア』の戦闘能力はほぼ失われた。左舷前部に開いた相当数の穴から海水が落ち、艦前部は海中に沈み始めた。だが日本の六隻の巡洋艦からの砲火は止まるところを知らず、上甲板や六インチ砲が格納されている砲甲板に火災が起き、絶え間なく砲弾の破片が飛び散った。

やがて一弾が左舷中部にある喫水線下の魚雷発射管に命中し、穴をあけると、つづけて第二弾が命中した。穴は広がり、まるで馬車が通れるようになったという。左舷への傾斜は急に激しくなり、ねじれるように左舷前部から海中に沈み始めた。

ベル艦長は艦橋に止まりながら、「総員退去」を命令した。最後は天井を走るパイプにぶら下がりながら「総員退去」と叫びつづけた。乗組員の多くは右舷に集まっていたが、右舷から海中に飛び込もうとしてもタンブル・ホームが邪魔したため、舷側を滑るようにして海中に落ちた。

三時一〇分、『オスラビア』は船尾を空中にあげ、転覆しながら沈没した。『オスラビア』につづく第二戦隊の三艦の乗組員は、この沈没を目撃し、あまりの悲惨さに我が目を疑った。乗組員八〇〇人のうち、四〇〇人が海に投げ出され、そのうち二六〇人が駆逐艦や軽巡洋艦に救助された。巡洋艦が戦艦の撃沈に成功した。これまでの海戦に例がないことが起きたのである。

**戦艦『スワロフ』『アレクサンダー三世』『ボロジノ』の最期**

東郷の率いる『三笠』以下六隻の第一戦隊は、三時二四分から、ホースで海水をかける砲身冷却の作業に入った。三時四三分、一斉回頭を行ない、再び『三笠』が先頭に立った。このとき進退の自由を失った『スワロフ』が東1／4北七〇〇〇メートルにあった。

三時五二分には、敵主力を南南東1／4南に発見した。四時一分、敵後尾にあった『アリヨール』に六五〇〇メートルの距離で、右舷六インチの一斉試射をもって砲撃を開始した。その後、追い抜くように進んだため、目標を先頭の『アレクサンダー三世』

戦艦三笠の後部砲塔の腔発

に変更した。このとき『アレクサンダー三世』は煙突を失っていた。

一二インチ砲の第二斉射で夾叉《きょうさ》を与え、爆炎が舞い上がった。『三笠戦闘詳報』によると、四時二三分、「弾丸費消の程度を察して」連続射撃を中止した。概ね二三分間の砲撃だが、敵第一戦隊は四分五裂の状態で、いずれの艦も大火災を起こしていた。

日本海海戦における日本側の主砲腔発事故は、『三笠』後部砲塔、『日進』前後砲塔の三件である。『三笠』後部砲塔の腔発は、どうもこのとき発生した可能性が強い。『三笠』はそれから四〇分あまり、再度、砲身冷却のため、大中口径砲の射撃を中止した。

この後、水雷攻撃が命令され、三発

発射されたが、いずれも命中しなかった。『アレクサンダー三世』に率いられた第一戦隊が、猛火のなか「コース一三」をとり北上するのを認めたが、『三笠』は減速しながら反対の南に進んだ。途中『ウラル』と『カムチャツカ』に遭遇し砲撃を加えた。五時二八分、一四点面舵をとり、『三笠』は北北西に進むバルチック艦隊と方向を同じくして進んだ。

五時五七分、西北西六三〇〇メートルにボロジノ級戦艦二隻を認めた。六時一二分、『ボロジノ』に試射を開始したが、西日が目に入り弾着が確認できなかった。六時三三分、初めて夾叉を認めた。ところが二番艦『アリヨール』の射撃が良好なため、目標を『アリヨール』に変更した。このとき『アリヨール』は南西微西、距離六四〇〇メートルにあった。

この六時台の砲戦では、東郷はT字を切ることをやめ、六〇〇〇メートル前後の距離を維持しながら砲撃を加えた。両艦とも火災が激しく、絶望的と視認できたためだろう。七時一〇分、「打ち方やめ」が命令された。

翌日の予定地、鬱陵島《うつりようとう》に向かうため北行を開始したが、七時三〇分、『ボロジノ』が突如として水烟のなかに沈没するのを望見できた（ロシア側の記録は七時一二分）。これは日本海海戦で唯一、『三笠』の乗組員が目撃した沈没劇である。

『ボロジノ』の沈没について、司馬遼太郎は「富士が放った十二インチ砲弾が六千メートルを飛んで戦艦ボロジノに命中し、汽罐が爆発し、つづいて火薬庫に火がまわりついに大爆発をおこし、ほとんど一瞬で沈んでしまった」(『坂の上の雲　八』204頁)と書いているが、司馬の沈没原因についてのほかの大半の記述と同様に、工学的な裏づけを欠いている。

当時、鍛鋼榴弾はもちろん徹甲弾でも、戦艦の艦底まで貫通することは不可能である。すなわち気罐室まで到達することはできない。また気罐が爆発しても、火薬庫には火がまわらないように設計されていた。火薬庫にある装薬に誘爆させるためには、艦底に到達するまで爆発しない超遅効性《ちょうちこうせい》信管を装着した被帽付き徹甲弾が必要である。このような火薬庫誘爆を伴った場合、船体が折れ、大爆発するなどして「轟沈《ごうちん》」する。当然、天を貫く大火炎が発生する。

『三笠戦闘詳報』には、『ボロジノ』の沈没は「水烟」をあげて、と書かれており、転覆以外考えられない。一般に転覆の場合、一瞬にして沈没するから、生存者がほとんどいない。『ボロジノ』の生存者は、七五ミリ砲手ユシチェンコ一人だけである。ユシチエンコの証言は次の通りである。

「六時台の砲戦で、士官の大半は戦死するか重傷を負い、それ以降、マカロフ中尉が操艦した。自分の受け持ちは艦首ケースメート七五ミリ砲だが、巨弾が命中し、私と下士官チェパーキン以外全員戦死した。チェパーキンは助けを呼べと叫んだので、砲甲板に向かおうとした。途中、士官私室や提督室の前を通ったが、跡形もなく破壊されていた。ところが上下甲板に通じる階段も破壊されていて、後部に進むことができない。そして屍体は累々としており、あたりに人影はなかった。左舷より上甲板になんとか上がったら、甲板は落ち込んでいて原形をとどめていない。仕方なく助けを呼ぶのは断念し、チェパーキンに報告しようと下に降りようとしたら、艦がいきなり傾斜を増した。そして、砲扉から海水が奔流してきた。手探りで蒸気管にとりすがり、足をハッチにかけて、そこに入り、服を脱ぎ捨てて、海水と戦いながら波上に出た。どこまで泳いだか覚えていないが、帆桁の破片に五人がとりついているのを見て、自分もそこまで行った。だが、時間がたつにつれ、寒さと疲れで一人ずつ落伍し、最後に自分だけ残った。」

ユシチェンコは翌日、駆逐艦『朧《おぼろ》』によって救助された。『ボロジノ』は、いわば勝手に転覆しているのである。このようなことが起きるのだろうか？　実は、同様の情況に立ち至った『アリヨール』の操艦について、プリボイが書き残している。

「『アリヨール』はぐーと左へ廻った。と同時に円を描いていく艦の外側、つまり右舷が傾斜しだした。上甲板や砲甲板あたりで、薄気味の悪いざーッという水の音が、司令塔まで聞こえてきた。昼間の戦闘の際、日本側の砲火を蒙って、本艦の傾斜計は

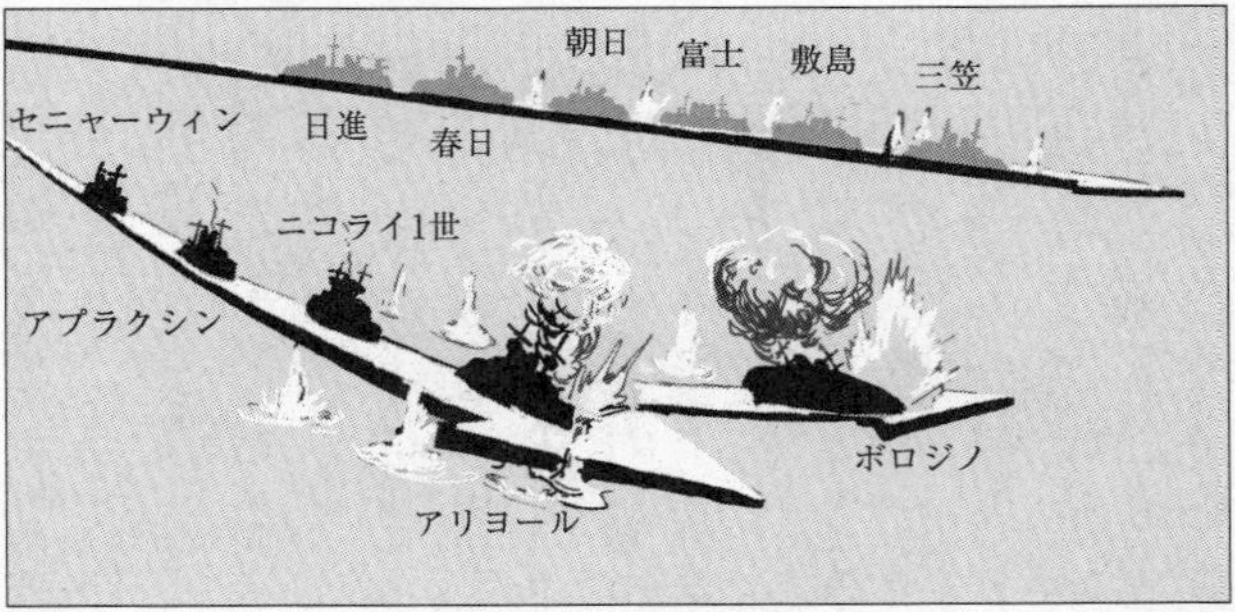


日本海海戦（第三回戦）

残らず壊されてしまったが、傾斜計がなくても、本艦はもう少しで危険という限界まで傾いていることは、感じだけでも判った。艦が傾斜するとき、いたるところの鉄がぶるぶるッと震えた。司令塔にいた者はみんな、八度の傾斜が限界ということを知っていたので一言も発するものがなかった。おそらくみんなは、私と同じく、かねて覚悟していた椿事《カタストロフ》の瞬間にはいったのを感じていたに違いない。」（プリボイ『バルチック艦隊の潰滅』）

『アリヨール』では艦が八度の傾斜までしかもたないことを計算していたので、回頭するさいには、鋭角的に曲がらず、大きな弧を描くようにしていた。『ボロジノ』の操舵機には、もはや危険を察知する造船技官（ロジェストウェンスキーはボロジノ級戦艦が復原性に弱いことを承知しており、各艦に造船技官を乗り込ませた）も残されていなかったのだろう。このため、急速な回頭を行なってしまい、それに伴う急傾斜に艦の復原性が耐えられず、転覆したのだ。

『ボロジノ』の六時台における奮戦は凄絶なものがあった。第一戦隊の戦艦『三笠』以下六隻の集中打を浴びながら、ひるむことなく嚮導艦としての役割を果たした。イギリス観戦武官ペケナムは次のように書いている。

「この艦の戦いにあたっての堅忍不《けんにんふ》抜《ばつ》と勇気は例のないものであって、英雄的な乗組員、ロシア海軍、祖国ロシアの姿を反映したものにほかならない。炎は艦首から艦尾に広がり、煙は風によって南北の水平線全部にたなびいた。おそらく、人間がいることができる場所は半分以下だろう。それでも戦いつづけた」

『ボロジノ』の直前に転覆したのが『アレクサンダー三世』である。この艦は『スワロフ』が戦列から退いた二時半ごろ嚮導艦となり、全艦隊を率いた。このため二時台後半の砲戦で相当の被害をうけ、落伍した。ちなみに連合艦隊の目標統制は厳格で、このとき『ボロジノ』はほとんど被害をうけていない。

三時台の砲戦中断期には、『ボロジノ』が嚮導艦となり、『アリヨール』『シソイ』とつづき、落伍した『アレクサンダー三世』は後方から追いつき四番艦となった。そのあと、『ナワーリン』『ナヒーモフ』[5]『ニコライ一世』とつづいた。

四時台の砲戦では、それまで損害軽微だった『ボロジノ』『アリヨール』『シソイ』『ナワーリン』が大損害をうけた。『シソイ』と『ナワーリン』は戦列から去った。

この頃『アレクサンダー三世』は、外観からも上部構造は全壊していた。それでも六時台の砲戦には果敢に三番艦となり参加した。ただ気罐に十分な蒸気があがらず、先頭を行く『ボロジノ』と『アリヨール』との間は大分距離が開いた。

斉射を五～六回浴びると、もはや戦列に止まれず、六時三〇分前に列外に出た。そこから『アレクサンダー三世』の乗組員は必死のダメージ・コントロールを図った形跡があるが、七時前後、左舷から転覆した（ロシア側の記録は六時三〇分）。反対側の右舷から滑り落ちる人の姿が、遠く『ナヒーモフ』から目撃された。生存者は皆無だった。

『アレクサンダー三世』の沈没要因も、海水が入ることにより艦の復原性が落ち、急旋回のさい、傾斜を増やしたため転覆したものだろう。

『スワロフ』もまた、おそらく同じ事情で沈没したとみられる。五時三〇分、ロジェストウェンスキーが退艦したのち、『スワロフ』は弧艦となり落伍したものの「コース二三」を守り、北北東に遅い速度で進んだ。このときも日本の軽巡洋艦などの射撃にさらされたが、機関能力は徐々に回復していった。だが七時前後、突然転覆した（日露ともに時間について記録がない）。

日没以前であり、水雷艇攻撃が本格化する前だった。ただ転覆沈没する姿は、日本の水雷艇に目撃されている。生存者は一人もいなかった。

『スワロフ』『アレクサンダー三世』『ボロジノ』の三隻は、すべて砲戦中でなく、突如、転覆沈没した。恐ろしいことに、三隻の乗組員計二七〇〇人のうち生存者はユシチェンコただ一人だった。

バルチック艦隊の中軸をなす戦艦五隻のうち『オスラビア』を加え四隻までもが撃沈されたことになる。残る『アリヨール』も、戦艦としての機能を完全に失っていた。

東郷平八郎は、二時から日没の七時までの五時間を海戦時間に設定し、中間に砲身冷却期間を一時間ごと設定した。すなわち三回砲戦をやり、二回の砲戦中止期間を設けた。この計画は完全に成功した。それでも、ボロジノ級戦艦を撃沈できるとは思っていなかったに違いない。

鬱陵島の待機地点に行くまでの間、戦艦二隻（当日最後まで『スワロフ』と『オスラビア』撃沈の確認がとれなかった）の沈没の報告をうけたとき信じられない思いだったろう。ボロジノ級戦艦の設計、とりわけタンブル・ホームがこの悲劇を招いた。では、それより前にできた旧式の低舷側戦艦『シソイ』『ナワーリン』の二隻はどうなっただろうか？

### 戦艦『シソイ』『ナワーリン』の最期

『シソイ』と『ナワーリン』は二時台の砲戦ではほとんど被害をうけなかったが、次の四時台の砲戦では大損害をうけた。『ナワーリン』は長方形に配置された四本煙突をもつ、特異な外観をもった戦艦だが、うち一本は砲戦中飛ばされ、なくなっていた。両方とも一二インチ砲をもつが、短砲身のうえ、装薬は黒色火薬だった。発射速度も遅く、日本の主力艦に抗すべくもなかった。

『ナワーリン』のフィンチゴノフ艦長は四時すぎ、司令塔に炸裂した砲弾の破片を腹にうけ、がっくりと倒れた。フィンチゴノフは副官ドウルキンの声に、「腸がちぎれたらしい」「いやあ、万事休すだ」と答えた。副官が励ますと、「馬鹿馬鹿しい最期になると思っていたが……」と何事もなかったようにつぶやいたあと、急に気を失った。

フィンチゴノフは手術室に運ばれた。その後、ドウルキンが指揮をとった。六時台の砲戦でも一方的に被害をうけ、戦列からはずれた。

七時一〇分、砲戦が終了した時点で、バルチック艦隊は戦艦『ニコライ一世』と『アリヨール』を先頭とし、海防艦二隻、巡洋艦四隻を含むグループを形成していた。だがそれから落伍または別離を決心した艦は、海防艦『ウシャーコフ』を先頭に『ナワーリン』『シソイ』『ナヒーモフ』の順で一団となり、やや北西に進んだ。

一方、八時より、日本の水雷戦隊は、おのおの敵を求めて夜襲を開始した。駆逐艦一七隻、水雷艇二四隻が参加した。目標は主としてこの落伍艦隊に向けられたが、五四本の魚雷を発射したものの、確認された戦果はなかった。ヒョロヒョロ魚雷では仕方ない。

戦艦『ナワーリン』は、六時台の砲戦により後部上甲板が破壊され、大穴があく被害をうけた。そこから海水が容赦なく船体に流れ込んだ。船尾は海面に没したが、それでも戦艦は沈まなかった。

だが蒸気管が破裂し、四つある気罐のうち三つが使用不能となった。夜一〇時をすぎると、船尾からの浸水を止められないことがはっきりした。そこにフィンチゴノフ艦長が手術室から戻り、「私は、あと二時間もない命だが、君たちはもっと生きて欲しい」と言い、総員退去を命令した。

しかし、ドウルキンは従わず、四ノットしか出ないにせよ、朝鮮半島に向かい艦を擱座させることにした。『ナワーリン』は弱弱しく西に進んだ。

午前〇時ごろ、連繋機雷をもつ奇襲隊として指定された、鈴木貫太郎率いる第四駆逐隊が『ナワーリン』の前方に現れた。このとき鈴木は二番艦の『村雨』を修理のため帰しており、三隻で索敵していた。鈴木貫太郎は『ナワーリン』撃沈を次のように描写している。

「この時の調子をいうと、最初にシソイベリキイを認め、その西側に見ていると、半月がやがて十五、六度の高さに上った。いかにも恰好が三笠に似ている、敵か味方か調べないといけない。三笠にしても昼間あれだけ激しく戦ったのだから、あるいは列を離れているかも知れない。それで敵味方の信号をやった。三遍合図したが返事がない。いよいよ敵だ、もし間違ったとしても仕方がない。そこで襲撃の手はずを取った。

その先にはもう一隻おった。いよいよ敵であることが判った。これは側へ行って見るとはっきり煙突のぐあいがナバリンである。もうその時だれも全滅を期しているから、思い切って襲撃をし敵の前方に出る戦法をとってやった。そして敵と並行して反対の方向に走りながら射つのである。これは敵の砲撃を避けるのに一番いい方法である。そうすると見事水雷が当たった。どうも水雷の発した距離を見ると朝霧が六百メートル、三番の白雲はたかだか三百メートルくらいだったから、水雷爆発の激動を感じた。（中略）非常な砲撃に逢うつもりでいたが、敵は弾一つ射てなかったのだ。五分でナバリンは沈んでしまった」（『鈴木貫太郎自伝』）

二つの駆逐艦でロープを張り、機雷二個をつなげ、そのまま前方に突撃する連繫機雷攻撃法が見事に成功した例だろう（194〜196頁参照）。

小田喜代蔵が発見した攻撃法であるが、その主題の一貫性に驚かされる。すなわち機雷を攻撃的に使用すること、および管制（コントロール）することである。コントロールする手段は常にロープであるが、戦艦『ペトロパブロフスク』を撃沈し、津軽海峡を封鎖し、戦艦『ナワーリン』を撃沈した小田の創意工夫は不朽だろう。

鈴木は沈没に五分かかったとしている。この間に乗組員は救助艇を下ろそうとしたり、めいめい海に飛び込んだりしたようである。フィンチゴノフ艦長の判断が正しかったわけであるが、結果論だろう。生存者は三人のみだった。

この攻撃のあとの午前二時、鈴木はさらに『シソイ』にも連繫水雷攻撃をかけた。この攻撃も成功したが沈没せず、『シソイ』は自力で航行をつづけた。鈴木貫太郎は戦艦二隻を仕留めた男として、これ以降「鬼貫」と呼ばれるようになった。

翌日午前九時、沖ノ島北方で、『シソイ』は『信濃丸』以下三隻の仮装巡洋艦に捕捉された。オジョーロフ艦長は降伏を承諾し、乗組員は日本艦に移乗した。そのとき備砲などは破壊されつくしており、前部は完全に水没していた。

マストのセント・アンドリュース旗が降ろされ、旭日旗があげられると、艦は前部から沈没し始めた。総員退去のあと、対馬にあと五海里の地点で、『シソイ』は船尾を上にあげて沈没した。

## ネボガトフの降伏

ロジェストウェンスキーが『ブイヌイ』に移乗したときの命令は、駆逐艦によって六時に、『ニコライ一世』にいたネボガトフに伝えられた。内容は「艦隊指揮権を委譲する。「コース二三」を維持すること」だった。「コース二三」はウラジオ直行を意味する。

ネボガトフは敗戦後の軍法会議で、「コース二三」についてのみ聞いて、「指揮権委譲」は聞かなかったと主張した。たぶん事実だろう。このとき東郷の第一艦隊が右前方にあって、『ボロジノ』『アリヨール』『アレクサンダー三世』との砲戦が開始される直前だった。

ネボガトフは直後、砲戦に遭遇したが巻き込まれることはなかった。だが、眼前で広げられる光景は凄まじいものだった。『アレクサンダー三世』が転覆し、そのあと『ボロジノ』が同様の運命となった。

ネボガトフは『オスラビア』と合わせ三隻の戦艦の沈没を目撃したことになる。『アリヨール』と『ニコライ一世』は、『ボロジノ』沈没現場を通過した。転覆したときは舷側にしがみついている乗組員を目撃することができたが、大渦巻《おおうずま》きにさらわれたのか、人影はなく、ただ木片と布切れが沈没現場の跡をとどめるだけだった。

これをみてネボガトフは後年、気持ちが動揺し「大魚が背骨に人間を八人乗せ、何ごとか叫んでいるが、何も聞こえなかった」といった白昼夢のような光景が浮かんできたと語っている。七時四〇分、『ニコライ一世』は『アリヨール』の前に立ち、嚮導艦となった。

もちろん、このときネボガトフには選択があった。「コース二三」を維持するか、南方に逃げるかである。だがロジェストウェンスキーの「コース二三」進行の指示に、むしろ迷わずに済んだことを感謝した。

午後八時、完全な日没になったころ、『ニコライ一世』の周辺には、駆逐艦を除いて少なくとも九隻の軍艦があった。連合艦隊の目標統制は厳格であり、『ニコライ一世』

『セニャーウィン』『アプラクシン』は、ほとんど被害をうけていない。

その前を進んだ『ナワーリン』『シソイ』『ナヒーモフ』は大破したが、巡洋艦隊もあまり被害をうけなかった。日本の第三艦隊以下は六インチ速射砲を主要な攻撃力としており、威力不足だった。

しかし、多くの艦長はネボガトフを信頼していなかった。まずエンクィストの巡洋艦三隻が何の連絡もなく姿を消した。駆逐艦の多くと巡洋艦『アルマーズ』は優速を利して、単艦でウラジオに向かった。

ネボガトフは何隻があとについて来るか気にしなかったし、また数えようともしなかった。『ニコライ一世』は昼間の砲戦で六インチ砲一門を失っただけだった。ネボガトフについていったのは、『セニャーウィン』と『アプラクシン』もほとんど無傷だった。

結局、『ニコライ一世』を含む、『アリョール』『セニャーウィン』『アプラクシン』『イズムルード』の五隻にすぎなかった。

五時一五分、夜明けとなり、あたりは快晴だった、なんという不運！　ほぼ同時に、片岡艦隊の煤煙が望見され、徐々にほかの艦隊も加わった。九時、昨日と変わらない二七隻の連合艦隊が周囲を取り囲んだ。

『ニコライ一世』の司令塔では将校全員が集められ、降伏か、自沈か、戦闘か、話し合われた。若い将校は徹底抗戦を主張したが、スミルノフ艦長や幕僚は降伏しかないと力

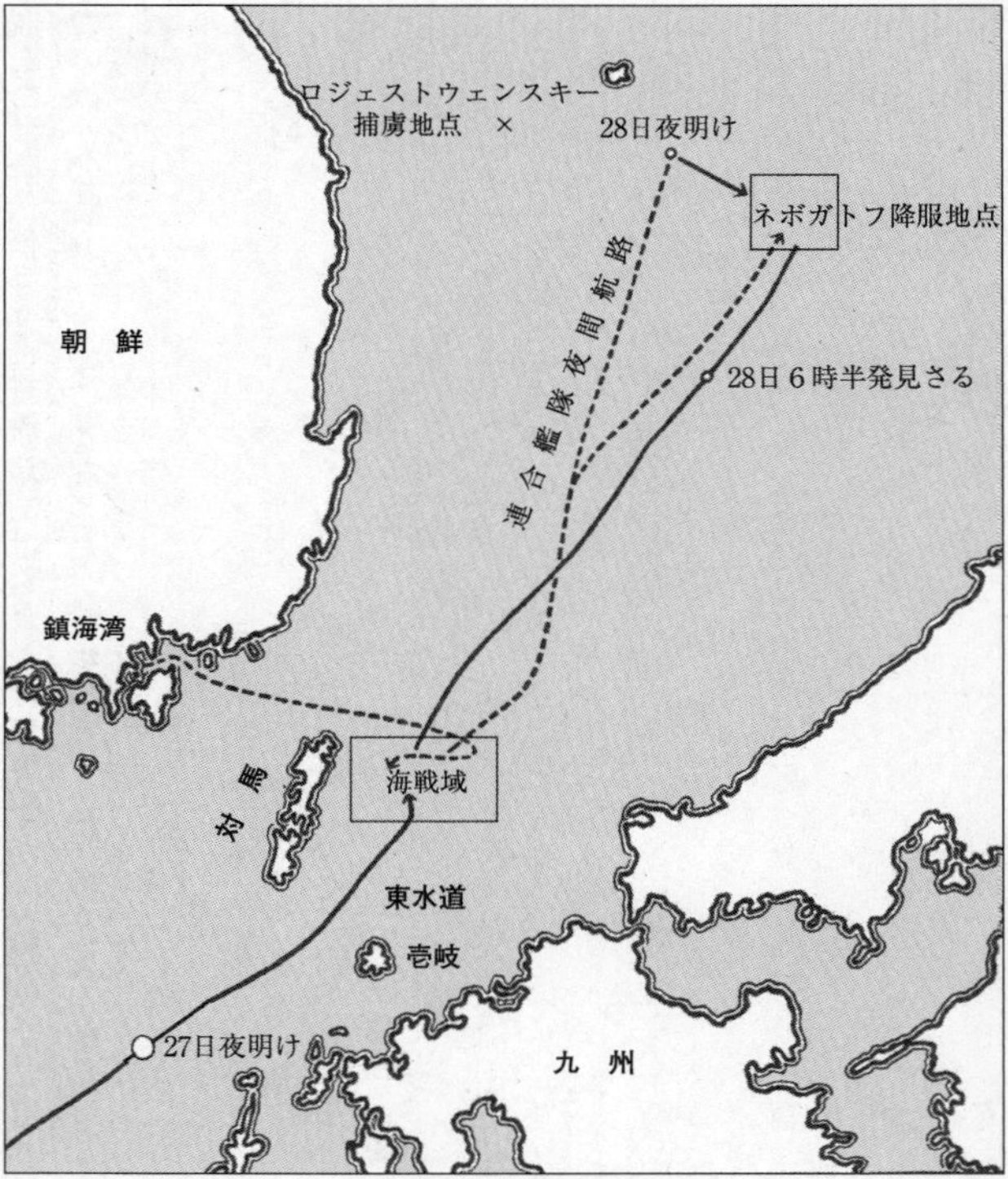

ロジェストウェンスキー
捕虜地点　×
28日夜明け
ネボガトフ降服地点
連合艦隊夜間航路
朝　鮮
28日６時半発見さる
鎮海湾
対馬
海戦域
東水道
壱岐
27日夜明け
九　州

日本海海戦の経過図

説した。降伏信号XGH旗があげられた。東郷平八郎が降伏を受け入れ、端艇をおくったのは一〇時五二分のことだった。バルチック艦隊の八隻の戦艦はすべて、沈没するか鹵獲《ろかく》された。

# エピローグ

## ペテルブルグへの悲報

ペテルブルグに五月二九日になって、巡洋艦『アルマーズ』がウラジオに入港したとの連絡が入った。

『アルマーズ』は五月二七日の日没まで、ネボガトフの第三戦隊に後続する位置にあったが、ロジェストウェンスキーの指示「コース二三直行」「ネボガトフに指揮権委譲」を通報してまわる石炭船『アナヅイリ』のメガフォンをうけ、単独でウラジオに向かうことを決めた。ウラジオに到着したとき、『アルマーズ』艦長チャーギンはキョトンとして、「本当に、我々だけしか着いていないのか？」と出迎えの海軍関係者に聞いたという。

五月三〇日、チャーギンから、「『スワロフ』と『オスラビア』、『ウラル』沈没、『アレクサンダー三世』大破、さらにはロジェストウェンスキーが重傷を負い、『ブイヌイ』に移乗した」と電報があった。その日のうちに駆逐艦『グローヅヌイ』と『ブラーウィ』が到着した。

ニコライ二世はこの日、日記に「海戦の公報はまだ来ないが、風説は多く我が艦隊の失敗をつたえている」と書いた。

六月一日は、完全な敗北を認識せねばならない日だった。その日までしか石炭がもつ可能性がなかった。ニコライ二世は「ようやく海戦の実況が判明した。我が艦隊は二日間の戦闘において、ほとんど全滅し、ロジェストウェンスキー提督も負傷して捕虜になったという。今日は天気晴朗いかにもよき日であるだけに、心の苦しみはなおさら耐えがたい」と記した。この日以降の日記に、日本海海戦についての記事はみられない。

ネボガトフの率いた降伏艦艇と、マニラに逃げたエンクィストの率いた巡洋艦『オレーグ』『ゼムチューク』『オーロラ』の三隻を除き、バルチック艦隊の各艦は果敢に戦った。

駆逐艦『ブイヌイ』から、さらに駆逐艦『ベドーウィ』に移乗したロジェストウェンスキーは、『ベドーウィ』の駆逐艦『漣《さざなみ》』への降伏とともに捕虜となり、佐世保におくられた。ロジェストウェンスキーからの英語の電報が六月六日、東京から到着した。

さらにその五時間後、ネボガトフの電報がフランス語でおくられてきた。「五月二八日、ウラジオに向け航行中、駆逐艦を除いて二七隻の日本の軍艦に包囲された。抵抗は不可能とみなし、乗組員の生命を守るため降伏を決意した。巡洋艦『イズムルード』は逃亡に成功した」。

ニコライ二世はロジェストウェンスキーに、「義務を果たした」ことについて感謝する電報をうったが、ネボガトフには返事をしなかった。

手もとには、その日から続々と、艦の運命が知らされた段階で名誉の戦死者リストが届けられた。それは五〇〇〇人以上の、終わりの見えないような長いリストだった。ニコライ二世は、リストの先頭の方に記載されている人物を個人的にも知っていた。最後まで降伏せずに戦った、『シソイ』『ナヒーモフ』『モノマフ』『スウェトラーナ』『ドンスコイ』『ウシャーコフ』の艦や乗組員の消息は、なかなかつかめず、東京からの通報でようやく判明した。しかもなお、数隻の駆逐艦や輸送船は行方不明だった。

六月三日、エンクィストから「三隻の巡洋艦とともにマニラに到着。修理と石炭補給が終わり次第、命令に従って外洋に出発する」と電報が到着した。これへの返事は簡単だった。「そこに留まれ」という返電がマニラにつくのは、エンクィストのマニラ到着から二四時間以降であることは確実だったからだ。

行方不明艦のうち、最後に消息が知れたのは石炭船『アナヅイリ』だった。六月三〇日、なんとマダガスカルに到着したと知らせてきた。対馬東水道から、どこにも寄港せず、三〇〇余名の救助兵とともに、マダガスカルまで一カ月以上かけて航海したことになる。これをもって、ロシアにとってのロジェストウェンスキー航海、それに引きつづく対馬海戦（日本海海戦）は完全に終わった。

## 捕虜の送還

ロジェストウェンスキー、ネボガトフそして旅順艦隊司令官（代理）ウィーレンは、七月以降、京都におくられた。ニコライ二世は七月、ネボガトフを軍籍からはずした。この結果、日本政府は拘禁《こうきん》する理由がなくなり、釈放手続きをとり、ネボガトフは民間船舶でロシアに帰った。それと同時に、アベラン海相も辞任した。

八月、ポーツマス条約が締結された。ダニロフ将軍が来日し、捕虜帰還の手続きを日本政府と打ち合わせた。ダニロフのとった方針はきわめて露骨なもので、帰国の順番を三グループに分けた。第一位が旅順の陸兵・水兵、第二位がそのほかの陸兵・水兵、第三位がネボガトフ降伏に伴う水兵だった。これは、ロシア政府の方針がいかなるものかを陸海軍捕虜に知らせた。

ロジェストウェンスキーとウィーレンは皇帝から民間船舶で帰国するよう指示をうけたが、両提督とも、自ら率いた将兵とともにロシア船舶でウラジオまで行くことを希望した。

徴用船『ボロネジ』が用意され、神戸から出発した。だが、同乗した水兵のモラルは完全に落ち、船のなかではマルセイエーズが歌われた。船長は、傷が完全に癒えなかったロジェストウェンスキーのため自室をあけたが、そこにも酒に酔った水兵が押し寄せた。

船長はウラジオまでの航海が不可能とみて、長崎に停泊した。そして、日本に官憲による取締りを依頼した。警察官が動員され、佐世保からは水雷艇が派遣された。ロジェストウェンスキーとウィーレンは下船し、一一月一〇日、ロシア客船ヤクートでウラジオストックに向かった。

ボルシェビキのいうロシア第一革命は旅順陥落をきっかけに勃発し、ウラジオも含めロシア全土に荒れ狂った。だが、ポーツマス条約がロシアにとって有利であることが明らかになり、東京で暴動が発生すると、革命は退潮に向かった。とにかく戦争は終った。

ロジェストウェンスキーは敗軍の将であり、ロシアのしきたりからすれば歓迎されざる人物である。だが、ロジェストウェンスキーがシベリア鉄道の各駅を通過するごとに、そこの住民は温かく迎えた。

ニコライ二世は、ロジェストウェンスキーがペテルブルグに着いた二日後に面会している。会談は約一時間半にわたったが、内容は明らかではない。ペテルグルグでも、たとえ敗将であったとしても重傷を負うまで戦ったことで、人気が衰えることはなかった。

日本海海戦についての評論は、全世界をあげて盛んに行なわれ、敗戦の最高責任者であるロジェストウェンスキーの発言に関心が集まった。数多い疑問のなかで、戦術に関するものは次のようなものだった。

「なぜ単縦陣ではなく、二列縦陣で対馬東水道に入ったのか?」

「あるいは、艦隊は不意打ちをうけたのか?」

「そうであれば、なぜ索敵目的で軽巡をもっと先行させなかったのか?」

ロジェストウェンスキーは、このような戦術的な問題と外交上の問題に絞って、ノーウォエ・ウレーミヤ紙上で答えた。

「艦隊は計画された陣形で、計画された速度で対馬東水道に入った」

「日本の偵察部隊を二日前に認識しており、五月二七日に海戦が生じると正確に予想していた」

「東郷の艦隊がどのような地点で、どういった編成で来るかは完全に予想の通りだった」

「無線妨害の必要はなかった。なぜならば、数時間あとに海戦が生じることを知っていたから」

「そのうえ、東郷をあざむくのにも成功した。東郷のはじめの計画は、後方から回りこみ、弱い艦を手始めに討ち取ろうとしたものに違いない。だが正しい操艦の結果、強い方から攻撃せねばならなかった」

日本海海戦について、公にされたロジェストウェンスキーの説明はこれだけである。言外に、対馬東水道に与えられた戦力で入る限り、初めから勝利は不可能だったと伝えている。あるいはニコライ二世に対する、厳しい非難を含むつもりだったのかもしれない。これ以降、ロシアの日本海海戦についての論評は、「主砲発射速度」「下瀬火薬」「徹甲弾使用」などに、敗因を帰すようになった。

だが、こういった戦術論と別に、ロジェストウェンスキーは外交上の問題をもとりあげた。

「日英同盟こそが日本海海戦の真因であって、威海衛にはイギリス東洋艦隊が集結しており、もし対馬でバルチック艦隊が勝利しても、イギリス艦隊が介入し、やはり全滅させられただろう」

これをみたイギリスは激怒した。威海衛には軽巡しかおいていないと反論した。ラムスドルフ外相はイギリスの言う通りだと、ロジェストウェンスキーの主張に根拠がないことを説明した。

ロジェストウェンスキーはこれに対し、マダガスカルや安南（ベトナム）で艦隊が「さすらいの旅」をしているとき外交官は何をしたのか、国益を考えて行動したのか、と反論した。同盟国フランスがイギリスを慮《おもんぱか》るのであれば、それをなんとかするのが外交官ではないかと……。

ポーツマスにおける交渉から戻るとすぐに首相となったウィッテは、ロジェストウェンスキーを放置することはできないと思った。

ロジェストウェンスキーは、自らが決定的な役割を果たした日露戦争の勝敗の重みによって生じたヨーロッパ新情勢について、理解できなかった。かつて、ドイツはヨーロッパ五大国の一つにすぎなかった。この大きな理由はロシアの存在のためである。ところが、日露戦争の敗戦によりロシア軍事力の弱さが露呈され、ドイツがヨーロッパ最強の軍事力をもつと誰もが疑わなくなった。

国際情勢は急転回し、ドイツの軍事力にどう対抗するかがロシア外交の課題となった。ロシアはもはやイギリスを敵に回すことはできない。ロジェストウェンスキーのような「狂犬」に自由にしゃべらせてはならない。

ロジェストウェンスキーは一九〇六年一月、帝国軍事技術学会で次のように演説した。

「私は、艦隊出動の準備や戦い自体で、誤ったことがあったかもしれない。私は無知で怠け者であったかもしれない。私の同僚も同じだったかもしれない。だが、これだけは信じてほしい。朝鮮海峡に水漬《みづ》く屍《かばね》となっている将兵は盗みなどしていない」

この演説は、腐敗した海軍省に怒りを燃やす軍事科学者から大喝采を浴び、首都における彼の人気はますます高まった。

だが、ロジェストウェンスキーのこの人気は、ニコライ二世にこたえた。日本海海戦に関連する軍法会議の第一弾として、まず駆逐艦『ベドーウィ』の降伏を訴因とすることを決定した。ロジェストウェンスキーはニコライ二世の意図を読み取り、一九〇六年五月、全官職を辞任した。

**軍法会議**

駆逐艦『ベドーウィ』の降伏について、ロジェストウェンスキーを筆頭に、幕僚コロン大佐ら二人、『ベドーウィ』の艦長・将校ら三人、セミョーノフら参謀三人、『ベドーウィ』の機関士一人が起訴された。

軍法会議は一九〇六年六月二一日に、第一回の公判が開かれた。冒頭でロジェストウェンスキーは有罪を認め、全責任は自分にあるとした。さらに弁護人を雇わず、陳述書もつくらず、立ち上がって自らの有罪の理由を口頭で述べた。

「参謀は私の生命を救おうとしたに違いない。もし私が、意識不明となった提督は乗組員と運命をともにせよと命令したならば、対馬海戦の記録は変わっていただろう。だが、これは私の幾多の失敗の一つにすぎない。さらに私は完全に意識を失っていたわけではない。提出された証拠では意識がなかったように書かれているが、私はすべて見ることができ、聞くことができ、人々を誰か認識でき、健康な精神状態にあった。コロメイチェフが敵艦に出会ったらどうするかと聞いたとき、私は「私がいないものと思って決心せよ」と答えた記憶がある」

ほかの被告は反対尋問で、ことごとくロジェストウェンスキーは意識を失っていたと証言した。だが、ロジェストウェンスキーは最終陳述を求め、次のように述べた。

「有罪とされるべきは、最高司令官ただ一人である。私は『ベドーウィ』にいた。裁判長閣下、海軍と国民はあなたを信じていると思う。そして、私に処罰を与えることを望んでいると思う」

この後、公判は六日間つづき、コロン参謀長・フィリポウスキー大佐・バラーノフ艦長・レオンティエフ少佐参謀が有罪とされ死刑を宣告された。だが裁判長は、皇帝に一〇年への減刑を嘆願し、降伏は善意にもとづいて情状酌量の余地があり、最低線で免職とすれば足りるのではないかと補足した。

ネボガトフ降伏に関する軍法会議は、はるかに長引いた。ネボガトフの罪状は明らかだった。無傷の三隻――『ニコライ一世』『アプラクシン』『セニャーウィン』を何の抵抗もなく敵に引き渡した。国情が異なるかもしれないが、中国は、降伏した北洋艦隊の艦長や参謀を、自決者を除いてすべて処刑した。

そのうえ、前年の一九〇五年一〇月に東京湾で行なわれた連合艦隊の凱旋観艦式で、

東京湾に浮かぶ戦利艦（アプラクシン）

この三隻は日本艦として参加した。これ以上の屈辱は一体あるだろうか？

ネボガトフは当初、幾多の生命を救うために降伏したと弁明した。誠に理由のあることで、現在の人道主義からいえば納得できる。だが当時、軍人は命令があるまで、または敵に物理的に圧倒されるまで、戦いつづけねばならないとされていた。

戦いが続行できないと判断しても、海軍将校は最低限、艦の自沈の手段を講じるべきだとされていた。旅順艦隊もそのようにした。日本海海戦でも、ネボガトフの四隻と駆逐艦『ベドーウィ』を除いて、自沈の手段を講ぜずに降伏したロシア艦はない。

一九〇六年八月、公判が開始されると、ネボガトフは軍人の名誉にもとる弁明を始めた。すなわち、戦艦『ニコライ一世』の降伏以外には関与しておらず、当日『ニコライ一世』で開催された幕僚や艦長を集めた会議では反対者はいなかった。ほかの艦長は降伏決定に従う義務はなく、さらに、ロジェストウェンスキーから指揮権を委譲されていないと主張を変えた。

一一月、ロジェストウェンスキーは弁護側証人として喚問された。

弁護人「指揮権委譲のメッセージは二隻以上の駆逐艦に伝えたのか?」

ロジェストウエンスキー「その通り」

弁護人「ネボガトフの率いた艦は、それ以上、戦うことができたか?」

ロジェストウエンスキー「できた」

弁護人「それまでに艦隊は、有効な打撃を敵艦隊に与えることができたのか?」

ロジェストウエンスキー「できなかった」

弁護人「もし、あなたがネボガトフの立場にあったとして、二七隻のまったく新品同様の傷一つない日本艦隊に包囲されたならば、あなたは気が動転したか?」

ロジェストウエンスキー「私はそれを五月二七日に体験した。別に圧倒されなかった」

ここで弁護側は、降伏命令が出たさいの下級将校のとるべき態度について、ロジェストウェンスキーの見解をただした。

弁護人「それでは、もし会議で反対意見を表明した将校が、最終的に降伏命令に従ったとしよう。その場合、彼にはほかに手段はないのだろうか?」

ロジェストウエンスキー「初めに言っておくが、下級将校に責任はない。軍法がそう定めている。この点で、全責任が司令官にあることは明らかだ。つまり、軍法会議は私とネボガトフを訴追するだけでいい。ほかの全員は無罪であり、間違えて被告人席に座っているだけだ」

だが弁護人は、下級将校がネボガトフの降伏命令に抗命した想定の議論を蒸し返した。

弁護人「もし、あなたが退却命令を出して、それに従わない下級将校が水兵を集めて抗命したならば、あなたはどうするか？」

ロジェストウエンスキー「その将校を射殺する」

裁判長「これ以上、質問はありますか？」

検事・被告・傍聴席「（あちこちの席で）もうない」

判決は一二月に言い渡された。ネボガトフと戦艦『ニコライ一世』、海防艦『アプラクシン』『セニャーウィン』の艦長に死刑が宣告された。しかし六月の判決と同様に、裁判長は皇帝に拘禁一〇年までの減刑とすることを訴えた。『アリヨール』のシウェーデ艦長代理は、艦の状態が悪いことを理由に無罪、ほかの被告全員も無罪とされた。

ニコライ二世は、このベドーウィ軍法会議とネボガトフ軍法会議の有罪者について、ネボガトフを除いて収監しないことを命令した。ネボガトフも二年後、釈放された。

海軍総裁アレクセイ大公は、日本海海戦の責任をとり辞任した。アレクセーエフ大公も極東副王が廃位となり失職し、アルメニアに隠棲《いんせい》した。

ウィッテは、首相となるとすぐにニコライ二世と対立し、一九〇六年四月辞職、ストルイピンに代えられた。ロシアの日露戦争の指導者は、ニコライ二世を除いてみないなくなった。

対馬と黄海、旅順で倒れた一万二〇〇〇人のロシア海軍将兵のため、全員の名前を刻んだ銅のプレートが埋め込まれた記念碑が、ペテルブルグにある海軍省脇の公園に建てられた。この記念碑は、現在も白亜のロシア海軍省正門を睨むように見つめている。

ロジェストウェンスキーは海軍を退役したあと、いずれの公職にもつかなかった。ペテルブルグのエルテレフ通りに引きつづき住んだ。一九〇七年の大晦日を、娘と四歳の孫と祝ったあと、すなわち一九〇八年元旦(グレゴリオ暦一九〇八年一月一四日)、心筋梗塞で倒れ、突然死亡した。

# あとがき

日露戦争時代の外交史を調べていて驚くのは、戦争がヨーロッパ政局に与えた影響の大きさである。日露戦争の前、ロシアの仮想敵国はドイツでなくイギリスだった。そして英仏は植民地をめぐって対立しており、イギリスはドイツとの同盟を模索していた。これが日露戦争とその結果によって大きく変動し、英露仏とそれに対抗する独墺という図式が確定し、そのままの形でヨーロッパ各国は第一次大戦に飛び込んでいった。すなわち、第一次大戦は日露戦争の後遺症の側面がある。

これと第二次大戦を比べてみよう。第二次大戦は、時間的なずれを考慮すれば、ヨーロッパにおけるヒトラーの戦争と日米戦争とに分けることができる。その日米戦争はヒトラーの戦争、フランス戦と独ソ戦に触発されて発生したものである。日米戦争とヒトラーの戦争の関係は、日露戦争と第一次大戦の関係と逆である。

もちろん明治の為政者は、戦後ヨーロッパ情勢を考慮しながら日露戦争に入ったのではない。朝鮮半島がロシアの勢力圏におかれることは、日本国民がロシアに奴隷化される第一歩とみなし、戦争を決意したのである。欧米の指導者の大半はこの事情を理解していた。

日露戦争は少なくとも当時、わかりやすい戦争だった。

そして次に意外なことは、日露戦争において日本の海軍が用いた方法（ソフト）と装備（ハード）が世界第一級、さらにその上を行くものがあったことである。

海戦のためのハードの大半はイギリスからの輸入品だった。だが、輸入したイギリス製品はイギリス海軍も十分使いこなしていないような最先端品ばかりだった。造れなくとも技術評価はできていた。明治維新から三〇年ほどしか経たず、このようなことができたのかと驚くと同時に、明治人の受容性、応用力に脱帽せざるをえない。

ところが、日米戦争におけるハードの大半は国産だったが、世界第一級といえるものではなく、新技術にもしばしば対応できていなかった。

ハードやソフトの評価は次世代をみるとわかりやすい。

例えば、海戦における艦砲の時代は第二次大戦の太平洋では終了していた。艦砲は最大三〇キロしか弾丸を飛ばせないが、飛行機は五〇〇キロ以上飛ぶことが可能である。その結果、一九四五年以降、戦艦や巡洋艦は古語となった。日米戦争における日本海軍のハードやソフトの大部分は旧弊なものとして忘れ去られた。

ところが、日露戦争で日本海軍が実践した方法は模範として戦例となり、第一次大戦の海上決戦の基礎をなしているのである。

要するに、外交にしても戦争にしても、明治から昭和にかけて日本人が単純に進歩したと考えてはならない。ある局面では日本人は退歩したり、技術競争に敗北したりしている。

さて、東郷平八郎である。

東郷はわかりやすい男である。そして多方面にわたる才能があった。語学だけとっても、夏目漱石を超える英語能力があった。そして、ルールをよく守った。

第一次大戦からしばらくすると、帝国海軍に条約、艦隊両派による派閥抗争が発生した。東郷は艦隊派の長でもあった。この派閥抗争は、日本でよくみられる人事や人間関係をめぐってのものではない。珍しくも、軍政・艦政をめぐる政策論争だった。そして根本には、海軍は誰のものか？　海軍軍人は何のために戦うか？　という問いがあった。

東郷にとって、この質問にたいする回答は簡単だった。海軍は天皇＝国民のものであり、立憲君主制の下の天皇（内閣の輔弼による〜助言と承認を得て）の命令により海軍軍人は戦う、すなわちイギリスの立憲君主制と同一である。これが艦隊派の基本であり、艦隊勤務をやる者の基本でもあった。

条約派はこう考えない。最後の海軍大将であり、山本権兵衛に淵源を発する軍政畑＝条約派の井上成美は次のように書いた。

「軍隊は国の独立を保持するものであって、政策に使うのは邪道と見ている。独立を保てぬという時は戦争をやるが、政策の具に使ってはならぬ。政策に使われた時、軍人は喜んで死ねるか。第一次大戦に駆逐艦を出したのは不可と思っていた」

井上成美の論の問題は、「国の独立の保持」を誰が判断するかという点が欠落していることだ。おそらく、井上はそれを海軍軍人だと考えたのだろう。そうなれば立憲君主制の否定に向かう。

井上が国体（＝立憲君主制）の改廃をめぐって米内光政と最後に対立したことは、いかにも筋を通した行動である。

反対に東郷は、海軍軍人は天皇の命令＝政府の政策に忠実であるべきだと信じていた。満州事変の最中、東郷は条約派の谷口尚真海軍軍令部長を叱責した。谷口が「山海関に艦隊を派遣することは英米の介入を招く」といって反対したためである。東郷からみれば、英米介入について考えるのは内閣や外相の仕事であって、海軍軍人が考える必要はなかった。

また、井上の論難する第一次大戦中の駆逐艦の地中海派遣は、当時の大隈重信内閣の打診に応え、海軍省軍務局長だった秋山真之が主唱したもので、確かに「政策」に従ったものである。だが、こういった小戦闘への参画と「国の独立の保持」との関係を判断できるのも、やはり海軍軍人ではなく政治家や外交官ではないだろうか？

現代におきかえて考えてみよう。内閣と議会が決定した「インド洋派遣＝小戦闘への参画」という政策に海上自衛隊員は反対すべきだろうか？　現代のマスコミは時折、「政治の道具に使われる自衛隊員は気の毒だ」と書く。井上の論は、これと同一線上にある気がしてならない。

・

日露戦争における陸海軍の将領は、みなニコニコしている写真を残している。兵士も同じである。兵士の写真は、まるでオモチャの兵隊さんを連想させる。この点で現代の自衛隊と共通性がある。だが昭和軍人は明らかに異なっており、考えるあまりの苦痛の表情を浮かべている。

明治維新から日露戦争までの間、日本は成功した国だった。一九四五年から現在までも、おそらく成功した国だろう。だがその間については、失敗したことは否めない。

昭和軍人は自分たちの戦争が終わったあと、敗因は、経済力にしても政治体制にしても日本が外国より劣っていたからだと説明する。条約派の堀悌吉と山本五十六は「日本の文明は欧米の先進国と比べて、国民の覚醒において百年は遅れている。学術界においても三十年遅れている。そして、わが海軍は十年遅れている」と第一次大戦直後、認め合ったという。

こういった海軍は欧米よりも遅れている、国民はさらに遅れているという確信が、政府の決定＝政策に従わず、海軍は政策の具にはならないという誤った考え方につながった可能性を否定しきれない。

東郷平八郎は、日本や日本人に自信をもっていた。

第一次大戦のマルヌ会戦に勝利し、東郷の知り合いでもあったフランスの将軍ジョフルは、戦況不振を伝える下僚に「お前はフランスを信じることができないのか」と叫んだ。東郷平八郎も昭和軍人に、「お前たちは日本を信じることができないのか」と叫びたかっただろう。

井上成美のいう軍人にとり「喜んで死ねる情況」をみつけることは、「青い鳥」を捜すようで難しい。だが、暗い表情をせず、近代人としての自我を捨て去る勇気も、軍人が戦場に臨むとき必要な資質かもしれない。

最後に、幾多のアドバイスをいただいた兵頭二十八師、イタリア海軍についてご教授いただいた吉川和篤氏、イラストをお願いした藤丸涼太画伯、本書の刊行にご尽力いただいた並木書房出版部のみなさまに感謝します。

# 文庫版あとがき

司馬遼太郎の『坂の上の雲』の日本海海戦の件《くだり》に来ると、一驚せざるを得ない。この世界海戦史上、一方（日本側）によるもっとも徹底した大勝利の最大の功労者が、連合艦隊司令長官の東郷平八郎ではなく、連合艦隊司令部・先任参謀の秋山真之《さねゆき》としか読めないのである。

和戦をにらむ政治的作戦指導についても、決戦海面における指揮についても、軍令部長や艦隊司令長官一人のみでできるものではなく、チームを組むしかない。ただし最高の英雄となれば、艦隊司令長官であろう。

同じように歴史上の決戦的海戦であった一八〇五年のトラファルガー海戦ではネルソン艦隊司令官が、一九四二年のミッドウェー海戦ではニミッツ太平洋艦隊司令長官が最大の英雄であることは、英米それぞれの国民にとって異論のないところであろう。だが、両方の海戦における先任参謀の名前はほとんど知られていない。参謀の秋山真之が日本海海戦の功労者として語られることは、例外的な事態である。それでは参謀は、日本海海戦にどう関わることができたのであろうか。

日本海海戦の勝因は、砲術の優越、T字戦法、鎮海湾における不動の待機、優秀な艦艇、の四つが主なものであろう。

このうち、参謀が関与できたのは、朝鮮海峡通過を見通した鎮海湾における待機と、T字を切るための航路設定だけである。ただし、待機は東郷平八郎の決心であって、東京の軍令部も含めて、参謀陣は互いに意見交換をするだけであった。

秋山を筆頭とする参謀が関与したもっとも重大な計画は、航路設定なのである。バルチック艦隊の位置と航行する方向・速度を索敵と情報分析によって把握し、連合艦隊が適切な方角から適切な決戦海面で会敵する必要があった。

秋山真之の専門は航海術であり、もっとも得意としたのは航路設定であった。戦後になり、「私のやった主要な仕事はロジスティックス（兵站）である」と語ったのはその意味においてである。

海戦の昼、連合艦隊はいったん遠方からバルチック艦隊をやり過ごすかのように進み、それから不意に進行方向を遮るように前方を横切った。

それから有名な敵前大回頭の場面となる。バルチック艦隊が朝鮮海峡東水道を通過すると予想できたとき、反航戦（突き当たるように会敵する）か同航戦（敵を追って進行方向を遮る）かの選択が海戦ではもっとも難しい決心であった。反航戦では砲戦時間が短く、同航戦では追いつくための時間がかかり、日没・時間切れになりかねない。

これを回避するためには、いったん向かい合って、それから同航戦に転換せねばならない。このための手段が敵前大回頭とT字戦法であった。リスクは高いが、もっとも有利な位置を占めながら海戦を開始できる。

当日、連合艦隊司令部は大混乱に陥っており、たまたま試みた方法が成功した（野村實『日本海海戦の真実』）という見方は誤りである。東郷平八郎が同航戦かつ東水道で会敵する決心をなし、そのための航路を秋山真之が考究したとみるべきであろう。

それでも、航路設定の作業は司令部のチームの一員としてのものである。自身が「日本海海戦の大勝利は最初の五分間で決まった」と語っているのは、航路設定に成功し、予想された地点で会敵し、敵前大回頭によって、T字を切れたことが勝因であると言いたいのであろう。

それでは司馬遼太郎がいう、秋山が導入したとされる「図上演習（図演）」と事前に策案した日本海「七段構え」の陣をどう考えるべきか。図演とは、現在使われている言葉ではシミュレーション法である。仮説を立てて軍隊を戦わせ、サイコロを振りながら個別の戦闘の結果を求め、戦争の勝敗を予想する。フランス陸軍が戦闘模擬“Simulacre de Combat”として創始したものであるが、アメリカ海軍に導入され、たまたま秋山が留学時に学んだものである。

この図演自体は陸軍向けに考案され、日本陸軍では陸大教官として招聘されたドイツ軍人メッケルが応用戦術教授のための手段として紹介した。作戦策案のための図演には重大な欠陥があった。それは、戦争なり戦闘の勝敗を予想するにせよ、一つのコース、一つの結論しか導かれないことである。選択肢が二つある場合でも、賽の目によって一つの方法に導かれてしまう。

陸軍では図演が陸大教育の中心とされたため、司令官に唯一の作戦案しか示さず、それを説得することこそ参謀の能力とされてしまった。海戦の場合、司令長官の決心や敵味方の被害によって情況は大きく変化する。

秋山の日本海「七段構え」の陣とは、日中の砲撃戦・夜間の水雷戦を三・五昼夜にわたって繰り広げるものに過ぎず、参謀の策として決して優れたものではなかった。「七段構え」と実戦は大いに異なり、海戦は一昼夜でほぼ終了し、敗残のバルチック艦隊のうち、巡洋艦などの高速艦艇は南方やウラジオストックに逃亡した。

エンクィストの巡洋艦隊は米領フィリピンに向かい、そこで抑留された。エンクィスト艦隊に石炭を供給するため、石炭船配置をロシア側が計画していれば、インド洋まで辿りつくか、あるいは東南アジアで通商破壊戦に出ることは難しくなかった。「七段構え」は唯一のコースを想定し、艦隊が分散しない前提における攻撃案に過ぎず、エンクィストの巡洋艦隊の逃亡というロシア側の選択肢への対策がスッポリ抜け落ちていた。

じつは日本海軍は同様の失敗を、三十七年後にミッドウェーでも犯した。このときの連合艦隊先任参謀は奇人・黒島亀人《かめと》という人物であった。連合艦隊司令長官・山本五十六が秋山と同じような「奇人」を望んだための人選であった。

黒島の基本的策案は日本各地や太平洋島嶼からミッドウェーへの黒い九本の線と呼ばれる航路に従って逐次、ミッドウェーに到着させる方法であった。

この方法は、陸軍が攻勢に出る場合の「分進合撃」と同じであった。しかしニミッツは、「こんな複雑なことをやらずに、参加全艦艇を糾合して、ミッドウェーに向かえば簡単に勝てた。日本人は奇襲が必要ないときでも奇襲したがる」と評した。

そのうえ、日本機が空母から出撃したとき、米艦載機が反撃に出た場合の対策が考えられていなかった。シミュレーションでは、いったん仮説を立てて進行させてしまうと、敵の選択肢について無視されてしまう。これもあとになり、「攻撃機は空母に着艦させずに全部不時着させれば良かった」と評された。

日本海海戦とミッドウェー海戦は、同様に、日露戦争と太平洋戦争を決定づける海戦であり、東郷平八郎―山本五十六と、秋山真之―黒島亀人という対比があった。結果からみて、東郷・秋山は山本・黒島に数段優れていた。秋山も、その個性ではなく、司令部のチームの一員として優れていた。

山本五十六は東郷よりはるかに独裁的であり、人事を含めて自由に振る舞った。黒島の誤りを修正できたのは山本であるが、それをやらなかった。秋山は失敗しても、チームの中で自動的に修正されたのである。

昭和海軍は劣化していた。司馬遼太郎の失敗は、昭和陸海軍に批判的でありながら、参謀史観（あとになり参謀が戦記などを書き散らし、戦果ではなく、属した派閥や対人印象などから将軍や提督を貶し、参謀をもちあげ、批評する傾向）に堕していることであろう。

日本海海戦の最大の功労者が東郷平八郎であることは、同時代や後世の史家が疑わないところであった。ただ昭和期の海軍参謀だけが、最大の英雄として奇人・秋山を持ち上げた。贔屓の引き倒しというべきであろう。秋山はチームの一員として働き、黒島は上司や同僚と常に対立した。昭和に入ると、権力者に取り入るため、好みに応じて「奇人」の振りをすることが流行した。

『坂の上の雲』における海軍軍人の評価は、昭和の海軍参謀の見方とそっくりなのである。司馬遼太郎が作品を書くに当って、旧海軍退役軍人の協力を得た結果でもあった。日本海海戦のあとの海軍軍人は、守秘義務に縛られているとはいえ、お洒落な回想記を残している。

太平洋戦争のあと、海軍参謀は自分を客観的にみられず、人事への不満や、上司や同僚への悪口に終始した。とりわけ、責任を天皇・皇族や文民政治家、陸軍軍人に転嫁するに至っては、情けないというしかない。

日露戦争の陸海軍『公刊戦史』、秘密や機密と銘打たれた各種の戦史から「参謀史観」が発生し、山本五十六などに影響を与え、司馬遼太郎の各作品に引き継がれた。

海戦の結果が歴史的事実であり、

「なぜ日本の主力艦の主砲命中率が高かったのか」

「なぜT字戦法が成功したのか」

「なぜ夜間水雷攻撃は鈴木貫太郎を除いて成功しなかったのか」

「なぜロシア巡洋艦隊は逃亡できたのか」

「無能傲岸なロジェストウェンスキーがどうして艦隊司令長官に選ばれ、軍法会議ではどのように陳弁したのか」

がきちんと説明されなければ、客観的な戦史とはなりえない。歴史を語るには、すべての事実について合理的な説明が求められる。

蛇足だが、「ロシア海軍軍人は戦後、軍法会議にかけられたが、太平洋戦争期間中に、日本海軍軍人はなぜ軍法会議にかけられなかったのか」も問われねばならないだろう。それが行なわれてこなかったのは、現代にも続く日本官僚の「何事にも無責任」「何事にも無謬」という「習俗」に起因している気がしてならない。

# 注

## 第1章

(1)　戦艦『ナワーリン』は一八九一年ペテルブルグ工廠で進水した。三年後進水した『シソイ』と、ほぼ同型である。特徴は長方形に配置された四本煙突だが、低舷側の発展タイプのイタリア型砲艦である。主砲は一二インチ旧式砲四門であるが、副砲として六インチ速射砲を八門装備する。この点で、中国の定遠級やアメリカのメイン級よりすぐれる。一万二〇六排水量トン、設計速度一六ノット。

(2)　明治時代、帝国海軍は舵の取り方について、「点」「面舵（右旋回）」「取舵（左旋回）」という表現を用いていた。「点」とは三六〇度を三二点とする。すなわち九〇度右旋回とすれば、「八点面舵」と命令することになる。この表現は当時の英海軍からとりいれたもので、点はPointsの直訳である。

(3)　バーベット（Barbette）とは、陸上砲台のようなもので、上甲板上に設置され、電気スタンドの傘のような形の基礎をいう。多少の凌波能力が得られた。

(4)　太平洋の戦争は、アタカマ砂漠の硝石の鉱区権および搬出港の帰属をめぐり、チリ対ボリビア・ペルー連合が戦った。途中、イキケ湾内で海戦が生じた。その後、チリ軍は、海路、ペルーの首都リマを占領し、圧勝した。

(5)　××口径とは、砲身の長さを表現する。一方、一二インチの口径などと砲身の内径を表現することもあるのでまぎらわしい。戦艦三笠の主砲は四〇口径であり、それより長ければ四五口径である。短ければ三五口径である。

(6)　ランマー（Rammer）とは、先込め砲のとき砲口から弾丸・装薬を入れねばならず、押し込むさい使った棒のことである。後詰め砲の六インチ砲以下では不必要だが、八インチ以上の大口径砲の砲弾は一〇〇キロ以上あり、人力では押し込むことができず、ランマー（撞弾機）という名前の機械が必要だった。

(7) 斉射（Salvo Firing）は、複数の砲台・砲塔が同一目標に向けて、同じタイミングで射撃することである。詳細は後述するが、船体動揺（ローリング・ピッチング）の影響を受けないように、直立のタイミングを砲手に教えるだけ（目標を指定しない）の舷側射撃（Broadside Firing）とは異なる。司馬遼太郎は両者を混同している。

(8) ステパン・マカロフ（一八四九〜一九〇四）。ニコラーエフ（黒海沿岸）で生まれた。父オシップ・マカロフの極東のウラジオ海兵団配属に伴い、九歳でニコライエフスク（黒龍江河口）の海軍幼年学校に入った。そのまま、ニコラエフ海軍士官学校に入り、一八六六年首席で卒業した。若くして、数々の才能をみせつけ、ロシア海軍のホープとみなされた。黒海艦隊に属し、一八七七年、露土戦争が勃発すると、水雷戦隊長に任じられ、外装水雷（船の舳先に棒をつけ、先端に爆薬を仕込んだもの）をつけた小艦艇をもって、バツーミ・コンスタンツァ・ドナウ河で活躍した。一八九〇年、四〇歳で提督に任じられた。その後『海軍戦術』を著した。また砕氷船エルマークによる北極探検でも有名である。日露戦争開始時はクロンシュタット鎮守府長官。

(9) アウトレインジとは、敵の射程距離外で、砲撃を加え、一方的に被害を与えること。

(10) デイファクターとは、その日の情況によって左右される要素。風向き・風力・温度・湿度など。

(11) ハーベイ鋼は表面を炭化させ、強化した鋼板であり、クルップ鋼は、炭化させるため石炭ガスバーナーで吹きつける方法をとった鋼板である。ハーベイ鋼からクルップ鋼へと表面硬化技術やニッケル合金鉄の改良が進展するにつれ、六インチ砲で貫通できない九インチ鋼板の製造が可能になった。

(12) 『ドレッドノート』が出現する前の戦艦をさし、前後に連装砲塔を二基構え、多数の六インチ砲をもつ。戦艦『三笠』が代表例である。

(13)　六・六艦隊とは装甲巡洋艦六隻、戦艦六隻からなる日露戦争直前の連合艦隊の姿をいう。ただし、第一次大戦後、八・八艦隊（巡洋戦艦八隻、戦艦八隻）が主張されたあと、そう名付けられた。
(14)　樺山資紀（一八三七～一九二二）。薩摩藩士橋口与三次の三男。戊辰戦争従軍。西南戦争では谷干城の下、熊本鎮台参謀長として、熊本城に立てこもった。一八八一年、警視総監のあと、陸軍少将、海軍中将。一八九〇年第一次山縣内閣で海相。日清戦争では軍令部長。一九〇三年、元帥となった。
(15)　タンブル・ホームとは舷側の下方が張り出している形をいい、重心を下げるための措置である。発想は低舷側と同じで、上部構造の重量を軽減しようとしたものだ。
(16)　『ツェザレウィッチ』は、実質ボロジノ級一番艦である。フランスのツーロンで建造され、スエズを通り、旅順艦隊に配属された。黄海海戦で、独領膠州湾に逃げ込み、終戦まで抑留された。その後、バルチック艦隊に配属された。日露戦争に参加した一五隻の戦艦のうち、唯一ロシアに残された艦となった。同級六番艦の『スラバ』とともに第一次大戦のムーン入江海戦に参加した。ツェザレウィッチはロシア語で皇太子の意味。

第2章

(1)　伊東祐亨（一八四三～一九一四）。薩摩藩士の子。勝海舟の神戸海軍操練所で航海術を学ぶ。維新創生期海軍の艦長として活躍した。日露戦争では大本営海軍幕僚長（海軍軍令部長）。戦後、元帥となった。
(2)　坪井航三（一八四三～一八九八）。周防三田尻の出身。医師原顕道の次男。長州藩軍艦庚申丸で実戦経験をもつ。その後、コロンビア大学に留学した。日清戦争後、常備艦隊司令長官。

## 第3章

(1) ジャッキー・フィシャー(一八四一～一九二〇)。著名な軍人家系に生まれた。フィシャーを著名にしたのは、海軍大学や軍令部の設立などの軍制改革である。それまでイギリス海軍将校は艦隊勤務につき社交に精を出すだけだった。地中海艦隊司令官をへて軍令部長となった。そのとき『ドレッドノート』と巡洋戦艦をおくりだしたが、敵も多く四年ほどで更迭された。第一次大戦勃発とともに軍令部長に返り咲いたが、ダーダネルス作戦をめぐりチャーチル海相と対立し、アスキス首相によって、双方とも罷免された。

(2) バーアンドシュトラウト社 (Barr & Stroud Ltd.) は、アーチボルト・バーとウィリアム・シュトラウトによって、一八八八年創業した。会社組織への変更は一九一三年である。バーとシュトラウトはヨークシャー・カレッジ(現リーズ大学)の機械工学と物理学の教授で、一八八八年、歩兵向けの測距儀を作成した。これが海軍省の目に止まり、一八九一年、海軍用測距儀を試作した。業容が拡大するにつれて、グラスゴーのアニースランドに工場を構えた。一九〇四年ごろの従業員は一〇〇人といわれる。一九一一年、東郷平八郎はアニースランドの本社工場を訪問している。

(3) ウィリアム・ペケナム (Sir William Christopher Pakenham 一八六一～一九三三)。ペケナムは代々つづく軍人家系の中で生まれた。先祖は一八一二年の英米戦争にも登場する。一八七四年、幼年学校を皮切りに海軍に入った。黄海海戦と日本海海戦を戦艦『朝日』に乗り観戦した。常に白の夏季制服を着用し、最上甲板に籐椅子をおき座った。日本海海戦で、至近弾の破片が命中し即死した水兵の体の一部が当たり、制服が朱に染まると、私室に戻り、すぐさま替えの制服を着て再度現れたという。東郷平八郎は、明治天皇にペケナムを「日本海海戦で最も勇敢な兵士」として紹介している。ユトランド海戦に、巡洋戦艦『ニュージーランド』以下を率いる第三戦隊司令官として参加した。その後、ビーティの後任として巡洋戦艦隊司令官となった。戦後は海軍大学校長、北大西洋・西インド艦隊司令長官を歴任した。

(4)　加藤寛治（一八七〇～一九三九)。福井藩士直方の子。直方は橋本左内の弟子にあたる勤王家。一八九一年（海兵一八期)、海軍兵学校を首席で卒業した。日露戦争では『朝日』砲術長ののち『三笠』砲術長。ほとんど独力で斉射法を編み出した。第一次大戦では南遣艦隊司令官として、アンザック部隊の護衛にあたった。その後軍令部長になったが、軍縮条約に反対し、帷幄上奏《いあくじょうそう》を試み罷免された。

(5)　速射性とは大砲を一分間に何発うてるかということだ。そして一般的には、砲塔にある大口径砲は、機械目盛り・ランマー・揚弾機・砲身命数・腔発によって支配されており、砲手の訓練によって発射速度があがるものではない。司馬遼太郎は「ここに人間の技術が関わってくる。まず発射速度は日本がロシアより三倍速かった。（中略）やはり猛訓練によるものである。例えば、日本では三十サンチ砲〔一二インチ砲のこと〕を一発撃ちだすのに約四分、（以降略）」『歴史への招待』第17巻67頁。〔　〕は引用者）と語っている。

ところが、『アリヨール』の乗組員プリボイは次のように書いている（プリボイ『バルチック艦隊の潰滅』)。

「重々しい尾栓が、がちゃんと開かれたり閉められたりする。二分おきに真赤な炎がパッと閃くと同時に轟然たる斉射の音響が空気を劈く」

このようにロシアの一二インチ主砲の発射速度は二分に一発なのである。イギリス海軍の戦艦『フォーミダブル』のマニュアルでも二分に一発とされており、これ自体は当時の世界標準である。つまり、主砲について日露とも差がない。司馬遼太郎はおそらく黛治夫の示唆をうけたとおもわれる。太平洋戦争期でも、この発射速度の上昇はあまりみられず、一分をやや下回る程度で、黛は日露のような古い話であれば四分の一程度とあたりをつけたにすぎない。

(6) 徹甲弾とは、主として運動エネルギーで敵艦の装甲を射洞しようとする砲弾である。仕組みとしては、弾底信管の作動をわずかに遅らせるように調製し、装甲を貫いたあと炸裂させる。炸薬も黒色火薬を重量比二〜三%しか充塡しない。日露戦争における連合艦隊の徹甲弾の使用比率は二割以下で、大多数は鍛鋼榴弾を用いた。鍛鋼榴弾《たんこうりゅうだん》は命中するとただちに炸裂し、また下瀬《しもせ》火薬一〇%程度充塡と爆発力も強力だった。

(7) 日露両海軍とも、度量衡はヤード・ポンド法を採用していた。一海里=一八五二メートル、一ケーブル=一八五・二メートル、一マイル=一六〇九メートル

## 第5章

(1) ギリシャには汎ヘレネス運動という大ギリシャ運動とそれを支持するテロ組織が存在した。汎ヘレネス運動は五つの海と三つの大陸にまたがる領土を要求した。一八九七年、ギリシャは、クレタ独立運動に対するトルコの宥和政策を弱さとみたのか、テロ部隊により、イオニアにあったトルコ軍基地を攻撃させた。戦争はギリシャの惨敗で終わった。ヨーロッパ各国は戦争に介入しなかった。

(2) ジョージ・デューイ(一八三七〜一九一三)。バーモント州モンペリエで生まれた。一八五七年に海軍士官学校を卒業し、一八六一年少尉に任官。南北戦争ではニューオリンズ戦に参加した。一八九七年海軍次官テオドール・ルーズベルトの推薦により、アジア艦隊司令官に任命された。米西戦争緒戦のマニラ湾海戦大勝利の知らせは米国の朝野を沸かせ、デューイは一躍海のヒーローとなった。その後、米海軍参議官などの要職を歴任し、一時大統領候補にも擬せられた。

(3) 斎藤実(一八五八〜一九三六)。水沢藩士斎藤耕平の子。日露戦争時は大佐で秋津洲艦長のち海軍省軍務局長。海に出ない提督で、その後大将となり首相。条約派かつ典型的な宮廷武官とみなされ、二・二

六事件で暗殺された。

(4) 戦艦『ニコライ一世』は、日清戦争における清の定遠級と同様の思想でつくられた艦である。すなわち前方のみに一二インチ主砲をもち、衝角突撃を意識していた。これに対し、アメリカのメイン級は防御を重視し、主砲を対角線に配置していた。両方とも架空戦記の産物である。九九〇〇排水量トン、設計速力一五・九ノット。一八八九年ペテルブルグ工廠で進水した。日本海海戦でネボガトフ降伏に伴い鹵獲《ろかく》され、『壱岐』と改称された。

(5) ウィリアム・サンプソン(一八四〇〜一九〇二)。ニューヨーク州のパルミラで生まれた。一八六一年、アナポリスを首席で卒業した。その後ハーバード大学もLLDで卒業している。水雷や装備を専門としており、砲塔旋回性の改善に努力した。一八八九年大佐に昇進した。『メイン』爆沈の調査主任となり、戦争勃発とともに代将に昇進し、北大西洋艦隊司令官となった。翌年凱旋後、提督になった。その後ボストン鎮守府長官となり、一九〇二年の死の間際まで務めた。アーリントン墓地に葬られた。

(6) ウィンフィールド・シレイ(一八三九〜一九一一)。メリーランド州フレデリックで生まれた。同期にはデューイがいて生涯の友人となった。一八六五年中国沿岸で海賊征伐に従事した。その後、サンサルバドル介入事件にも従軍した。その頃、スペイン語を習得し、アナポリスでスペイン語助教授をつとめたこともある。一八七一年、朝鮮で『シャーマン号』失踪事件の捜索にあたった。一八七六年、コンゴにおける海賊征伐、リベリアでの紛争仲裁などに従事した。一八八四年、北極探検家グリーリーの救助作戦を成功させた。一八九一年、チリクーデター事件にも『ボルチモア』の艦長として、米国市民の救助作戦に従事した。引退後の一九一一年ニューヨーク市内を散歩中倒れ、そのまま死亡した。アーリントン墓地に葬られた。

(7) パスカル・セルベラ(一八三九〜一九〇九)。カディスで生まれた。サンフェルナンドにある海軍士官学校を卒業した。一八五九年のモロッコ紛争に参戦。米西戦争で捕虜となり、帰還後、軍法会議にかけられた。禁固一年服役の後も近衛武官長などを歴任した。

(8) 弾丸が砲身の中で爆発する現象。第一次大戦直前に信管誤作動防止装置が発明されるまで、連続射撃をおこなうと必ず発生した。原因は複数あるが、多いケースは、砲身が赤熱し、弾丸がそこを通過するとき信管が作動するものだ。すべての原因が究明されたわけではなく、現在の戦車砲などは、腔発を避けるため、滑腔砲《かっこうほう》といわれるライフルをきらないタイプが主流となっている。早発《そうはつ》・腔発《こうはつ》とも呼ばれる。帝国海軍はその消滅まで、この現象を極秘とした。(317頁参照)

(9) 秋山真之(一八六八〜一九一八)。伊予松山の出身。海兵一七期を首席で卒業した。アメリカに留学し、その後海大教官。日露戦争では連合艦隊参謀。第一次大戦のとき海軍省軍務局長で、参戦と地中海への艦隊派遣を主張した。ユトランド海戦時は連合国海軍本部との交渉役を果たしたが、大戦終了後急死した。日露戦争時代の名参謀として、昭和海軍軍人に偶像視された。

## 第6章

(1) 山本権兵衛(一八五二〜一九三三)。薩摩出身、海軍兵学寮卒。『高千穂』艦長をやった他は海に出ない提督であり、君側の権臣の地位を占めた。日露戦争のときは海相。政友会や西園寺公望に近く、二回、短期間首相をつとめた。娘婿が財部彪(一八六七〜一九四八)で、加藤友三郎らと条約派をなし、軍縮を推進したが、東郷平八郎や加藤寛治など艦隊派と対立する結果となり、昭和における海軍派閥抗争の原因をつくった。

## 第7章

(1)『ドンスコイ』は一八八三年、ペテルブルグ工廠で進水した。機帆船であり、日本の装甲巡洋艦と比べれば三世代古い。五九〇〇排水量トン、設計一六ノット。だが、日本海海戦で最後まで力戦した。第四戦隊の『音羽』艦長有馬良橘《りょうきつ》をして、このような旧式艦艇がここまで戦うとは、と感嘆させた。五月二九日朝九時まで丸二昼夜戦い、レーベディェフ艦長は、艦を鬱陵島《うつりょう》に座礁させ、乗組員を島に上陸させたのち、自沈措置を命じた。艦名の由来となったドンスコイは、一三八〇年、モンゴル族と戦い、敗走させたロシア貴族。

(2) 五五九三排水量トン、設計速度一五・二ノット。八インチ砲五門をもつが、砲塔式ではなく舷側やバーベットにおかれた旧式砲にすぎない。ほかに六インチ砲一二門をもつ。五月二七日の日中の海戦で大被害をうけ、対馬東方の海上で浸水のうえ沈没した。乗組員は全員救助された。艦名の由来となったウラジミール・モノマフは、一一一三年、キエフ公国を再興した「決闘公」。

(3) アレクセーエフ大公(一八四三〜一九一八)。セバストポリで生まれた。アレクサンダー二世がアルメニア女に生ませた庶子。一八六三年、ニコラエフ海軍士官学校を卒業した。海兵団に属したが、その後巡洋艦『ワリヤーグ』に乗船し、世界一周している。一八八三年から三年間パリ駐在武官。一八九九年、太平洋艦隊司令長官となり、北清事変では、戦艦『ペトロパブロフスク』に乗り、渤海湾を徘徊した。一九〇三年極東副王となり、日本との外交の主務者となった。対日強硬路線をとり、蔵相ウィッテと対立したが、内情は宮中のアレクサンダー大公と組んだベゾブラーゾフ一味に手を焼いたともいわれる。日露戦争が勃発し、一九〇四年五月、南山が陥落する直前、旅順から奉天に逃れた。この姿は負け犬で国内の支持を失った。一〇月、ペテルブルグに召還された。翌年六月、極東副王の地位が廃止となり失職した。そこで、「日露戦争の原因をなした男」という評から逃れることができず引退、アルメニアに隠棲した。そこで、小学校の教師となり、生涯を終えた。

(4)『アプラクシン』は、一八九六年に進水したバルト海向けの海防艦である。一〇インチ砲三門と六インチ砲四門を装備する。四一二六排水量トン、設計速度一六ノット。ネボガトフ降伏時、鹵獲され、海防艦『沖島』となった。アプラクシンは、一七世紀初頭、ピョートル大帝の下でガングート海戦を戦った提督。

第8章

(1) 伊集院五郎（一八五二〜一九二一）。薩摩藩士伊集院才之丞の子。海兵五期。伊集院五郎は、伊集院信管を発明したことで有名であり、日露戦争では海軍軍令部次長を務めた。伊集院は、東郷と異なり、グリニッジ海軍士官学校に入学を許され、一八七七年から九年間イギリスに滞在した。後半、イギリス公使館付き武官となった。日露戦争後、軍令部長になり、一九一六年元帥府に列せられる。

(2) 鈴木貫太郎（一八六七〜一九四八）。関宿藩代官の家柄に生まれ、大阪府出身。海兵一四期。日露戦争では第四駆逐隊司令で、戦艦一隻撃沈（実際には二隻撃沈）、一隻大破の大功をあげた。一九二四年、連合艦隊司令長官。艦隊勤務が長く艦隊派に属していたが、二・二六事件では侍従長であったためか、賊に襲われ重傷を負った。一九四五年、首相となり、ポツダム宣言受諾の方向で国論をまとめた。

(3) 小田喜代蔵（一八六四〜一九一二）。佐賀県唐津出身の海兵一一期。小田喜代蔵は、一八九〇年ごろから防御水雷の研究を始めた。日清戦争では水雷艇長。その後、軍令部技術会議に属し、水雷研究に没頭した。日露戦争後、イギリス駐在武官になったが、帰国後早世した。

第9章

(1) 永野修身（一八八〇〜一九四七）。高知県出身。海兵二八期を首席で卒業。海大在学中に日露戦争が勃発した。戦後、アメリカ駐在武官、ジュネーブ国際連盟軍縮委員をへて、ロンドン軍縮会議全権委員。のち連合艦隊司令長官をへて、太平洋戦争勃発時、軍令部総長。

（2）下瀬火薬はピクリン酸《トリニトロフェノール》が主成分で、一八九一年、海軍技手下瀬《しもせ》雅允《まさちか》によって発明された。当時主流の黒色火薬や綿火薬より爆発力が強かった。第一次大戦直前にＴＮＴ《トリニトロトルエン》火薬が発明され、火薬の主流から下りた。ただし高熱の爆発ガスを発生する特性があり、陸戦用や魚雷炸薬用として、第二次大戦でも使用されている。メリナイト（仏）やリダイト（英）と同系列に属する。

（3）『アスコルド』は、一九〇〇年、ドイツで建造された。五七〇〇排水量トン、設計速度二三・八ノット。六インチ砲一二門をもつ、主砲をもたない六インチ巡洋艦である。黄海海戦で上海に逃れたものの、大破しており、二四時間以内に出港できず、そのまま抑留された。戦後、ウラジオ艦隊に所属したが、第一次大戦勃発とともに、ヨーロッパに回航された。地中海で通商破壊に従事し、ドイツやトルコ商船を拿捕、さらにガリポリ上陸作戦に参加した。フランスのツーロンでドック入りし修理を終えたのち、ムルマンスク（ムルマンロマノフ）に回航され、北方艦隊の初代旗艦となった。そこでUボートを撃沈している。アスコルドはロシア語でダイアモンドの意味。

（4）『ノーウィック』は、一九〇二年、ドイツで建造された。三〇〇〇排水量トン、設計速度二五ノット。四・七インチ砲六門をもつのみである。この艦はマカロフの提唱によってつくられ、高速のみを特徴とした。ただ日清戦争の『吉野』（公試速度二四ノット、四・七インチ砲四門）と比較すると、時代の進歩が感じられない駄作である。速度を増やすことは、多くの犠牲を払う。にもかかわらず三ノット程度の速度差は艦底の汚れで生じてしまう。『ノーウィック』は黄海海戦で唯一北方に逃れた。コースは太平洋だが、屋久島南方を回るとき発見された。東郷はただちに軽巡『千歳』『対馬』を宗谷海峡に派遣した。八月二〇日、『ノーウィック』は石炭切れとなり、樺太のコルサコフで給炭中、『対馬』によって発見された。軽巡同士の一対一の海戦となったが、『対馬』は相当の被害をうけたものの圧倒した。翌日、『対馬』が『千歳』とともに湾内に入ると、夜間に『ノーウィック』は自沈していた。戦後、引き揚げられ、通報艦『鈴谷』となったが、新造船の方が安くついたのではないか。ノーウィックはロシア語で「見習い士官」(ただし一八世紀の用語)の意味。

## 第10章

(1) 一九〇三年五月、ロシア軍は突然、森林伐採と称して、韓国領内平安道龍巌浦に砲台を構築した。場所は鴨緑江南岸で、清国の大東溝の対岸である。欧米では鴨緑江事件と呼ばれる。裏には、森林伐採の利権を狙ったベゾブラーゾフ一味がいるという。

(2) 本野一郎(一八六二〜一九一八)。肥後藩士で外交官、本野盛亨の長男。英仏で教育をうけ、その後、私費でリヨン法科大学に学んだ。駐仏公使のあと、読売新聞社主。ロシア大使をへて外相。

(3) 一八九一年五月一一日、皇太子時代のニコライ二世は、東方旅行の一環で日本訪問のおり、滋賀県大津に立ちよった。このとき巡査津田三蔵がニコライ二世にサーベルで襲いかかり、重傷を負わせた。同行した従兄弟のギリシャ親王ゲオルギオス(一八六七〜一九五七)が竹杖で津田を叩き伏せたとも、ほかの巡査二名が取り押さえたともいわれる。たぶん両方だろう。

(4) 司馬遼太郎はこの会議が八月一〇日にもたれたとし、黄海海戦と同日付だとする。(『坂の上の雲四』)これは、露暦(ユリウス暦)と現在使うグレゴリオ暦を混同したもので誤りである。また『露日海戦史』は露暦八月一〇日と書いているが、その日は予備会議がもたれただけで、露暦八月一一日が正しく、八月二四日に相当する。会議出席者は、旅順艦隊が全滅したとの前提で出席したことを留意すべきだ。さらに司馬は同じ箇所で、ロジェストウェンスキーを「艦隊勤務というものにはまるでといっていいほどに経験がない」「宮廷遊泳術によって海軍軍令部長にまでなった」（同書330頁）「元来が侍従武官であり、……ボーイ長のような職業性格をもっていた」（同書322頁）と描写している。だが前述のように、決して、そのような人物ではない。履歴の調査もなく、肩書きの権能についての知識もなく、敵将を罵倒することは、後代の日本人のためにならない。

帝政ロシアの侍従武官とは、じっさいに宮中において仕える職ではなくて、単なる名誉的称号である。

(5) ロジェストウェンスキー航海において、石炭はドイツのハンブルク＝アメリカン汽船、そのほかの民生品は、オデッサに本店をおくギンスブルグ商会という、横浜にも支店をもったことがあるユダヤ系ロシア人の経営する御用商人に頼った。ロシア海軍は「海軍御用達」のところからしか物資を調達しない。

(6)『ゼムチューク』は日本海海戦ののち、米領フィリピンのマニラで抑留され、ポーツマス講和条約発効後、ウラジオ艦隊に配属となった。第一次大戦が勃発すると、地中海艦隊への合流を目指し、途中、英領マラヤのペナンに立ち寄ったところを、ドイツ軽巡『エムデン』の奇襲をうけ撃沈された。艦長は軍法会議にかけられた。ゼムチュークとはロシア語で真珠の意味。

(7)『オーロラ』は『ゼムチューク』同様、日本海海戦後、マニラで抑留され、戦後、再度バルチック艦隊に配属となった。ロシア一〇月革命でボルシェビキに加担し、革命艦として現在も、サンクト・ペテルブルグに永久保存されている。

(8) テオフィル・デルカッセ（一八五二〜一九二三）。新聞記者から政治家になり、植民相のあと一八九八年外相になった。幾多の試練が襲ったが、一九〇五年まで務めた。外相として、第三共和制最長である。政治的には対独宥和派だったビビアニに近かったが、外交方針は対独強硬派のクレマンソーと同じく「本国重視政策」をとった。一九一一年海相となり、また第一次大戦が勃発すると再度外相に返り咲いた。ともあれフランス第三共和制を代表する外交官である。

(9) 日本海海戦で、『オレーグ』はロシア第四戦隊（巡洋艦隊）旗艦となり、エンクィストが座乗した。ネボガトフがバルチック艦隊の指揮を譲られたときエンクィストは抗命し、ウラジオに向かわず、マニラに遁走した。『オレーグ』『ゼムチューク』『オーロラ』の三隻はそこで抑留された。あとでエンクィストは、水雷艇による襲撃を恐れ、「逃げた」と評された。戦後は再度、バルチック艦隊に所属した。オレーグは一八世紀に活躍したロマノフ家の王子。

(10) 『イズムルード』はネボガトフ降伏時、日本の二七隻による包囲を突破して脱出した。だがウラジオ近くで座礁し、フェルゼン艦長は艦を爆破したのち、ウラジオに乗組員とともに徒歩でたどりついた。事故地点は満潮時に脱出可能な暗礁だったとされ、「九仞《きゅうじん》の功を一簣《いっき》に欠く」と評された。イズムルードはロシア語でエメラルドの意味。

(11) ニコライ・ネボガトフ（一八四九〜一九三四）。『ナヒーモフ』艦長や『ミーニン』艦長ののち、ロジェストウェンスキーの後任として砲術練習艦隊司令官となった。日本海海戦では第三戦隊司令官。ロジェストウェンスキーから（本人は承知していないと証言しているが）指揮権の委譲をうけたのち、敗残艦隊を率いて降伏した。軍法会議では死刑を宣告されたが、その後一〇年に減刑された。一九〇九年五月一九日、ニコライ二世の誕生記念日に釈放された。それからの二五年間は、タウリアの北にあるミハイロウカ村に隠棲した。内戦時は白軍支配地区だったが、西側に亡命することはなかった。たぶん忘れられた存在のため、ボルシェビキに迫害されることはないと思ったのだろう。

(12) 『ウシャーコフ』は一八九三年ペテルブルグで進水した。『セニャーウィン』と同型で、四六四八排水量トン、設計速度一六ノット。九インチ砲四門。六インチ砲四門を装備した。日本海海戦では最後まで戦い、自沈した。ウシャーコフは黒海艦隊の基礎を固めた提督の名前。

(13) バルチック艦隊が最終洋上給炭地点の上海沖で、どの程度の石炭を積み込んだか、ロシア海軍当局は発表していない。セミョーノフによると喫水線低下を避けるため「ウラジオに着くためのギリギリの量」すなわち、一二五〇海里（ボロジノ級だと一二五〇トン）分だとする。これに疑問をもったマハンはロシア海軍当局に問い合わせた。するとネボガトフ公判記録を引用され、三〇〇〇海里分と、答えてきた。（マハン『海軍戦略』）

これは過大だろう。参考になるのは、エンクィスト艦隊（巡洋艦『オレーグ』『ゼムチューク』『オーロラ』からなる）が、米領フィリピンのマニラに遁走したとき石炭残量がほぼゼロだったことである。エンクィストはほぼ二〇〇〇海里走ったことになる。クラド中佐によると『アリヨール』は二一〇〇トンの石炭を積載した。総合すると、ボロジノ級戦艦は巡航速度二〇〇〇海里分の積載が一杯だったのではないだろうか。これだと、ロジェストウェンスキーが石炭船を随伴したことは、当然の措置ということになる。

## 第11章

(1)　徹甲弾は傾斜した装甲板に当たると、弾頭が変形したり滑ってしまうため、軟鉄製のキャップ（被帽）を弾頭につけることで、弾体を装甲板に圧着させることができる。

(2)　一二ポンド砲とは、口径でなく砲弾重量で表現したイギリス陸海軍独特の言葉である。一二ポンドとは重量五・四四キロに相当する。口径は八〇ミリで、陸軍の使う標準的野砲とほぼ同一である。普通は水雷艇撃退に使う。

(3)　伏見宮博恭王（一八七五～一九四六）。旅順攻防戦初期の第一師団長だった伏見宮貞愛親王の子。海兵一五期。一八八九年から四年間ドイツに留学。帰国後、『三笠』前部砲塔分隊長となった。一九〇七年から三年間、イギリス留学。帰国後一九一三年まで艦隊勤務をつづけた。艦隊派に属し、一九三三年から四一年まで軍令部総長を務め、太平洋戦争にいたる軍備充実に注力した。後任が永野修身である。

（4）　鋭敏に炸裂するよう弾底信管を改良したもの。日露戦争のときの軍令部次長伊集院五郎が一九〇〇年頃、既存の信管に改良を加え発明した。この当時、信管研究の主流は徹甲弾のための遅効性信管開発に移っていた。古い形式の鍛鋼榴弾のため、あえて鋭敏な信管を研究した伊集院の明治エンジニアとしての信念に敬意を払わねばなるまい。

（5）『ナヒーモフ』は、一八八三年、ペテルブルグ工廠で進水した。八五二四排水量トンで、設計速度一六・七ノット。八インチ砲八門をもつが、速射砲でないうえ、斉射もできない。ただの骨董品である。前日の海戦で大破したのち、五月二八日、対馬琴崎沖東方五海里で自沈した。ナヒーモフは、一八五五年、クリミア戦争のセバストポリ海戦を戦った提督。

# 【主要参考文献】

[政府刊行、またはそれに準ずるもの]
海軍軍令部『明治三十七八年海戦史』全四巻・1909～10（浩瀚な書物だが、大半は戦闘詳報の「引き写し」と「改竄」にすぎない。原稿が防衛研究所に現存している。文中『公刊戦史』と略した）
露国海軍軍令部編『一九〇四、五年露日海戦史』巻六・巻七（発行者は海軍軍令部だが明記されていない。巻六はロジェストウェンスキー航海、巻七は日本海海戦について詳述している。日本の『公刊戦史』に頼った記述が多い。文中『露日海戦史』とした）
海軍勲功表彰会『露艦隊来航秘録・露艦隊幕僚戦記・露艦隊最期実記』時事新報社・1907（『露艦隊来航秘録』はポリトウスキーが著者。『露艦隊幕僚戦記』はセミョーノフ、『露艦隊最期実記』はクラドが著者と推定される）
『戦艦三笠すべての動き』一～四・エムティ出版・1995（日露戦争中の戦艦三笠の戦闘詳報を含むすべての報告書を掲載している。文中『三笠戦闘詳報』と略した）

[日本語の著作]
桃井真清『秋山真之』秋山真之編集会・1929
小笠原長生『東郷平八郎全集』第一巻～第三巻・二六新報社・1930
『参戦二十提督日露大海戦を語る』東京日日新聞社、大阪毎日新聞社・1935
小笠原長生『東郷元帥言行録』三省堂・1938
山中峯太郎『東郷平八郎』大日本雄弁会講談社・1942
松原宏遠『下瀬火薬考』北隆館・1943
山本英輔『山本権兵衛』時事通信社・1958
横田晴雄『東郷元帥追想録』1960
海軍省編『山本権兵衛と海軍』（復刻）原書房・1966
故伯爵山本海軍大将伝記編纂会編『伯爵山本権兵衛伝』上下（復刻）原

書房・1968
鈴木貫太郎伝記編纂委員会『鈴木貫太郎伝』1970
島田謹二『アメリカにおける秋山真之』朝日新聞社・1969
伊藤博文『機密日清戦争』(復刻) 原書房・1967
黛治夫『海軍砲戦史談』原書房・1972
黛治夫『艦砲射撃の歴史』原書房・1977
水野広徳『此一戦』(復刻) 国書刊行会・1978
海軍水雷史刊行会『海軍水雷史』1979
山梨勝之進『歴史と名将』毎日新聞社・1981
有坂鉊蔵『兵器沿革図説』(復刻) 原書房・1983
笠原和夫『実録戦艦三笠』ゆまにて出版・1983
外山三郎『日露海戦史の研究』上下・教育出版センター・1985
保田孝一『ニコライ二世の日記』朝日新聞社・1985
佐藤国雄『東郷平八郎・元帥の晩年』朝日新聞社・1990
福井静夫『著作集』第五巻・第六巻・光人社・1993
伊藤隆他編『加藤寛治日記』続・現代史資料5 (海軍)・みすず書房・1994
大江志乃夫『バルチック艦隊』中央公論新社・1999
野村實『日本海海戦の真実』講談社・1999
ウィッテ『ウィッテ伯回想録』上・大竹博吉訳・(復刻) 原書房・1972
ロストーノフ『ソ連から見た日露戦争』及川朝雄訳・原書房・1980
コスチェンコ『捕われた鷲』徳力真太郎訳・原書房・1977
ノビコフ・プリボイ『バルチック艦隊の潰滅』上脇進訳・原書房・1972
マヌエル・ドメック・ガルシア海軍大佐『アルゼンチン観戦武官の記録』津島勝二訳・日本アルゼンチン協会・1998

[外国語による著作]

Alfred T. Mahan. Lessons of the War with Spain, Boston: Little, Brown, 1899
Captain N. Klado. The Russian Navy in the Russo-Japanese War,

George Bell & Sons, 1905
T. A. Brassey. The Naval Annual "1907", J. Griffin &Co., 1907
Official History (Naval and Military) of the Russo-Japanese War, His Majesty's Stationary Office, 1910-1920
Commander Vladimir Semenoff. Rasplata, "The Reckoning", John Murray, 1910
Commander Vladimir Semenoff. The Battle of Tsushima Between the Japanese and Russian Fleets, Fought on 27th May 1905, E.P. Dutton & Company, 1912 (邦訳) セミョーノフ『バルチック艦隊の最期』(『殉国記』の復刻) 筑摩書房世界ノンフィクション全集31・1962
Alfred T. Mahan. Naval Strategy. Boston : Little, Brown, 1911 (邦訳) マハン『海軍戦略』海軍軍令部　訳尾崎主悦・原書房・1978
Alfred T. Mahan, The Influence of Sea Power upon History, 1660-1783, Boston : Little Brown (邦訳)『海上権力史論』上下・東邦協会・1896
Winston Churchill, The World Crisis, Thornton Butterworth, 1923 (邦訳)『世界大戦』全9巻・広瀬将他訳・非凡閣・1937
Richard Hough, The Fleet That Had To Die, Viking Press, 1958
Georges Blond, Admiral Togo, The Mcmillan Company, 1960
Joseph Brodsky, Less Than One : Selected Essays. Farrar, Straus and Giroux, 1987
Jon Tetsuro Sumida, In Defence of Naval Supremacy : Finance, Technology and British Naval Policy, 1889-1914. Boston : Unwin Hyman, 1989
E.W.R. Lumby, Policy & Operations in the Mediterranean 1924-14, Navy Records Society, 1970
Rene Greger, The Russian Fleet 1914-1917, Ian Allen, 1972
Ian H. Nish, The Origins of Russo-Japanese War, Longman Group, 1985

Vice Admiral Stepan Makarov, Discussion of Questions in Naval Tactics. Naval Institute Press, 1990

Jon Tetsuro Sumida, Inventing Grand Strategy and Teaching Command, The Woodrow Wilson Center Office, 1997

Constantine Pleshakov, The Tsar's Last Armada, The Perseus Press, 2002

The Russo-Japanese War : British Naval Attaches Reports, Admiralty Intelligence Office 1907, Battery Press, 2003

Bill Madison, Dawn of the Rising Sun : The Russo-Japanese War, Phoenixville, 2004

[司馬遼太郎の著作]

『歴史への招待　一七』日本放送出版協会・1981

『坂の上の雲　一～八』文藝春秋（文春文庫）1978

『司馬遼太郎全講演　Ⅰ』朝日新聞社（朝日文庫）2003

『ロシアについて』文藝春秋・1988

本書は二〇〇五年五月、並木書房から刊行された『「坂の上の雲」では分からない日本海海戦』を改題し、大幅に加筆・訂正した

**軍事学入門** 別宮暖朗

「開戦法規」や「戦争（作戦）計画」、「動員とは何か」、「勝敗の決まり方」など〝軍事の常識〟を史実に沿って解き明かす。（住川碧）

**誰が太平洋戦争を始めたのか** 別宮暖朗

戦争を始めるには膨大なペーパー・ワークを伴う「戦争計画」と、それを処理する官僚組織が必要である。その視点から開戦論の常識をくつがえす。

**わが半生（上）** 愛新覚羅溥儀 小野忍／野原四郎／新島淳良／丸山昇訳

清朝末期、最後の皇帝がわずか三歳で即位した。紫禁城に宦官と棲む日々……。映画『ラスト・エンペラー』でブームを巻きおこした皇帝溥儀の回想録。

**わが半生（下）** 愛新覚羅溥儀 小野忍／野原四郎／新島淳良／丸山昇訳

満州国傀儡皇帝から一転して一個の人民へ。溥儀は第二次世界大戦を境に「改造」の道を歩む。訳者による、本書成立の経緯を史料として追加。

**オンリー・イエスタディ** F・L・アレン 藤久ミネ訳

車、不動産ブーム、性の解放……。大量消費社会の輝かしい曙であった20年代の繁栄と終焉。現代日本が辿る道が浮かびあがってくる。（吉見俊哉）

**自民党戦国史（上）** 伊藤昌哉

角福戦争、三木降ろし、四十日抗争…。政権獲得をめざして火花を散らす政治家たちの実態を、大平正芳の側近が生き生きと描き出す。

**自民党戦国史（下）** 伊藤昌哉

大平・福田両派の対立は、自民党全体を巻き込んだ四十日抗争へと発展し…。権力への執念、ライバルへの嫉妬が渦巻く政界の中枢を活写する。

**生きている二・二六** 池田俊彦

最年少の将校として参加した著者が記録した、二・二六事件。軍法会議の内幕や獄中生活など、語られてこなかった事実も描く。（中田整一）

**小説東京帝国大学（上）** 松本清張

多くの指導者を輩出した「帝国の大学」は、〝哲学館事件〟や〝七博士の日露開戦論〟など権力との関わりに揺れ動いてきた。（成田龍一）

**小説東京帝国大学（下）** 松本清張

国定教科書の改訂にからむ南北朝正閏論争と「帝国の大学」との関係や大逆事件の顛末を通して、明治国家の確立の過程をたどる。（成田龍一）

砂の審廷　小説東京裁判　松本清張

民間人ただ一人のA級戦犯・大川周明に焦点をあて、日記・訊問調書等の史料を駆使し、東京裁判のもう一つの深層を焙りだす。（保阪正康）

史観宰相論　松本清張

大久保、伊藤、西園寺、近衛、吉田などの為政者たちを俎上に載せ、その功罪を論じて、現代に求められるべき指導者の条件を考える。

大政翼賛会前後　杉森久英

戦前昭和史の全体主義的な気分を象徴する大政翼賛会とは何だったのか。崩壊に至る過程を体験した著者が、その真実を解き明かす。（粕谷一希）

田中清玄自伝　田中清玄　大須賀瑞夫

戦前は武装共産党の指導者、戦後は国際石油戦争に関わるなど、激動の昭和を侍の末裔として多彩な人脈を操りながら駆け抜けた男の「夢と真実」。

甘粕大尉　増補改訂　角田房子

関東大震災直後に起きた大杉栄殺害事件の犯人、甘粕正彦。後に、満州国を舞台に力を発揮した伝説の男、その実像とは？（藤原作弥）

責任　ラバウルの将軍今村均　角田房子

ラバウルの軍司令官・今村均。軍部内の複雑な関係、戦地、そして戦犯としての服役。戦争の時代を生きた人間の苦悩を描き出す。（保阪正康）

昭和史探索（全6巻）　半藤一利編著

名著『昭和史』の著者が第一級の史料を厳選、抜粋。時々の情勢や空気を一年ごとに分析し、書き下ろしの解説を付す。《昭和》を深く探る待望のシリーズ。

昭和史探索1　半藤一利編著

「大正」の重い遺産を負いつつ、昭和天皇は即位する。金融恐慌、東方会議（昭和二年）、張作霖爆殺事件（三年）、濱口雄幸内閣の船出（四年）まで。

昭和史探索2　半藤一利編著

ロンドン海軍軍縮条約、統帥権干犯問題、五・一五事件、満州国建国、国際連盟の脱退など、戦争への道すじが顕わになる昭和五年から八年を探索する。

昭和史探索3　半藤一利編著

通称「陸パン」と呼ばれる「陸軍パンフレット」の波紋、天皇機関説問題、そして二・二六事件――昭和九年から十一年は、まさに激動の年月であった。

昭和史探索4　半藤一利編著

「腹切り問答」による広田内閣総辞職、国家総動員法の成立、ノモンハン事件など戦線拡大……。昭和十二年から十四年は、戦時体制の確立期と言えよう。

昭和史探索5　半藤一利編著

天皇の憂慮も空しく三国同盟が締結され、必死の和平工作も功を奏さず、遂に「真珠湾の日」を迎えることとなった、昭和十五―十六年を詳細に追究する。

昭和史探索6　半藤一利編著

運命を分けたミッドウエーの海戦、ガダルカナルの激闘、レイテ島、沖縄戦……戦闘記録を中心に太平洋戦争の実態を探索するシリーズ完結篇。

昭和史残日録 1926―45　半藤一利

昭和天皇即位から敗戦まで……激動の歴史の中で飛び出した名言・珍言。その背景のエピソードと記憶すべき日付を集大成した日めくり昭和史。

昭和史残日録 戦後篇　半藤一利

昭和史の記憶に残すべき日々を記録した好評のシリーズ、戦後篇。天皇のマッカーサー訪問からベトナム戦争終結までを詳細に追う。

それからの海舟　半藤一利

江戸城明け渡しの大仕事以後も旧幕臣の生活を支え、徳川家の名誉回復を果たすため新旧相撃つ明治を生き抜いた勝海舟の後半生。（阿川弘之）

荷風さんの戦後　半藤一利

戦後日本という時代に背を向けながらも、自身の生活を記録し続けた永井荷風。その孤高の姿を愛情溢れる筆致で描く傑作評伝。（川本三郎）

防衛黒書　林信吾

自衛隊は依然として国制上の矛盾である。法律・兵器・政治の相互関係を軸に、憲法制定から近年の調達疑惑まで、日本の国防問題の全貌を解き明かす。

第二次大戦とは何だったのか　福田和也

第二次大戦は数名の指導者の決断によって進められた。グローバリズムによって世界の凝集と拡散が進む今日、歴史の教訓を描き出す。（斎藤健）

誘拐　本田靖春

戦後最大の誘拐事件。残された被害者家族の絶望、犯人を生んだ貧困、刑事達の執念を描くノンフィクションの金字塔！（佐野眞一）

**警察《サツ》回り** 本田靖春
昭和三十三年、私は読売社会部の警察回り記者だった――。若い記者たちの奮闘を通して、昭和三十年代の東京を描いた回想録。（大谷昭宏）

**疵** 本田靖春
戦後の渋谷を制覇したインテリヤクザ安藤組の大幹部、力道山よりも喧嘩が強いといわれた男……。伝説に彩られた男の実像を追う。（野村進）

**東條英機と天皇の時代** 保阪正康
日本の現代史上、避けて通ることの出来ない存在である東條英機。軍人から戦争指導者へ、そして極東裁判に至る生涯を通して、昭和期日本の実像に迫る。

**〈敗戦〉と日本人** 保阪正康
昭和二十年七、八月、日本では何が起きていたか。歴史的決断が下されるまでと、その後の真相を貴重な史料と証言で読みといた、入魂の書き下ろし。

**孫文の辛亥革命を助けた日本人** 保阪正康
百年前、辛亥革命に協力し、アジア解放の夢に一身を賭した日本人がいた。彼らの義に殉じた生涯を、激動の時代を背景に描く。（清水美和）

**たばこ喫みの弁明** 本島進
なぜたばこだけが憎まれるのか。本当はどこまでイケナイか。嗜好品と人間の関係を歴史的に振り返り、現代的特徴を浮き彫りにする。（絓秀実）

**戦中派虫けら日記** 山田風太郎
〈嘘はつくまい。嘘の日記は無意味である〉戦時下、明日の希望もなく、心身ともに飢餓状態にあった若き風太郎の心の叫び。（久世光彦）

**同日同刻** 山田風太郎
太平洋戦争中、人々は何を考えどう行動していたのか。敵味方の指導者、軍人、兵士、民衆の姿を膨大な資料を基に再現。（高井有一）

**現人神の創作者たち（上）** 山本七平
日本を破滅の戦争に引きずり込んだ呪縛の正体とは何か。幕府の正統性を証明しようとして、逆に「尊皇思想」が成立する過程を描く。（山本良樹）

**現人神の創作者たち（下）** 山本七平
将軍から天皇への権力の平和的移行を可能にしたのは、水戸学の視点からの歴史の見直しだった。その過程を問題史的に検討する。（高澤秀次）

生きるかなしみ　山田太一編

人は誰でも心の底に、様々なかなしみを抱きながら生きている。「生きるかなしみ」と真摯に直面し、人生の幅と厚みを増した先人達の諸相を読む。

超芸術トマソン　赤瀬川原平

都市にトマソンという幽霊が！　街歩きに新しい楽しみを、表現世界に新しい衝撃を与えた超芸術トマソンの全貌。新発見珍物件増補。（藤森照信）

学術小説 外骨という人がいた！　赤瀬川原平

言葉や活字遊び、ただの屁理屈、ナンセンス……。超モダンな雑誌を作った宮武外骨の表現の面白さをひたすら追求した〝学術小説〟。（中野翠）

路上観察学入門　赤瀬川原平／藤森照信／南伸坊編

マンホール、煙突、看板、貼り紙……路上から観察できる森羅万象を対象に、街の隠された表情を読みとる方法を伝授する。（とり・みき）

老人力　赤瀬川原平

20世紀末、日本中を脱力させた名著『老人力』と『老人力②』が、あわせて文庫に！　ぼけ、ヨイヨイ、もうろくに潜むパワーがここに結集する。

片想い百人一首　安野光雅

オリジナリティーあふれる本歌取り百人一首とエッセイ。読み進めるうちに、不思議と本歌も頭に入ってきて、いつのまにやらあなたも百人一首の達人に。

君は大丈夫か　安野光雅

悩み多き年頃を迎えた「順君」に宛てて書いた44の手紙。本の読後感をテーマに、恋愛や友情や人生について温かい筆致で綴るエッセイ集。

蛙の子は蛙の子　阿川弘之／阿川佐和子

当代一の作家と、エッセイにインタヴューに活躍する娘が、仕事・愛・笑い・旅・友達・恥・老いについて本音で語り合う共著。（金田浩一呂）

温泉旅行記　嵐山光三郎

自称・温泉王が厳選した名湯・秘湯の数々。旅行ガイドブックとは違った嵐山流遊湯三昧紀行。気の持ちようで十分楽しめるのだ。（安西水丸）

不良定年　嵐山光三郎

定年を迎えた者たちよ。まずは自分がすでに不良品であることを自覚し、不良精神を抱け。実践者・嵐山光三郎がぶんぶんうなる。（大村彦次郎）

**人生相談万事OK！** 伊藤比呂美

恋、結婚、子育て、仕事……体験豊富な著者が答える笑って元気になれる人生相談。文庫版付録として著者が著者自身の悩みに答える。（枝元なほみ）

**ボン書店の幻** 内堀弘

1930年代、一人で活字を組み印刷し好きな本を刊行していた出版社があった。刊行人鳥羽茂と書物の舞台裏の物語を探る。（長谷川郁夫）

**ひとの最後の言葉** 大岡信

日本人は死をどう生きたか。芭蕉や崋山、独歩や漱石、子規や天心などが書き残したものを通して、その死生観を考える。（島薗進）

**古本病のかかり方** 岡崎武志

古新聞をつい読みふける、新刊本に飽きている……すでに「病」に感染し始めているアナタへ贈るさらなる「古本病」の楽しみ方。（荻原魚雷）

**下町酒場巡礼** 大川渉／平岡海人・宮前栄

木の丸いす、黒光りした柱や天井など、昔のままの裏町場末の居酒屋。魅力的な主人やおかみさんのいる個性ある酒場の探訪記録。（種村季弘）

**下町酒場巡礼 もう一杯** 大川渉／平岡海人／宮前栄

酒が好き、人が好き、そして町が好きな三人が探しあて、訪れた露地裏の酒場たち。旨くて安くて心地よく酔える店、四十二店。（出久根達郎）

**ぼくの浅草案内** 小沢昭一

当代随一浅草通・小沢昭一による、浅草とその周辺の街案内。歴史と人情と芸能の匂い色濃く漂う街を限りない郷愁をこめて描く。（坪内祐三）

**駄菓子屋図鑑** 奥成達・文 ながたはるみ・絵

寒天ゼリーをチュルッと吸い、ゴムとびの高さを競い、ベーゴマで火花散らしたあの頃の懐かしい駄菓子と遊びをぜんぶ再現。（出久根達郎）

**既にそこにあるもの** 大竹伸朗

画家、大竹伸朗「作品への得体の知れない衝動」を伝える20年間のエッセイ。文庫では新作を含む木版画、未発表エッセイ多数収録。（森山大道）

**東京の文人たち** 大村彦次郎

漱石、荷風から色川武大まで東京生まれの文人一〇〇人のとっておきのエピソードを集め、古き良き東京の面影を端正に描き出す、文庫書下ろし。

中央線で行く東京横断ホッピーマラソン　大竹聡

東京～高尾、高尾～仙川間各駅の店でホッピーを飲む！　文庫化にあたり、仙川～新宿間を飲み書き下ろし、各店データを収録。（なぎら健壱）

私の東京町歩き　川本三郎　武田花写真

佃島、人形町、門前仲町、堀切、千住、日暮里……。路地から路地へ、ひとりひそかに彷徨って町を味わう散歩エッセイ。

我もまた渚を枕　川本三郎

身近な普段の町の中にこそ時代の光と影が交錯する場所がある。変化の激しい東京を離れ、心の隠れ里を探し求めて東京近郊の16の町をゆく。

カモイクッキング　鴨居羊子

食通なんて気にしない。平凡な舌と健康な胃袋、あふれる好奇心で食卓をたのしむのがカモイ流。異色デザイナーの極楽エッセイ。（早川暢子）

高原好日　加藤周一

夏の軽井沢を精神の故郷として半世紀以上を過ごした著者が、その地での様々な交友を回想し、興の赴くままに記した「随筆」集。（成田龍一）

人とこの世界　開高健

開高健が、自ら選んだ強烈な個性の持ち主たちと相対する。対話や作品論、人物描写を混和して描き出した「文章による肖像画集」。（佐野眞一）

水曜日は狐の書評　狐

鋭い切口と愛情あふれる筆致で本好きのハートをとらえた狐の書評、最新版。小説・エッセイ・マンガなど読みたい本がいっぱい。（植田康夫）

もっと、狐の書評　山村修

適確な批評と本への愛情にあふれた「狐」の書評を選りすぐり再編集、さらに単行本未収録の作品を増補した文庫オリジナル版。（岡崎武志）

ぼくはオンライン古本屋のおやじさん　北尾トロ

ネット古書店は面白い。買い手から売り手になることの楽しさと苦労、ノウハウのすべてを杉並北尾堂の店主が、お教えします。（横里隆）

告白的女性論　北原武夫

征服と服従か、利害の調整か、それとも壮大な誤解と幻想への逃走か。理性の限界を超える存在を解き明かす女性論の古典。（解題　坂上弘）香山リカ）

むかし卓袱台《ちゃぶだい》があったころ　久世光彦
家族たちのお互いへの思い、近隣の人たちとの連帯はどこへ行ってしまったのか。あのころは確かにあったものの行方を探す心の旅。（筒井ともみ）

向田邦子との二十年　久世光彦
あの人は、あり過ぎるくらいあった始末におえない胸の中のものを誰にだって、一言も口にしない人だった。時を共有した二人の世界。（新井信）

忘れえぬ山（全3巻・分売不可）　串田孫一編
「あなたが一番好きな山はどこですか？」――山を愛してやまぬ岳人達により、山の空気やあふれる詩情が伝わる、すぐれた登攀紀行文集。（三宅修）

剣豪伝説　小島英記
「剣豪」は民衆の心に根付いている。吉川・五味・司馬・池波・藤沢・隆などの作家によって描かれた姿を比較し、その魅力に迫る。（縄田一男）

私はそうは思わない　佐野洋子
佐野洋子は過激だ。ふつうの人が思うようには思わない。大胆で意表をついたまっすぐな発言をする。だから読後が気持ちいい。（群ようこ）

神も仏もありませぬ　佐野洋子
還暦を迎えた、もう人生おりたかった。けれど春のきざしの蕗の薹に感動する自分がいる。意味なく生きても人は幸せなのだ。（長嶋康郎）

至福の本格焼酎　極楽の泡盛　山同敦子
本格焼酎ブームのさきがけとなった名著を、データを最新に改め、泡盛部門を追加。著者厳選の86蔵元、本格焼酎への愛情あふれる一冊。

外人術　佐藤亜紀
外国で友達を作ろうと思うな、美術館になぞ行く必要はない……海外旅行の常識を斬り捨てる、佐藤亜紀流優雅な旅の手引書。（高遠弘美）

昭和電車少年　実相寺昭雄
ウルトラマンなどで独特の映像センスをみせた筆者が、戦前の東京、中国大陸、さらに戦後の風景を走った電車たちへオマージュをささげる。

色を奏でる　志村ふくみ・文　井上隆雄・写真
色と糸と織――それぞれに思いを深めて織り続ける染織家にして人間国宝の著者の、エッセイと鮮かな写真が織りなす豊醇な世界。オールカラー。

**ちよう、はたり**　志村ふくみ

「物を創るとは汚すことだ」。自戒を持ちつつ、機へ向かうときの沸き立つような気持ち。日本の色への強い思いなどを綴る。（山口智子）

**陸軍落語兵**　春風亭柳昇

『与太郎戦記』に続く第二弾。前著で書ききれなかった大陸の戦地での日常と戦闘、そして復員後落語家になるまでを描く。（昔昔亭桃太郎）

**出版業界最底辺日記**　塩山芳明　南陀楼綾繁編

エロ漫画界にその名を轟かす凶悪編集者の日記。手抜き漫画家、印刷所、大手の甘ちゃん編集者……に、下請けの意地で対抗する〝血闘〟録。（福田和也）

**うつくしく、やさしく、おろかなり**　杉浦日向子

生きることを楽しもうとしていた江戸人たち。彼らの紡ぎ出した文化にとことん惚れ込んだ著者がその思いの丈を綴った最後のラブレター。

**孤高の人**　瀬戸内寂聴

宮本百合子との同棲でも知られるロシア文学者湯浅芳子を中心に円地文子、田村俊子、矢田津世子らの交流を鮮やかに描き出す。（太田治子）

**昨日・今日・明日**　曽我部恵一

「サニーデイ・サービス」などで活躍するミュージシャンの代表的エッセイ集。日常、旅、音楽等が爽やかな文体で綴られる。松本隆推薦。

**食物漫遊記**　種村季弘

画にかいた餅を食べる話、辿りつけない料理屋の話、鯨飲馬食と断食絶食の話などなど、食物をめぐる滑稽譚、怪異譚のかずかず。（吉行淳之介）

**書物漫遊記**　種村季弘

戦中から焼跡へ、そして都市の迷宮や架空の土地へと読者をいざなう、博覧強記の著者による異色の読書案内、書物の幻想世界への旅。（池内紀）

**徘徊老人の夏**　種村季弘

行ったきり、も悪くない。むかし住んだ街やひなびた温泉街の路地の奥には、現実と虚構の錯綜した種村ワールドが待っている。（石田千）

**遊覧日記**　武田百合子　武田花写真

行きたい所へ行きたい時に、つれづれに出かけてゆく。一人で。または二人で。あちらこちらを遊覧しながら綴ったエッセイ集。（巖谷國士）

ちくま文庫

# 日《に》本《ほん》海海戦《かいかいせん》の深層《しんそう》


二〇〇九年十二月十日　第一刷発行
二〇一〇年十一月二十日　第二刷発行

著者　別宮暖朗（べつみや・だんろう）
発行者　菊池明郎
発行所　株式会社　筑摩書房
東京都台東区蔵前二―五―三　〒一一一―八七五五
振替〇〇一六〇―八―四一二三

装幀者　安野光雅
印刷所　三松堂印刷株式会社
製本所　三松堂印刷株式会社

乱丁・落丁本の場合は、左記宛にご送付下さい。
送料小社負担でお取り替えいたします。
ご注文・お問い合わせも左記へお願いします。
筑摩書房サービスセンター
埼玉県さいたま市北区櫛引町二―六〇四　〒三三一―八五〇七
電話番号　〇四八―六五一―〇〇五三



ISBN978-4-480-42668-0 C0131